品酒·识人·行天下

加入品酒圈，交天下朋友

入群步骤

1. 微信扫描本页二维码
2. 进入群介绍页，根据正文提示的群类别选择进入不同的交流群
3. 回复相应的关键词领取阅读资源、参与阅读活动，分享读书心得
4. 读者可根据阅读进度，读书活动，兴趣爱好扫码更换不同的社群

陕西出版资金资助项目

酒的中國地理

寻访佳酿生成的时空奥秘

李寻　楚乔　著

西北大学出版社

伊犁河　肖尔布拉克
古城老窖　伊力特

新疆维吾尔自治区

甘　汉武御●
　　　滨河粮液●

　　　互助青稞酒●

青　海　省　　　古河州●

西　藏　自　治　区

　　　●藏缘青稞酒

剑南春●
　　　（沱牌）
文君●　全兴
四　川　省

五粮液●
叙府

杨林肥酒●

云　南　省

—————　国界
- - - - -　未定国界
-·-·-·-　省级界
- - - - -　特别行政区界
★　首都
●●　酒厂

中国美酒分布略图

富裕老窖

玉泉　龙滨

涴几河

龙泉春

宁城老窖　大泉源

凌塔

道光廿五

二锅头

北京★
燕潮酩　　　津酒
老榆林　　刘伶醉
汾酒　　六曲香
麟州坊　丛台　衡水老白干
　　　　　　景芝
杜康　　景阳冈
　　　孔府家
仰韶　宝丰　张弓　兰陵
汝阳杜康　林河　宋河　口子窖　汤沟
　　　　　　古井贡　洋河　高沟（今世缘）
长安老窖　　　　双沟
　　　高炉家　皖酒
房县黄酒　　　　　　　　沙洲优黄
　　　　黄鹤楼　宣酒　　无锡老酒
寿仙太白　　迎驾贡　　　　石库门
稻花香　白云边　　　　　古越龙山
武陵　浏阳河
　　白沙液
酒鬼　　　李渡
　　　　四特
桂林三花　　龙岩沉缸　金门高粱酒
　　九江双蒸　石湾玉冰烧

棒棰岛

赤尾屿

钓鱼岛

台湾省

台湾岛

香港特别行政区

澳门特别行政区

东沙群岛

海南省　海南岛

九江双蒸　石湾玉冰烧

台湾省
台湾岛

东沙群岛

西沙群岛　中沙群岛
永兴岛　　黄岩岛

南

沙

群

岛

曾母暗沙

南海诸岛

作者简介:

李寻，自由学者，游于哲学、历史、自然科学；平生好酒，慷慨任性，以天地风云为友。
楚乔，历史学博士、博士后，治俄国史、中东史；既嫁酒徒，遂作当垆文君，同游万里，无酒不饮。

文化地理学是一种思想风格，

既不固定在时间中，

也不固定在空间中。

——[英]凯·安德森、[美]莫娜·多莫什等主编
《文化地理学手册》

序　一

马正林

　　李寻、楚乔同志的力作《酒的中国地理——寻访佳酿生成的时空奥秘》一书即将付梓，我有幸预先拿到书稿，先睹为快。这部书稿体现了作者多年来对中国酒文化文献的深入研究，是对其走遍全国考察酿酒业、采访著名酿酒师所获得一手资料的系统总结，探索了酒文化的地理分布与时空关系的基本规律。这部关于酒文化地理的力作，系统阐述了中国酒的起源、酿造技术的演变、地理分布格局的变迁、酒商的构成和特点、名酒的产生与兴衰，使中国酒文化地理的研究真正走上了规律性的探索，在中国酒文化地理的研究方面具有里程碑的意义。

　　两位作者以实地考察为基础，开展酒文化地理的科学研究，对中国酒文化地理有很多独特见解，已成为该行业研究的创新人物。本人拜读书稿，数次拍案叫绝，在此，愿与同道分享该书的阅读感受，用简短的文字把它推荐给读者。

　　文化是人类在长期实践过程中改造和利用自然现象而创造的精神文明和物质文明，是区别于各种自然现象而独立存在的形态。在地理学上称为文化景观，即文化地理学。中华民族的优秀文化，上下五千年，博大精深，是人类社会文明的瑰宝。而酒不仅是物质文化，也是精神文化，为无数人创新、创造奇迹增添了动能，功不可没，是中华民族文化重要的组成部分。

　　本人对酒文化是门外汉，但由于酒文化与地理学的关系十分密切，而我又是从事历史地理研究的，因此，作者一定要我为这部佳作说几句话，盛情难却，只好不揣浅陋而应允了。《酒的中国地理——寻访佳酿生成的时空奥秘》一书，涉及地理学的问题的确很多，包括自然地理学和人文地理学。只有搞清酒文化与地理学的关系，才能深刻理解本书所阐述的中国酒文化的形成和发展规律。人类的各种实践活动都离不开地理环境，中国酒文化的产生也不例外。书中特别指出，由于中国南北气候的差异，南北地区酿酒的工艺条件也有所不同，生产的各种酒的品质也不一样。中国南北气候的分界线就是秦岭淮河一线。此线以北的黄河流域气候温和干燥，酒的酿造发酵过程中的菌种及数量较少，糖化发酵过程只能与此气候条件相适应，酒的风味以清香型为主，其代表名酒是山西省汾阳市生产的汾酒。而此线以南气候温暖湿润，酿酒工艺有别于北方，酿酒发酵过程中的菌种及数量较多，酒的风味以浓香型为主，其代表名酒是四川省泸州市生产的泸州老窖（现在其最知名的产品是"国窖1573"）和宜宾市生产的五粮液酒。另外，酒的生产用水量大，对水质的要求也极为严格，与水文地理学的关系就更为密切，酒厂的建设必须选择在水质优越的地区。贵州省仁怀市茅台镇生产的茅台酒，之所以能成为国宴用酒，除人为推动的因素外，赤水河的优质水源则是它成名的基础。好酒必须有好水，陕西省凤翔县柳林镇生产的西凤酒、陕西省白水县杜康镇生产的杜康酒及江苏省宿迁市生产的洋河大曲、双沟大曲等都不例外。

中国酒文化与人文地理学的关系更加密切。《酒的中国地理——寻访佳酿生成的时空奥秘》从不同角度揭示了二者之间的关系和演变规律，作者的创新思维使酒文化的研究跃上了一个新的台阶。

本书内容涉及人文地理学中的政治地理、经济地理、交通地理、文化地理、历史地理等多个专业领域。

作者认为酿酒业的兴衰与政治地理密切相关，其典型例证就是北京的酿酒业长盛不衰。由于北京是元明清三代的首都，军政要员和士大夫密集，加上人口的迅速增加，对酒的需求量大增，酿酒业自然会乘势而上，大量生产，使北京成为名副其实的酒都。四川省之所以成为酿酒大省，也是政治地理的变迁造成的。抗日战争时期，国民政府迁往重庆，大批军政人员、知识分子以及逃难的群众蜂拥而至，酒的需求量猛增，四川的酿酒业迅速壮大，乃至独霸一方，成为全国酿酒业最集中的省份。

酿酒业与经济地理的关系，作者认为主要表现在南北地区酿酒所使用的粮食有很大差别。因为北方盛产小麦、小米等，而南方则盛产大米、糯米等，为了就地取材方便，南北地区酿酒所使用的粮食就有所不同。

酿酒需要大批粮食，而酒水又必须销往远方，水陆交通方便就成为建设酒厂的必备条件。作者在实地考察中发现，中国酒产业的聚集带与水陆交通要道关系十分密切，认为水陆交通运输网络线贯穿东西南北，既形成了中国的主要经济带，也成为中国酿酒业的密集区。它西起天水，东到连云港，沿运河及自然河流渭河、黄河等，形成白酒产业的密集带；北起北京，南经沧州、德州、济宁、淮河、扬州、苏州、杭州的京杭大运河沿岸也是白酒产业密集带。这一重要发现，为酒文化的深入研究开辟了新的方向，揭示了中国酒产业布局的规律和演变轨迹，具有重要的学术意义。因为运粮、销酒都必须依靠方便的水陆交通，尤其是白酒的包装多为瓷器，既是重物，又易破碎，以走水路最为安全和省力。在中国历史上，南北主要的水陆交通线，除运河外，川陕通道也是秦晋酒商必经之途。作者把交通地理列入酿酒业的兴衰变迁中，实在是一个创举，为理解和揭示酿酒业的发展演变规律提供了一把钥匙。

酿酒业与文化地理难分难解，《酒的中国地理——寻访佳酿生成的时空奥秘》一书特别列出专章《为何"惟有饮者留其名"？》，别开生面，以独特敏锐的视角，揭示了中国酒文化研究中被忽视的问题。按照常理，创造者才有权留下大名，得到应有的尊敬和崇拜，可是中国酒文化这一奇特的行业，尽管名酒辈出，但并没有一位酿造者留名于世。作者引用了李白《将进酒》中的名句"钟鼓馔玉不足贵，但愿长醉不复醒。古来圣贤皆寂寞，惟有饮者留其名"，以犀利的笔锋剖析了中国酒文化这一奇特的文化地理现象，认为酿造者是默默无闻的劳动者，年复一年重复操作，没有人关心他们，因此就难留其名。相反，饮酒者多为志士能人，因饮酒而成就了大业，被史书记载，为后人传颂，便一代一代流传其名，无人不晓。

上述关于酒文化与人文地理学的关系也可以用历史地理学来概括。因为地理学可以划分出古地理学、历史地理学、现代地理学，而酒文化涉及的地理学大致都在历史地理学的研究范畴之内，尤其是两宋以后，中国经济重心向南、向东偏移，也促使酿酒业的布局重新洗牌，直到今天长江经济带还是中国最发达的经济区，而长江沿线酿酒业的分布也最多，以四川、江苏为代表。中国经济重心的向东南偏移，也为中国酒文化地理的研究提出了一个新的课题，值得深思。

我不懂酒，也不喝酒，但当拜读了《酒的中国地理——寻访佳酿生成的时空奥秘》这部大作后，对酒文化有了新的感知和认识，受益匪浅，才拉拉杂杂写了上述不成文的话，只能作为一种感想，与读者同享其中的美味酒香，为读者提供阅读本书的乐趣和引导，不算作序，只能算作学习的点滴心得。

马正林

著名历史地理学家、陕西师范大学教授，从事中国历史地理的教学和研究近40年，主要研究方向为中国历史地理变迁、中国城市历史地理。出版著作有《中国历史地理简论》《中国城市历史地理》《中国运河历史地理》《丰镐—长安—西安》《正林行集》等20多部，发表论文90余篇，曾先后获得国家、省市和学校的科研奖20余次。

序 二

李家民

认识李寻是在2018年夏天，起因是我的一本专著《固态发酵》由四川大学出版社于2017年4月出版，李寻他们读过后，通过出版社联系到了我，要对我进行采访。他主编的杂志刊名为《休闲读品》，我当时想，作为一本休闲文化类的杂志，可能涉及的主要是科普问题，就按这样的思路就他们提出的采访提纲做了些准备，不想见面后讨论得非常深入，对有些白酒酿造业专业人士都很少涉及的专业问题，如极端微生物、复杂性科学等，进行了十分深入的讨论。李寻先生知识驳杂、思维活跃、视野开阔，我们在科学和哲学认识上，有很多共鸣之处。

此后，我们经常通过微信交流，讨论微生物学前沿的问题，比如2019年春节期间，我们还交流过对中国科学院金锋研究团队所做的微生物与人类心理行为关系研究的认识。金教授的团队已经发表了多篇研究论文，揭示人类的心理行为很大程度上受其共生微生物的影响，哺乳类动物（包括人类）的消化道及其共生微生物在个体发育和成长过程中，始终参与神经系统的运作，并影响动物（包括人类）的思维和行为。我的《固态发酵》一书中专门有一章讨论过人体消化道微生物活动的规律，在某种程度上，人体消化道微生物的活动也是一种固态发酵过程，从白酒酿造中总结出的固态发酵"五三原理"在人体消化道微生物活动中同样有效。我们一致认为，应将白酒置于天—地—人整体性的系统中来认识，酿酒业有必要与金锋团队做深度交流，进行交叉科学研究。

春节后不久，李寻又发来他和楚乔合著、即将出版的新作《酒的中国地理——寻访佳酿生成的时空奥秘》，嘱我作序。能与有共同爱好的学术同道深度交流是人生一大快事，故欣然命笔，写下这些文字。

我读李寻的《酒的中国地理——寻访佳酿生成的时空奥秘》，仿佛与其对面交流，他依然是那么议论驳杂，海阔天空，让人有些摸不着头绪。李寻自谓，其受斯宾格勒的文风影响，追求多维动态的叙述风格。我觉得其书犹如毕加索的立体主义画作，想表达的东西太多，而且都表达出来了，横七竖八地嵌压在一起，因此，读这本书，可能不那么容易找到主体线索。不过好在其文风通俗，看不明白线索也不妨碍看热闹，只要能读得下去，总会有某一方面的收获。

所谓地理学，不外两大门类：一曰自然地理，一曰人文地理。关于中国酒的人文地理方面，李寻已洋洋洒洒写了二三十万字，有些是他的一家之言，可能会引起讨论，我就不跟着添乱了，在此只对与酿酒相关的自然地理问题赘言几句。

中国传统酿酒，尤其是白酒酿造，采用的是纯粮大曲固态发酵工艺，自然接种，多菌系双边开放式发酵，与自然地理关系密切。读者不妨想一想，酿酒微生物的菌种是从空气、土壤中获得的，又依赖自然环境的温度、湿度等条件而生存和活动，它怎么能与自然地理条件没有关系呢？我在《固态发酵》一书中提出的"五三原理"，前两个"三"是指：（1）各类微生物在发酵过程中，经历从菌种到种群再到群落的生态演替过程；（2）微生物所处理环境中的物系—菌系—酶系相互影响或相互关联，处于不断变化的动态平衡中。开放式发酵的菌种、种群、群落都受自然环境的影响，自然环境决定着物系—菌系—酶系的互相关联与动态平衡，简言之，自然地理条件对酿酒有基础性的约束作用。不仅是大范围的自然地理条件对酿酒有影响，小范围的生产环境（如一个酒厂范围之内）的生态条件对酿酒也有巨大的影响。我们曾在沱牌舍得酒业中推行过生态酿酒的概念，在厂区大密度地种植楠木、桂花树等300多种名贵植物，大幅度地提高了厂区的绿化覆盖率后，发现对酒质的提升有重大的促进作用。由此遥想，生产汾酒的杏花村当年一定是杏花成片，生产西凤酒的柳林镇也一定是柳树成荫。在中国古代的酿酒条件下，"一方水土一方酒"是真实存在的。

但为什么又出现了李寻所说的"政治地理和经济地理而不是自然地理决定酒的品质评价与风味偏好"的现象呢？李寻说"现在的白酒已不受自然地理条件的约束了"，这话可以成立吗？

在某种程度上，这话还真可以成立，因为现在占主流的新工艺白酒由食用酒精、食用香精调配而成，远远脱离了自然地理条件的约束。

之所以会出现这种情况，和近半个世纪以来中国人对科学的认识有关。按照20世纪50年代以来的科学认识，中国白酒的主要发展方向是"新工艺酒"，作为新工艺酒物质基础的食用酒精采用纯菌种、封闭式液态发酵，可以有效地节约粮食，也易于剔除杂质、降低酒精度，更有利于达到卫生标准。但在实践中也发现，以食用酒精为基础的新工艺酒在风味品质与身体感受等方面，均不如纯粮固态发酵的传统白酒好。近半个世纪的科学探索表明，我们对于古老的固态发酵工艺在科学上的认识过于肤浅与片面，在现今复杂性科学思维的背景下，酿酒业必须重新评估固态发酵的传统白酒的科学意义。新工艺白酒只是20世纪中后期科学认识的产物。21世纪以来，科学的观念也发生了巨大的变化，以前的科学是基于理想状态的简单化模型重建，与实际物理世界总有很大程度的差距，新世纪的科学观是基于复杂性科学思维上的重新探索。过去，人们习惯于把那些似乎讲得明明白白的领域视作科学前沿，而现在，对类似固态发酵这类模糊领域的探索才是真正的科学前沿。在白酒方面，用食用酒精加香精的方法可以调制出符合任何一种预设风味的白酒，但是，实践也证明，任何人工勾兑出的新工艺酒都无法达到自然固态发酵酒的那种风味品质，中国传统白酒风味品质的丰富性与变化性，是现代新工艺白酒远远不能企及的。这有些像服装、箱包领域中，机械化流水线生产的产品永远比不上手工产品高档一样。

诚如李寻先生所言，酒的中国地理是不断变化的时空存在。我们有共同的期待，就是再度出现"天—地—人"合一的、反映自然地理特征的酒；我们都渴望能从一杯酒中品味出一片山川、一方水土、一批风云人物。

是为序。

李家民

中国酿酒大师，中国首席品酒师，原沱牌舍得酒业股份有限公司副董事长、副总经理、总工程师，中国食品工业协会白酒专业委员会技术顾问，中国发明协会副理事长。扎根基层从事生态酿造研发30余年，首倡并构建生态酿酒体系，定义生态酿酒国标术语，著有《固态发酵》等学术专著。

目录

河南宝丰酒业厂区中的仪狄塑像

宝丰酒业有限公司位于河南平顶山市宝丰县，酒厂将宝丰的酿酒起源追溯至仪狄造酒。仪狄是有文献记载的第一个酿酒的人，所以被称为"酒祖"，但后人对仪狄是男是女、具体身份为何等情况都有所争议。关于中国酒起源的说法，我们并不认同将酒说成是由某位杰出人物发明创造的这种观点，中国酒是受自然发酵现象的启发而产生的，人们对自然发酵进行反复观察摸索，从而发展出了越来越成熟稳定的酿酒技术。

摄影：李寻

大线索

中国酒的来龙去脉

一

关于中国酒的起源，归纳起来无外两种类型的说法，一种认为酒是由某位杰出人物发明创造的，比如仪狄或杜康，承认此种说法的人便将这些人物奉为酿酒始祖；另一种认为酒是来自自然发酵的启示，如野果或粮食自然发酵成酒，这类自然发酵的痕迹也被某些后人视作神物。每种类型中又有多种不同的说法。

二

我们先讨论第一种情况。文献中有记载的第一个酿酒的人是仪狄，《战国策·魏策二》中有段文字："昔者，帝（禹）女仪狄作酒而美，进之禹，禹饮而甘之，遂疏仪狄，绝旨酒。曰：'后世必有以酒亡其国者。'"汉代许慎在《说文解字》中沿袭了这一说法，说"古者，仪狄作酒醪，禹尝之而美，遂疏仪狄"。按此说法，仪狄是大禹时代的人，是有文字记载的最早酿酒的人，称之为"酒祖"似属当然。不过，后人关于仪狄是男是女有所争议，有人认为他是大禹女儿的手下，应该是位女官，也有人认为他是位男性。

另一位更为知名的人物是杜康，杜康能闻名天下，很大程度上是因为曹操的一句名诗："慨当以慷，忧思难忘。何以解忧？唯有杜康。"然而关于杜康是何时何地的人，却始终没有定论。

南北朝时梁萧统所编《文选》中有"注引《博物志》，亦云杜康作酒，王著与杜康绝交书曰：康字仲宁，或云黄帝时宰人"的说法，就是说杜康可能是黄帝时代的人，比仪狄还要早，不过《文选》的成书时间比《战国策》要晚，在最早的古文献中出现的是仪狄。

汉朝的许慎在《说文解字》一书中有"古者少康初作箕帚秫酒，少康，杜康也"的说法，即认为杜康是夏朝时代的人；

宋朝的窦苹在《酒谱》中说杜康是周朝时的人；

西晋的张华在《博物志》一书中说杜康是汉朝的酒泉太守，善酿酒。

现在大多数学者倾向于认为杜康是夏代人，就是少康，夏代的第六代国君。

至于杜康是什么地方的人，说法更多，值得强调的是，这些说法均出自清代。主要说法有：

（1）杜康是湖北人。清张祥河在《续骖鸾录》一书中说"杜康，宜城人"，即湖北宜城人。清代恩联修的《襄阳府志》中有"杜康台下有井，曰杜康井，昔杜康于此造酒"的记载，清代嘉庆年间修的《清一统志》中也有"杜康台在宜城（襄阳）县治东五十步，俗传杜康造酒于此"的记载。

（2）杜康是陕西人。清乾隆十九年（1754）梁善长重修的陕西《白水县志》中有"杜康字仲宁，相传为县之康家卫人，善造酒"的记载，该县志的地形略图上还标有"杜康墓"字样。县志中还记载："康家河，在县西十五里。俗传杜康取此水造酒。水自义会沟来，绕康庙前，一路清澈无滓，水底石块鳞砌有小石穴，泉隐隐喷出，至冬不竭，流四里许入白石河，乡民谓此水至今有酒味。"如今此水改名为"杜康河"。

2009年前后笔者参观陕西白水杜康酒厂，拜谒了设在厂区附近的杜康庙。该庙所在地也是一条山谷，山谷中有河，现在是白水县的水源地，应是天然泉水，我们饮后感觉水质甘冽，非常好喝，远超市面上的大牌矿泉水。古代酿酒讲究水源，清代白水县有酿酒作坊的存在，表明此地的水适合酿酒。

（3）杜康是河南人。清道光二十年（1840）白明义重修的《直隶汝州全志》中，有"杜康矴，在城北五十里，俗传杜康造酒处，弟茅柴传其酿法，有杜水。《水经注》名康水"的记载，杜康矴现已改名为杜康村，杜水改名为杜康沟。与汝阳县杜康村遥遥相望的河南伊川县皇得地村，有一眼泉水，传说是杜康酿酒汲水之处。[①]

还有记载说杜康是江苏江阳人、山东济南人……不一而论。

三

综合上述文献，我们会发现，仪狄、杜康全是传说中的人物，是否实有其人，尚是个未知数。至于其生活时代、是哪里人、活动区域，就更难考证。从文化的角度来看，某些时代出现酿酒名匠当属事实，仪狄、杜康或许是上古的酿酒大师，但将他们神化为酒祖是非常晚的事，从关于杜康籍贯的传说均出现在清代便可窥见其中端倪。清代以后，白酒业才兴盛起来，在有些酿酒作坊较发达的地区便出现了关于杜康庙、杜康井、杜康墓的记载，如果杜康真是上古人物，为什么唐代、宋代、明代就没这些记载呢？

现实更能说明问题，曾经有三家杜康酒厂，分别是河南伊川杜康酒厂、河南汝阳杜康酒厂、陕西白水杜康酒厂，这三家酒厂均非从传说中的杜康时代传承下来的，甚至不是从清代的小酒作坊发展而来的。1972年，日本首相田中角荣访华，会晤周恩来总理时提出，中国古代曹操名诗中的"何以解忧，唯有杜康"中所说的杜康酒，不知现在能否喝上。当时中国是没有"杜康酒"这个品牌的，此后，遵周总理指示，有关部门寻找与杜康历史传说有关的地方并建立酒厂，分别在陕西白水（1976年建成酒厂）、河南伊川（据说1972年年底就生产杜康牌白酒，1986年才建成酒厂）、河南汝阳（据说是1972年建成酒厂）。三家酒厂都生产杜康白酒，那时是计划经济时期，没有品牌概念，尚相安无事。进入市场经济时代之后，有了品牌意识，三家酒厂开始争谁是"正宗杜康酒"（其实是争谁拥有"杜康酒"这个品牌），打了多次官司，后来河南的两家杜康酒厂合并了，截至2018年，最新的进展似乎是河南汝阳的杜康集团（实际上已被思念集团控股）最后获胜，拥有了杜康酒的商标权。这三家酒厂我们都曾参观过，陕西白水有杜康庙，白水杜康酒厂每年还举行一些祭祀活动，河南汝阳建起一座规模更大的杜康公园，杜康祠在园中，如今是重要的旅游景点。

在我们读过的有关中国酿酒的文献中，关于杜康庙的记载是有一些，比如陕西白水杜康庙，还有记载说元代大都（今北京）也有杜康庙，但尚未见到古代酒坊每年有祭祀酒神活动的记录（更不用说是祭祀哪位神）。1949年后国家实施酒类专营政策，所有酒厂均为国有企业，那时祭祀酒祖酒神属"封建迷信"活动，没有人敢搞，也没有酒厂建造酒祖、酒神的雕像。改革开放后，特别是20世纪90年代后，中国经济日益多元化、市场化，各酒厂出于市场竞争的考虑，努力为自己寻找古老的文化资源，于是各自找自己的祖宗，像河南汝阳、陕西白水这样20世纪70年代后才建立的酒厂，因有杜康传说的历史资源，新建起杜康庙、杜康公园等历史纪念遗址，其他酒厂也各想办法，比如古井贡酒厂就以曹操为酒祖，河南宝丰酒厂以仪狄为酒祖，等等，不可尽数。

没有历史文化资源的可以寻找资源。2017年10月28日，"首届中国酱香酒节暨丁酉茅台镇重阳祭水大典"在贵州省仁怀市茅台镇举行，2018年又举办了第二届。注意"首届"这个词，说明在2017年以前没有祭水活动，这是一项自2017年以后才有的文化宣传活动。

我们没见过古代的祭祀活动是如何起源的，具体发挥什么功能，但我们亲眼见证了杜康酒厂、杜康庙以及祭祀杜康活动从无到有的过程，见证

河南汝阳杜康祠内景
摄影：李寻

陕西白水县杜康墓
摄影：李寻

2018 年茅台镇重阳祭水大典现场
摄影：李呈军

了无中生有的茅台镇祭水大典，知道这不过是商家扩大品牌影响、增加商品神秘性的营销手段。由此推想，可能古代的祭祀活动也大抵如此吧，而仪狄、杜康这些人物，也不过是当时的"文案人员"一时兴起，虚构出的人物，其真有假有，已如现在的赤水河河神一样，无足轻重了。如果较起真儿来，问一下赤水河有没有一个河神，恐怕没有一个有现代科学知识的人敢说有。今人不相信，古人也不相信，但这并不妨碍他们杜撰神的故事，搞像模像样的祭神活动。

四

那么酒究竟是怎样产生的呢？

其实，古代已有人说明白了，无非是自然发酵现象引起了人们的重视，进而不断重复，进行一定的人工控制，逐渐发展出越来越成熟、稳定的酿酒技术。西晋的江统有篇残文《酒诰》中写道："酒之所兴，肇自上皇。或云仪狄，一曰杜康。有饭不尽，委余空桑。郁积生味，久蓄成芳。本出于此，不由奇方。"译成现代大白话就是："酒这东西，在遥远的上古时代就已经出现了，人们或传说是仪狄造酒，或传说是杜康造酒，好像很神奇。其实做个试验就知道了，你把吃剩下的饭放在野外桑树的空洞里，放一段时间就会变味，时间久了，就会发出独特的芳香，自然就变成酒了。酿酒就是受到这种自然现象的启发，没有什么神奇的仙方。"

现在科学已经认识到，酿酒是粮食或水果中的糖类在微生物作用下转化为乙醇的过程，这个过程叫发酵。发酵是自然现象，粮食、水果、乳汁等在自然条件下放久了，都会发酵，其过程是先变酸、变臭，变得腐烂，然后变甜、变香。和酒一样的发酵产物还有酱、酱油、醋、豆腐乳、腊肉等。早期人们有了初步的剩余粮食、水果、乳汁后，没有专门的保存条件，只能自然存放在那里，随之发酵，发酵到某种程度就变成了酒，人们观察到后，重复几次，就总结出酿酒的工艺；发酵到某种程度变成了醋，再重复几次，就总结出酿醋的工艺；酸奶、酱油、豆腐乳等自然发酵的产品，都是这么起源的，并不依赖于某位杰出人物的天才创造，所谓酒神、醋神、酸奶神……其实从来就不曾存在。

当然，"造神"是人类文化活动的天性，中国有些地方有猿猴造酒的传说，清人的笔记小说，如徐珂《清稗类钞》中说"平乐等府山中猿猴极多，善采百花（果）酿酒。樵子入山得其巢穴者，其酒多至数石，饮之香美异常"，清代李调元的《粤东笔记》中也有"琼州多猿……尝于石岩深处得猿酒，盖猿以稻米杂百花所造，一石穴辄有五六升许，味最辣，然极难得"的记载。对这些记载，我们将信将疑，认为樵夫在野外见到自然发酵而形成的酒或可有之，但推断其为猿猴有意识的酿造，没有根据，迄今为止，在笔者的阅读范围内，尚未见到灵长类动物猿猴、猩猩等酿酒及饮酒的科学研究报告。近一个世纪以来，人类对动物界的观察已经相当深入了，英国著名的女科学家珍妮·古多尔与猩猩们一起生活，观察它们的习性长达二十多年，未闻其有关于猩猩酿酒、饮酒的报告，故猿猴酿酒一说，只是猜测，酒厂们可以将其作为一个起源神话来讲故事，但把考古学家扯进来就有些过分了。据称，1953年，我国考古工作者在江苏省泗洪县双沟镇附近发掘的猿人化石，并证实这些猿人是吃了含有酒精成分的野果汁而醉倒致死后成为化石的，因而将其定名为"醉猿化石"。[②]考古学家居然能从化石中推断出猿是喝醉酒而致死的，并因此将该化石命名为"醉猿化石"，令人瞠目结舌，实在不知其有什么科学依据。

五

做一个简洁的结论吧！

酿酒，是上古人类通过观察自然发酵现象而逐渐掌握的一种人工发酵的工艺，大致在新石器时代就已经出现了，中国各地出土的陶器（如马家沟文化、仰韶文化、龙山文化、河姆渡文化）中都有大量的杯、瓶等酒具，可以作为物

陕西白水县杜康庙
摄影：李寻

证，说明酒的起源时间远远早于传说中的夏禹时代。与此同时期的世界各地其他陶器文化中，也都有酒具出现，说明无论中国还是世界其他各地，酿酒都有多个起源地，几乎每个原始人类聚居的地方，都有独立的酿酒起源，而将其归结为某位杰出的"酒祖"或无法考证的"酒神"的创造，是后来人们根据自己需要杜撰的故事，不是可以追索到证据的事实。作为一个神话或营销故事，它们是有实际功能的，但作为一种历史事实，是无法考证的。

六

酿酒起源于自然发酵，同时也就意味着早期的酒都是发酵酒，而现在称为白酒的蒸馏酒是相对较晚时期才出现的。为了把问题说明白，我们还得先了解清楚酿酒的原理与工艺。

酿酒，按照现在的科学认识讲主要包括两个环节：一个是糖化，一个是酒化。所谓糖化就是把粮食中的淀粉（$(C_6H_{10}O_5)_n$）转化为单糖（葡萄糖 $C_6H_{12}O_6$）的过程，起转化作用的微生物主要是霉菌（现代液态酒发酵工艺改以"酶"作为糖化剂）；所谓酒化就是将已经形成的糖进一步分解，转化为乙醇（C_2H_5OH）的过程，这一过程中起作用的微生物主要是各类酵母菌（现代酒精工艺用人工制备的酵母作为发酵剂）。在酒化的过程中，不仅会代谢出乙醇，还会代谢出别的酸类、醇类和酯类，这些成分约占白酒总成分的2%，却是最主要的生香呈味物质，生成这类物质的主要微生物是各类细菌，如己酸菌、乳酸菌等。糖化、酒化两个过程合起来称为发酵（注意，酒是发酵出来的，但发酵出来的不一定是酒，发酵的概念很宽泛，泛指一切微生物活动，酱油、醋、酸奶等也都是发酵的产物）。发酵出来的粮酒混合物称为酒醅（固态）或酒醪（液态），这里乙醇的含量一般不超过15%，超过这个比例，酵母菌就死亡了，不能再进一步代谢出酒精。从发酵好的酒醪中过滤、杀菌后的酒就可以喝了，这种酒为发酵酒。中国传统的黄酒就是发酵酒，北方以小米、糜子等为原料，南方以大米、糯米等为原料，发酵时间短的呈乳白色，发酵时间长或陈贮时间长了，颜色会变黄且会不断加深，这可能是黄酒这一名称的由来。

中国传统黄酒和白酒发酵用的糖化剂和酒化剂是同一个东西：酒曲。以大麦、小麦、豌豆等制成的大块曲叫大曲，以大米等制成的小颗粒的曲饼称为小曲，1949年后，我国又从日本学习了麸曲，即以糠皮、麦麸为原料制曲，以节约粮食。所谓糖化和酒化这两个环节，是现代微生物学出现后才有的概念，现代酒精工业中，糖化和酒化是两个工艺环节，糖化剂为酶，发酵剂为人工制作的酵母，反应容器是封闭的，以排除外界环境中微生物的干扰，称之为封闭式单边发酵，而中国传统酿酒不知道这些，用的糖化剂和发酵剂都是酒曲。酒曲的制作过程，是将大麦、小麦、大米等粮食煮熟后放在开放的环境中，使其自然接受空气和周边环境中的各种微生物，发霉变质、干化，这个过程叫"自然接种"，将酒曲粉碎和新蒸好的酒粮搅拌混合后入窖池发酵，酒曲中的微生物就进入酒粮中，起到糖化和酒化的作用，发酵过程中的一些环节是开放的，以进一步接受环境如空气、窖泥中的微生物菌种，这套工艺就是所谓"双边开放式发酵工艺"，乃边糖化、边酒化，两者同时进行之意也。

开放式双边发酵一直是受到环境影响的，而环境因素有不可预期及不可控之处，这使中国传统酒形成了风味丰富且多变的特点。

蒸馏法是将酒醅或酒醪中的乙醇提纯的过程，乙醇（酒精）的沸点为78.5℃，水的沸点是100℃，在水还没有沸腾时，乙醇先汽化了，将其冷凝后接取的液体就是高浓度的酒精，多次蒸馏后的酒精可达到90%的纯度。甲醇（CH_3OH）的沸点是64.7℃，比乙醇还低，也就是说它比乙醇更早化为气体，也更早冷凝出来，富集在酒头里，酒头里乙醇更多，浓度高达65°以上。传统白酒工艺中有"掐头去尾"之说，所谓"掐头"是指扔掉"酒头"，主要是除去毒性大的甲醇。

乙醇的沸点低，凝固点也低，为－114.1℃，所以也可以用冷冻法提纯乙醇，即将酒醪降至冰点以下，水先结冰，将其取出，反复冷冻，也能提取纯度较高的乙醇，据说，国外那些酒精度高达60多度的精酿啤酒，就是这么制作出来的。

人们发现，无论是蒸馏酒还是发酵酒，放置一段时间后饮用口感都更佳。以白酒为例，放置的过程酒体继续发生物理化学反应，包括酒精的挥发（酒精度数自然就下降了），酸的酯化，分子的缔合、缩合等。总之，越是陈放的酒口感越柔和，香味也更复杂浓郁，这个工艺叫"陈化老熟"。当然，也不能无限期地陈化老熟，但一般在五十年内，酒是越陈越好喝。

发酵、蒸馏、陈化老熟，这一完整的过程称为酿酒，而所谓"陈酿"，一定要有一定年头的陈化老熟时间，否则不能称之为陈酿。

七

发酵酒、蒸馏酒是现代科学传入中国以后的新术语，而白酒、黄酒、烧酒都是古代就有的名词，至少在唐代，这三个词都出现了，以致很多人望文生义，以这三个词的现代含义推测古代，说在唐代已出现了现在的蒸馏酒——白酒。

其实，古时的黄酒、白酒指的都是发酵酒，初发酵成的米酒为白色，称为白酒，发酵时间长些的米酒颜色变黄，同时也由混浊变得透明，称之为黄酒。那时的酒与米混在一起（按现在的说法是半固态发酵），取酒时要滤一下米渣，故《水浒传》等小说中把打酒叫"筛酒"，意谓以"筛子"滤一下酒。现在到湖北房县去，当地的米酒尚保存着这种古风，新酿出的米酒当地俗称"白马尿"，为混浊的乳白色，这也许就是宋代以前的"白酒"，其中含气，喝起来甜脆爽口，气体的刺激感有如啤酒。进一步发酵后，酒液变黄，但清亮透明，当地俗称"㳇汁"，就是比较标准的黄酒。至于烧酒，明代以后逐渐特指经过蒸馏的酒，蒸馏出的酒因为口感凛烈，故有"烧刀子""老白干"之谓，但在唐代，烧酒可能泛指一切酒。

关于中国蒸馏酒（就是我们现在通常所说的白酒）的起源时间，学界有多种看法，有说从汉代就有的，有说唐代就有的，有说金代有的，有说从元代开始有的。从文献记载的角度看，其所依据的文献都是李时珍的《本草纲目》。书中有记载说"烧酒非古法也，自元时始创，其法用浓酒和糟，入甑蒸令气上，用器承取滴露，凡酸坏之酒，皆可蒸烧"。多数学者据此认为蒸馏酒起源于元代。但同书中又记载："葡萄酒有二样：酿成者味佳，有如烧酒法者有大毒……烧者，取葡萄数十斤，同大曲酿酢，取入甑蒸之，以器承其滴露，红色可爱，古者西域造之，唐时破高昌，始得其法。"③李时珍记载的方法可能是明代的方法，以大曲和葡萄一起发酵，再蒸馏出酒，类似于西方的白兰地，英国科技史大家李约瑟据此认为白兰地也起源于中国西域。然而，此则记录也有令人费解之处，正常蒸馏出的酒应是无色透明的，这种酒怎么是"红色可爱"的呢？不知是李时珍先生亲自做过实验或观察过，还是其蒸馏方法不同，将蒸馏液与葡萄原汁又混在一起滤出所致（那就不是白兰地，而是波特酒了）。至于说此法是唐破高昌时所得，也是李时珍根据古文献获得的知识，若论起葡萄酒，据说早在西汉张骞出使西域时就引入中国了。

从考古的角度，有件据说是东汉时期的蒸馏器出土，但能否用于蒸馏白酒，专家们争议很大。意见较为一致的是河北承德地区于1975年出土的金代整套铜胎蒸馏器，部分学者认为可以用于蒸馏酒，但也有一部分学者持不同意见④。2006年，黑龙江阿城也出土了一件类似的金代铜甑，为蒸馏酒起源于金代的说法又提供了一项证据。2005年，河北保定徐水区刘伶醉酒厂发掘出了金元至明清的酿酒作坊遗址，始建时间在公元1126年，其年代要早于2002年江西进贤发现的元代李渡酿酒作坊遗址⑤。综合来看，金代已出现蒸馏酒的证据比较充分。

唐人的诗中出现过"烧酒"这个词，如白居易有诗句"荔枝新熟鸡冠色，烧酒初开琥珀香"，雍陶有"自到成都烧酒熟，不思身更入长安"的诗句。李肇在《唐国史补》中有"剑南之烧春"的记载。有人据此认为唐代已有烧酒，即今天的白酒，再加上前文所述李时珍记载的葡萄蒸馏酒，可证明唐代就已经出现了蒸馏酒。但是，细思白居易的诗，那"烧酒"是有颜色的，琥珀色！怎么能是蒸馏酒呢？雍陶的诗说"烧酒熟"，"熟"乃煮熟酒粮之谓，推测也是发酵酒，蒸馏酒似乎用不上"熟"字。在唐代，"烧酒"可能只是当时对酒（只有发酵酒）的一种通称，因为酿酒的其中一个环节是烧火煮粮，由此延伸出的一种对酒的称呼。唐代的"烧酒"与明代的"烧酒"指的不是同一个东西，烧酒与蒸馏而成的白酒挂上钩是明代以后的事，而将白酒特指蒸馏酒，是1949年以后的事。在明代以前，白酒、黄酒、烧酒都是指发酵酒，对应物是今天的黄酒；明代以后，烧酒特指蒸馏酒，对应物为今天的白酒；1949年以后，白酒特指用中国传统方法酿造的蒸馏酒，黄酒泛指一切以粮食为原料的发酵酒。"词与物"，是法国哲学家福柯纠结了一生的问题，哪怕只想读懂一小段知识史，也得花很多的功夫将不同时代、不同语境下同一个词对应的是什么东西掰扯清楚，比喝酒累多了。

八

和酒的名称一样复杂的是酒的地理存在形式。所谓酒的地理存在，用通俗的方式来表达就是：哪里有好酒？为什么那里会有好酒？

简单的问题回答起来并不简单，又不得不引入更多复杂的地理学术语。

酒起源于人类对自然发酵现象的观察和学习，各地只要有自然发酵的自然条件，就都有独立的酿酒业起源，所以，酒从起源时就分布于中国（以及世界）各地。各地的不同物产（如不同的粮食、水果）决定了酿酒原料的不同，不同的气候条件决定了发酵的工艺和酒的风味不同，这是酒的自然地理分布。

然而，并不是每一个地方都始终有酿酒业的，以前的酿酒集中区，后来可能一间酒坊都没有，如河南开封，北宋为都城时城中酒坊林立，现在的开封城内一家酒厂也没有。所谓好酒、名酒也是一时的名头而已，1949年以前公认的第一白酒是汾酒，1949年以后，被茅台所取代……凡此类酒厂之兴废、酿酒业聚集区之转换、名酒座次之变更，均有一个历史发展演变的过程，这是酒的历史地理。

而上述任何一种变动，其驱动因素均是复杂多元的，有自然因素的变化，如河流断流或改道等，但更多的是政治经济因素的影响，一次外族入主中原，一场改朝换代的战争，都会改变酒业分布的格局和酒的风味，每朝每代不同的酒业政策，又决定着某地酒业的兴废，如此种种，则属于政治地理和经济地理的范畴。

如此看来，我们关于"酒的中国地理"的叙述，是自然地理、历史地理、经济地理、政治地理、文化地理等多种维度交叉的立体体系（习惯上，地理学分为两大门类：一为自然地理，一为人文地理。政治、经济、文化地理属于人文地理的范畴），我们会努力将其讲述得直白有趣，尽量少用专业术语，偶一用之，也是为了说明白问题，不做太多咬文嚼字的考证，毕竟是写酒的书，希望它能像酒一样直白！

注释：

①②③刘景源. 酒典集萃. 北京：中国商业出版社，1996.

④洪光住. 中国酿酒科技发展史. 北京：中国轻工业出版社，2001.

⑤万伟成. 李渡烧酒作坊遗址与中国白酒起源. 北京：世界图书公司，2014.

绍兴大禹陵里的大禹像

《战国策·魏策二》中这样记载："昔者，帝（禹）女仪狄作酒而美，进之禹，禹饮而甘之，遂疏仪狄，绝旨酒。曰：'后世必有以酒亡其国者。'"汉代许慎在《说文解字》中沿袭了这一说法，说"古者，仪狄作酒醪，禹尝之而美，遂疏仪狄"。大禹是一位为工作日夜操劳的人，在他看来，酒虽然甘美，但会让人沉迷，腐蚀人的意志，因此，他对酿酒持反对意见，也疏远酿酒的人。

摄影：李寻

TIPS 中国酒生产工艺流程图

中国白酒主要工艺流程图

制曲：以小麦或大米等粮食加热水浸泡或蒸煮之后，放入一定温度的曲房内发酵，制成体积不同的曲块，大块如土砖的为大曲，小块如1元硬币大小的为小曲。

蒸料：将酿酒用的粮食，如高粱等进行蒸煮，形成待发酵的粮醅。

发酵：将曲块与蒸煮后的粮醅，以一定的比例混合，放入发酵池中，适当密封，进行发酵，发酵后的原料为酒醅。

蒸馏出酒：将发酵好的酒醅取出，放入酒甑中进行蒸馏，冷凝出的"蒸馏水"就是白酒原浆。
第一轮蒸馏后的酒醅不可以扔掉，而是再拌入新的粮醅之中，进行下一轮发酵、蒸馏。经过多轮蒸馏后再也无力出酒的酒醅称为酒糟，可以作为饲料或肥料处理了。

陈化老熟：将新蒸出的酒浆放入陶制或木制酒海中贮存，促使其老熟。

勾兑成酒：将经过老熟的原浆酒进行勾兑调配，装瓶后即成为可以销售的商品酒。

中国黄酒主要工艺流程图

制曲：大米等粮食经蒸煮后，放入一定温度的曲房内发酵成曲饼。

蒸料：将酿酒用的粮食（南方为大米、糯米，北方为小米或黍米）进行蒸煮，形成待发酵的粮醅。

发酵：将酒曲（或酒药）与蒸煮后的粮醅以一定的比例混合后放入发酵容器中（传统为陶缸，现在很多企业用不锈钢罐），加入一定比例的水（通常水粮比为2：1）进行发酵。黄酒发酵属于液态发酵，这是其与白酒不同之处。发酵时间传统为70～90天，新工艺为10～20天。

压滤澄清：将发酵好的酒醪压榨过滤，将酒液与酒糟分离，分离出的酒液静置澄清。

煎酒：用85～95℃范围内的蒸汽蒸一下酒，主要功能是杀菌，与巴斯德杀菌法作用一样，此外还可使酒液清亮，有促进老熟等效应。

陈存老熟：将煎过的酒液放入陶坛贮存老熟。优质黄酒可陈存10～50年，酒质更臻完美。

注：中国黄酒与白酒最大的工艺差别在于黄酒没有经过蒸馏这一环节。

1949年华北酒业专卖公司实验厂使用的我国第一批酒税票
（摄于北京红星二锅头酒博物馆）
摄影：李寻

王者无名

哪里是中国真正的酒都？

一

酒业兴旺之后，那些以产酒著称的城市常自诩为"中国酒都"。

首先是贵州的茅台镇，其产酒盛名之大、利润之高、股市市值之大，冠绝全国，称为酒都，当仁不让。

其次是四川宜宾，所产酒在八大名酒中产量最高、销量最大，一座宜宾市，半个是酒城，称为酒都，有底气。

再下来是四川泸州，盛产四大名酒之一的泸州老窖，拥有国内目前规模最大的明清时代的老窖池群，"国窖1573"的广告可谓家喻户晓，称为酒都，有传统。

还有被称为中国白酒祖庭的山西汾阳杏花村，论传统、论酒质、论产量，也有资格称为酒都。

……

然而，我说，它们都算不上是中国的酒都。

那么，哪里是中国的酒都？

这个问题实际上是中国酒业的最大隐秘。

我不卖关子，直接说答案：

中国的酒都是——北京！

原因慢慢聊。

二

北京，金朝时为其中都（1153），有确切的资料表明，中国白酒起源于金代，当时的北京已有蒸馏酒喝了。

元代，北京成为其首都（1267），称为大都。有明确的文献记载，元大都也生产蒸馏出来的白酒，而且这种酒有个阿拉伯语名字"阿拉吉酒"（阿拉伯语原意为"出汗"的意思，现在也特指中国的"白酒"），以至有学者认为，中国的白酒技术是从阿拉伯传过来的。这个说法难以成立，且不说早在金代中国已有蒸馏白酒，单说当时的阿拉伯人已经信奉伊斯兰教，而伊斯兰教禁止喝酒，他们怎么能带着酿酒工艺远渡重洋来到中国呢？

元代对中国酒业有两项重大影响：一是蒙古大军将白酒从北方带到了全国，特别是南方地区；二是修建京杭大运河，奠定了此后七百多年中国白酒

金代蒸馏烧锅

产业的分布格局。

元代以前的金代虽然已经产生了白酒，但只局限于金朝统治的范围。秦岭淮河以南为南宋的统治范围，仍以黄酒为主。蒙古大军以嗜饮著称，随着他们的征伐铁蹄，原产于中国北方的白酒被带入一切他们所征服的地方，包括原来南宋统治的区域和已经被蒙古人征服的辽阔的西北地区。文献记载了这个过程，考古发掘也证实了这个过程，在江西李渡、四川成都等地都发现了元代的白酒作坊遗址。蒙古大军的征战是中国酒业由黄酒转为白酒的第一个有规模的驱动力量。

元代修建了京杭大运河，从而改变了大运河的走向。元之前的隋唐大运河是以长安为中心的，兼及北京呈"Y"字形，元代起开始以北京为中心，形成一条贯通南北的直线，而与京杭大运河相连的自然水系渭河、黄河、汴河、淮河等仍有运输功能，运河水运体系成为一个大的十字架网状结构。元世祖忽必烈曾亲自规划运河的修建，并亲自视察运河工地。此后七百多年间，虽经明、清朝代兴替，但由于首都一直在北京，所以，全国的物资供给运输体系一直没有大的改变，而这个供给运输体系的核心是北京，是为了把天下最好的东西运到北京才修建的运河，这些最好的东西中当然包括最好的酒。

酒是一种大宗的嗜好性商品，消费群体的规模决定酒消费量的规模。自元代以后，北京是明、清两代的主要首都，拥有全国最多的城市人口，用通俗的话说，就是全国最有钱、最有权的人口主要聚居地，因此，北京是全国最大的酒类消费基地，各地的好酒，通过运河水路运至北京。饶如是，还是满足不了京城的饮酒需求，于是在京城本地以及就近的直隶行省（今天的河北、天津一带）也发展出本地的酿酒企业，白酒、黄酒作坊都有。京、津、冀现在有名的白酒生产企业，追溯既往，都能找到明清时的作坊为其公司的前身。从根本的经济因素来看，是京城庞大的消费需求创造出酒业的发展需求。当时北京酒业的规模很大，时称"酒品之多，京师为最"。

从清朝到民国（1949年之前），北京饮酒分为三个档次：

第一个档次：高端、正规的宴会，有世家背景的遗老遗少喝绍兴黄酒。

第二个档次：社会地位较高的政商界人士，如果喝白酒的话，喝汾酒。

第三个档次：一般的社会大众，喝本地或附近产的白酒或黄酒。白酒一般称作烧酒、白干、烧刀子，黄酒是京城或山东、天津一带产的，俗称为"甘炸儿""苦清儿"等。

饮酒的场合也是层次分明的，高档的大馆子提供各色绍兴黄酒，中档的酒馆提供本地黄酒，最普遍的小酒馆叫"大酒缸"，基本上是一个风格，以口径一米左右的大缸半埋地下，上面盖上木盖，当作酒桌，提供本地产的白酒——白干或称烧刀子，也有本地和山东等地产的黄酒。

一般说来，喝黄酒的人多是有身份、有地位的体面人，这些人喝白酒也多是喝汾酒。而去"大酒缸"喝酒的人就比较杂了，跑腿跟班的、三教九流的小市民多一些，也有不少上流社会的文人雅士，跑到大酒缸来喝酒，图个新鲜。

这种喝酒档次的分野是由酒的品质和价格决定的。绍兴黄酒要通过运河水路运到北京，山西汾酒要通过陆路翻过太行山运到北京，运输和保管成本自然升高，价格也就不菲。尤其是黄酒，自明代起就成为京城的高档酒，很多大户人家以家存百年陈酿黄酒为珍，大酒馆也以陈年老酒最贵。民国二十年（1931），前清度支部司官傅梦岩家藏一坛150斤装的明朝景泰年间的绍兴老酒，已成琥珀色酒膏，拿出来一点儿，可兑出二三十斤新酒，以为上品。当时京城的绍兴黄酒，品种比绍兴本地还要多，很多在北京能喝到的绍兴黄酒，在绍兴反而喝不到，令人有"出处不如聚处多"的感叹。[①]

本地产的酒总要比远道运输而来的酒便宜，自然是中低消费阶层的最爱。但北京本地生产的黄酒和白酒，都不如外地运来的绍兴黄酒和山西汾酒品质好，北京本地产黄酒现在已经绝迹，白酒还在生产，下面我们就详细地聊一聊北京本地产的白酒。

三

现在提起北京当地产的白酒，人人皆知是二锅头，然而，1949年以前的北京，并没有二锅头酒这一名号，更不用说品牌了。

前文讲过，为保证最大量的酒品供给，北京本地发展出了很多酿酒作坊，这些酿酒作坊大多数是山西人开的，使用的原料与汾酒相同，都是以高粱为酒粮，以大麦、豌豆制成大曲，但工艺不同。和汾酒相比，北京当地产的这些白酒（也包括附近河北、天津等地产的白酒）在风味、口感上均不如汾酒，故只能在普通百姓中消费，官宦、富商阶层喝的是汾酒。

北京当地产白酒与山西汾酒不同主要有两个原因：

一是气候不同。汾酒的产地山西省汾阳市位于北纬37.27°左右，年平均气温23.8℃；北京位于北纬39.9°，平原地区年平均气温11～13℃，纬度比汾阳高2.7°，年平均气温低近10℃，这对用于酿酒的微生物群来说，有重大的影响，参与发酵过程的菌种以及糖化、酒化的机制就有很大不同，产生的微量成分也不同，而微量成分是决定白酒风味、口感的最重要因素。

二是工艺有所不同。汾酒是以高粱为原料，以大麦、豌豆制成大曲，以陶缸发酵，采用"清蒸二次清"的工艺，发酵时间26～28天；而北京本地产白酒是用砖窖发酵，采用"老五甑"工艺，发酵时间只有5～6天（这是现在二锅头酒的发酵时间，1955年以前的二锅头酒发酵的时间不详，但现在江淮一带浓香型优质酒发酵时间均在三个月以上），比汾酒短得多，从工艺上讲，更接近于现在苏鲁皖豫的浓香淡雅型白酒的工艺。从这个角度而言，北京本地的白酒与京杭大运河沿岸的白酒是同一种工艺，同属"运河酒系"，而与山西汾酒的工艺相差较远。今有研究者将传统的北京白酒（他们笼统地称为"二锅头"）称作是与汾酒一样的清香型，可能与事实不符。

"二锅头"这个术语是清代到民国期间，北京、河北等地的部分白酒酿造作坊使用的术语，意思是蒸馏出酒时天锅（即甑桶上盛满凉水的锡制锅盖）冷却水要换三次，第一次冷却水蒸馏出的酒度数约70°以上，为"酒头"，一般弃之不用；冷却水变热后冷凝效果下降，换第二锅冷凝水，在第二锅冷却水期间蒸馏出的酒为主体酒，有的地方称之为"酒身子"，大致在67°～45°之间，最宜饮用；第三次冷却水蒸馏后出来的酒称为"酒尾"或"酒稍子"，酒精度在40°～30°之间。酒头的酒精度高，且含有对人体有害的甲醇等物质较多，不宜饮用；酒身子部分酒精度适中，酸、酯、醇类等微量成分比例丰富协调，口感、香气均佳；酒稍子酒精度数低，且酸类成分多，口感苦涩，时有杂味，故不宜饮用。所谓"酒头""酒身子""酒尾（酒稍子）"等，其实都是指蒸馏酒时摘取的不同乙醇含量的馏分。在那些历史悠久的传统大曲酒工艺中，使用的是"看花摘酒，分段摘酒"的方式，即由有经验的酒师，用容器在蒸馏口接住蒸馏出的酒，根据接酒器晃动时产生的泡沫（术语叫"酒花"）来判断酒精度，优秀的酒师甚至能判断出±1°左右的酒度差，这样便可以更为精细地区分馏分，比如65°一组、62°一组、60°一组、58°一组、52°一组等，这叫分段摘酒，多的可分为十多组，然后再精确地勾调出不同酒精度的酒。汾酒厂一直是这么做的。但山西商人在外地开设酒坊，不能带来那么多有经验的优秀酒师，雇佣的大多是本地没有经验的工人，"看花分段摘酒"这么细腻的工艺无法落到实处，于是想出了用更换天锅冷却水次数这种简单的工艺方法来控制馏分的选取方法，这其实是适应具体劳动力条件、大干快上的变通办法，所选取的酒在酒精度上控制的范围十分宽泛，不同酒坊之间的酒在风味、口感上差异就更大了。由于品质的不稳定，市场上将其视为低于汾酒的中低端酒也就不难理解了。

当时的北京，没有酒坊打出"二锅头"的名号，一般都称为烧酒、白干、烧刀子等，顶多加些地名，如按酒坊所在方位，分为东、南、北三路烧酒，还有河北的易县烧、沧州烧等。可能在日常饮用中，店家向略有经验的酒客强调自己家的酒好时，才会用到"二锅头酒""净流"等工艺术语。

将"二锅头"这个工艺上的名称作为酒名是1949年以后的事。

1949年1月，北京和平解放，4月，中央人民政府公布对酒实行专卖，禁止私人酿酒。当时北平市共有白酒烧锅（即作坊）44家，其中市内28家、近郊16家，在业工人650人，日产白酒3万市斤，中华人民共和国成立后均告停业，收归国营的北京酒业专卖公司所有。各路烧锅生产的白酒，运抵北平市后，先由烟酒公卖局直辖的九家酒栈按市价收购，然后再批发给市内各酒缸、酒铺销售。1949年5月，华北酒业专卖公司收编了北京12家烧酒作坊，成立北京酿酒实验厂，按传统工艺生产白酒，于当年10月1日之前，生产出第一批国庆献礼酒，称为"二锅头酒"，使用的是"红星"商标，此商标为日本友人樱井安藏于1948年在晋察冀边区设计，当年这批酒产量20.5吨，从此，才有了"二锅头酒"这一名称。

此后，北京各区县酒厂合并为北京酿酒总厂，所酿的酒均称"二锅头"。再往后，历经改革，北京酿酒总厂发展为今天的北京红星股份有限公司，生产红星牌二锅头酒；顺义县的酒厂发展成为北京顺鑫农业股份有限公司牛栏山酒厂，生产牛栏山牌二锅头酒。

计划经济时代，没有品牌商标意识，也不敢提历史文化传统的事。改革开放后，随着市场经济的发展，特别是对传统文化的重视，各酒厂均注重追溯自己的历史传统。比如红星酒厂追溯到清代乾隆十九年（1680）由山西人

北京红星二锅头酒博物馆展示的 12 家老酒坊名牌

红星酿酒集团是在全面接收老北京城内十二家酿酒作坊的基础上成立的中华人民共和国第一家国营酒厂。

摄影:李寻

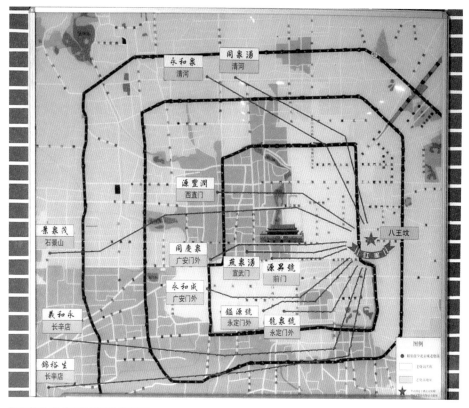

红星接收的 12 家老酒坊位置图

摄影:李寻

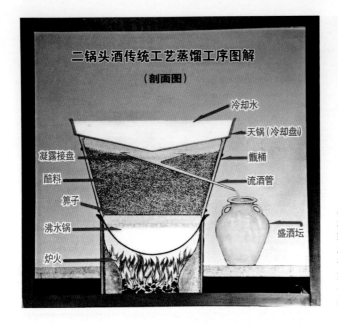

二锅头酒蒸馏装置示意图
天锅中的第二锅冷水注入后开始取的酒为二锅头，一般酒精度降到45°左右停止取酒。第一锅冷却水取的酒为"酒头"，第三锅冷却水取的酒为"酒稍子"或"酒尾"。
李寻根据相关资料绘制

赵存仁、赵存义、赵存礼三兄弟创办的"源升号"酒坊，认为是这兄弟三人首创"二锅头"工艺。当然，也有文献考证是源自河北石家庄的某家酒坊。这类考证想必各有文献依据，但从北京酒类演化的实际情况来看，当时的白酒作坊采用的是大同小异的工艺，都是二锅头酒，以1949年有明文记载的组成北京实验酒厂的12家作坊而论，哪家不是"二锅头"呢！非要找一个"鼻祖"，只能是生造了。

四

然则我们现在喝的二锅头酒，已然不是当年的二锅头酒了。

1955年以前，二锅头酒基本上按传统工艺，用高粱原料加大曲生产，属传统的纯粮固态发酵白酒。1952年，酿酒专家方心芳先生带人在北京实验厂搞麸曲发酵实验。1955年推广烟台试点经验之后，北京二锅头也改为以麸曲和酒母作为糖化剂和发酵剂，改小窖五甑为大窖多甑，窖容由五甑增至8～10甑，并加大了甑桶容量，由500千克左右增加到1350千克，将锡制天锅改为铝制或不锈钢制套管冷却器以提高冷凝效率，等等。经过一系列的改革，出酒率大幅度提高，粮食消耗率大幅度下降。风味口感方面，麸曲二锅头酒在酒香和风味上虽有微小变化，但据专家说，"基本风味特点仍保持不变,酒质芳香馥郁,醇厚甜润,强劲甘冽,尤其在醇香净爽方面比以前更好了一些"。②

自从我喝二锅头酒起,喝的就是麸曲酿造的二锅头酒,没尝过1955年前传统二锅头的味道,所以,对专家所说的麸曲二锅头酒基本上保持了传统二锅头的口感与风味的说法无从验证,没有比较。但是,根据麸曲酒的特点以及自己的品饮经验,我觉得1955年之后的二锅头酒与此前的二锅头酒在风味和口感上应该相差较大。

所谓麸曲,是以麸皮为主要原料,接种霉菌,扩大培养而成,传统的大曲是以小麦、大麦、豌豆做原料,相比之下,麸曲的好处是糖化能力强,原料淀粉的利用率高达80%以上,在节粮方面有显著的效果,且发酵周期短,原料适用面广,易于实现机械化生产。而酵母是人工培养出的酵母菌,有强化酒醪的酒化能力。麸曲和人工酵母的使用,虽然提高了生产效率,提高了出酒率,节约了粮食,但由于其菌种比起大曲来过于单一,发酵过程短促而剧烈,会导致白酒中微量成分的减少以及匹配方面的失衡,因此,麸曲生产出来的白酒相比传统的大曲酒来说,风味上要逊色得多,这是业界专家们的共识,二锅头酒也未能例外。

以自己的品饮经验而言,我就从来没有体会到红星二锅头酒标上所说的"芳香馥郁",以前不懂酒时,觉得可能是自己水平低,闻不到,后来了解了酒的生产工艺知识,并与其他纯粮固态酒比如汾酒对比之后,才知道这四个字印在麸曲生产的二锅头酒标上,与酒瓶中酒的香味严重不符。以传统的纯粮固态工艺发酵的汾酒(如三十年青花瓷汾酒)确实有馥郁芬芳的清香,您现在随便拿出一瓶麸曲酿造的二锅头,不论是红星牌还是牛栏山牌的,抑或是其他什么品牌的二锅头,谁能闻出"馥郁芬芳"来?如果二锅头是"馥郁芬芳",汾酒又是什么呢?二锅头酒的醇味儿高于酯味儿,有酒精味儿而无酯香味儿,这是明摆着的,从口感上讲,爽净刚烈倒是比汾酒强得多,且有时易上头。

其实,二锅头的生产厂家也知道麸曲酒的不足,所以在1988年之后,做了一系列的改进和升级。1990年后,一些酒厂逐渐推出珍品、极品和五年陈、十年陈等高档二锅头。2003年,红星二锅头推出了青花瓷系列产品,每瓶价格从十几元钱飙升到200~300元;之后,牛栏山二锅头也推出陈酿三十年和陈酿二十年系列。这两个品牌的高档二锅头是目前我喝过的最好的二锅头,确实有香味了,而且口感醇厚得多。据业内专家介绍,二锅头酒为提高

北京红星二锅头酒厂曾经使用过的部分酒标（摄于北京红星二锅头酒博物馆）
摄影：李寻

品质而采取的工艺措施主要如下:

工艺一,在原麸曲、酒母的基础上,增加了生香酵母,延长发酵期7~9天。

工艺二,在麸曲中加大曲,延长发酵期9~15天,以增加发酵产生的风味成分。

工艺三,在麸曲酒中添加清香大曲酒,精心勾兑调味。

工艺四,固液勾兑,即在麸曲固态法白酒中添加酒精,补加调香调味剂,勾调精制。

从这些工艺上看,添加香精、酒精之类本是制造劣质白酒的手段,最好的工艺不过是在麸曲酒中添加了清香大曲酒,因此在口感、风味上,只是又靠近了1955年前的大曲二锅头酒。

二锅头酒目前最大的问题是一个字:乱!各种档次和价位的都有,一瓶500毫升的酒,从二十多元钱到一千多元钱的都有,而且酒标上大多数只注明生产原料是水和高粱,很少说明是麸曲的还是大曲的,是固态发酵的还是液态发酵的,抑或是固液法的,让消费者无所适从。

"二锅头",只是一个品牌的符号(自从用了冷凝管之后,连天锅都没有了,还何来二锅头),与酒的工艺品质没有任何关系。然而,强大的认知惯性,使得很多人仍然以为二锅头就是酒的实际生产工艺。

五

二锅头酒是"名酒"吗?

如果从知名度的角度来说,二锅头酒的确是名酒,它曾是中国销售量最大的白酒,没有之一,曾连续多年销量占全国第一。全国各地,从通都大邑到偏僻乡村,都能买到二锅头酒。在中国,二锅头酒的知名度和茅台差不多,只是知道茅台的人未必喝过茅台,而知道二锅头的人,想喝随时可以喝上一口二锅头;在国际上,二锅头的知名度比茅台还高,以至有些外国朋友就把"二锅头"当作中国的国酒。

但二锅头酒这个"名酒"从来没有获得国家有关部门正式册封的"名酒"称号,甚至连银奖都没获过。所以,从官方的角度看,二锅头酒尽管享有世界范围内的知名度,但并不能称之为"中国名酒",专业人士只好无奈地说,二锅头酒在全国乃至全世界酒民酒友的心中,称得上理所当然的无冕之王。

这么有名的二锅头酒为什么不是"中国名酒"？

文献资料显示，中华人民共和国成立后共组织过五次全国性的评酒会，二锅头一次也没有参加过，而第一次评酒会就是在生产二锅头酒的北京试验酒厂的研究室中进行的。

二锅头酒为什么不参加全国评酒会？笔者查阅了各种文献，亦曾专门去北京红星二锅头酒博物馆考察，均未得到答案。网络上有些人指出，1955年后二锅头改用麸曲发酵，影响了口感、风味，故未能入选中国名酒。这种看法难以成立，因为1979年第三届全国评酒会上，同样是采用麸曲发酵工艺的山西六曲香酒，虽未入选8种国家名酒，但入选18种国家优质酒之列，和西凤酒、郎酒、白云边酒等属同级别。此后1984年第四届全国评酒会、1989年第五届全国评酒会，又有更多的麸曲酒入选"国家银质酒"和"国家优质酒"行列，如河北廊坊的迎春酒、辽宁锦州的凌塔白酒、内蒙古的宁城老窖酒等。鼓励发展麸曲酒，是国家节约粮食的产业政策，自然会鼓励麸曲酒入选优质酒。由此可见，二锅头酒连优质酒都没入选，并不是因为采用了麸曲这一工艺。

实际情况是，二锅头酒就没有参评，强调一下，没有去参评和没评上是两回事。当时还是计划经济体制，评酒会也是由国家行业管理部门主持的，让谁去参加，不是酒厂能决定的，由此可以推测，二锅头酒没有参加历届全国评酒会是有关部门决定的，至于有关部门为什么做出这个决定，目前还没有见到相关的文献披露，只能作为一个未解之谜暂时悬置在那里了。

我们的猜测是，以二锅头酒的知名度和销售量，应该评入国家名酒的行列，但以其麸曲酿造的品质，只能评入比国家名酒（全是大曲酿造）低一个层次的优质酒系列，如果参评，反而会影响其知名度和销售量，所以有关部门采取了这种模糊化的措施。

另外，有报道称，周恩来总理曾指示，二锅头酒不能涨价，要给人民留一种能喝得起的好酒。而一旦入选国家名酒或优质酒，价格也要与那些酒看齐，就不能实现给人民留一种能喝得起的好酒的目标了，这可能也是有关部门考虑的一个重要因素，尽管1979年、1984年、1989年三届全国评酒会时，周总理已经不在了，但他的思想和指示还有重大的影响。现在的二锅头酒也已融入市场，价格也是水涨船高，但当时，总理的指示就是一条重要的遗训，相关部门的领导是要认真重视的。

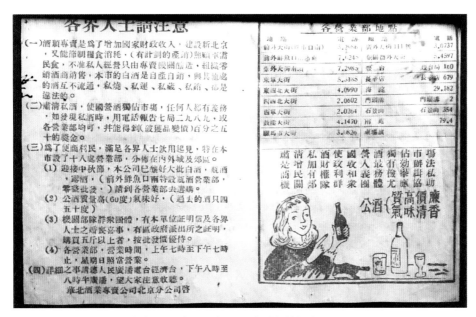

1949 年新中国第一份白酒专卖公告（摄于北京红星二锅头酒博物馆）

1949 年 4 月 11 日，我国首届酒类经营管理会议在北平召开，中央税务总局宣布白酒实行专卖，严禁私人生产和经营。同时北平军管会和华北酒业专卖公司发布公告：建设新北京，又能节制粮食消耗，照顾军需民食，不准私人经营只能由专卖机构酿造，本市白酒自产自销，与其他处的酒互不流通，私烧、私运、私藏、私销都是违法的。

1978 年改革开放以后，私人企业才开始能酿酒、卖酒。在市场经济的今天，看着当年那些严厉的字句，不禁感慨万千。

摄影：李寻

六

近几年，汾酒为了与茅台争夺"国酒"的称号，抛出了很多重要史料，关键的有以下两条：

（1）针对有很多文章说，茅台在1915年的巴拿马万国博览会上获得金奖的情况，汾酒方面给出了充足的证据证明，茅台在巴拿马博览会上所获得的是银质奖章，真正获得金质奖章的是汾酒，还有一张甲等奖状。

（2）针对有文章说，开国大典时国宴用酒是茅台酒，汾酒方面以非常详尽的史料表明，1949年9月21日，首届全国政治协商会议在北京开幕，会期十天，10月1日，开国大典隆重举行，在政协会议的开幕日和闭幕日，以及开国大典日，国家都举行了隆重的国宴，三次宴会上采用的白酒均是山西的汾酒，而不是贵州遵义的茅台酒。所以，在汾酒方面看来，汾酒是真正的中华人民共和国开国国宴用酒，堪称"共和国第一国宴用酒"。[3]

　　关于上述两点，汾酒所举证的史料充分，证据确凿，是历史事实。汾酒确实是开国大典的国宴用酒，问题在于，之后直到现在，茅台才是各种国宴上的专用酒，重要的问题不用说三遍，谁都知道茅台酒现在是国宴用酒。

　　也就是说，国宴用酒发生了一次变化，最初，用的是汾酒，后来就换成茅台酒了。

　　前文已经讲过，从清朝到民国，汾酒是北京地区的高档白酒，也是全国范围内影响最大的高档白酒，武汉、南京、广州等各大城市，高档宴饮用的绝大部分是汾酒。茅台酒固然是好酒，但在当时影响力远不如汾酒。开国时选用汾酒做国宴用酒，一方面是沿袭了北京已有的饮酒传统，另一方面也是出于对当时酒类实际生产条件的考虑而做出的选择，据史料记载，1948年7月，汾酒的产地山西汾阳受战争影响，汾阳杏花村的酿酒作坊已经停产，中共晋中地委做出恢复生产的指示，派汾酒厂老经理杨得龄的儿子杨汉三去组织恢复生产，当时粮食非常紧张，是晋中地委专门调拨二百石高粱，派专人专车运往杏花村，并指定这批高粱只能用于酿造汾酒，这才保障了酒厂生产的恢复。1949年6月，经过近一年贮藏老熟的汾酒被运往北京，供开国大典使用。

　　茅台酒何时取代汾酒成为国宴用酒，目前尚未见到专门的研究文献，推测不会早于1952年年底。1949年11月21日，遵义解放，[④]1950年2月，中国人民解放军再度进入茅台镇，解放了茅台镇。[⑤]当时茅台镇上的酿酒作坊基本上全部停业，新建立的人民政府采取措施，帮助恢复生产。1951年年底，贵州省仁怀县专卖局收购了茅台镇三家最大的作坊之一的成义烧坊，正式成立贵州省专卖事业公司仁怀茅台酒厂，简称茅台酒厂，至于另两家作坊荣和烧坊和恒兴烧坊，则是1953年2月才并入茅台酒厂的。1952年9月在北京举行的第一届全国评酒会上所提供的茅台样酒，应是由原成义烧坊（即刚成立的茅台酒厂）酿造生产的。据此，我推测，茅台酒是在1952年9月第一届评酒会前后，取代汾酒成为国宴用酒的，因为那时才有较大量的酒运到北京，并能保证后期的持续供应。

　　茅台酒之所以能取代汾酒，成为独一无二的国宴酒，并不是因为汾酒的品质不如茅台酒，而是由于开国总理周恩来的力荐。因为长征的特殊机缘，周总理对茅台情有独钟，他本人又是公认的品酒高手，他的举荐对茅台酒成为国宴用酒起了决定性的作用。

七

其实，在"哪种酒是真正的'国酒'"这个问题上，不是只有茅台和汾酒两家有资格争，我认为，有资格称"国酒"的，既不是汾酒，也不是茅台酒，而是二锅头酒。

我们先厘定"国酒"的概念具体是指什么，如果是指"国宴用酒"的话，那茅台当然无可非议。但如果说哪种酒更能作为中国白酒的代表的话，我以为则非二锅头莫属。

首先，二锅头酒是绝大多数中国人喝的酒，喝二锅头酒的人远远多于喝茅台和汾酒的人；其次，二锅头酒的风味、口感也和绝大多数中国人的品味、习惯一致，要是人们抵触那种风味，它也不会有那么大的销量；最后，二锅头酒也代表着中国白酒科研最前沿的水平，无论茅台还是汾酒，保证其风味品质的办法都是尽量固守传统古法（尽管也做不到全面固守），尽可能多地采用传统工艺酿造，实际上不敢将基于最新科学的认识用于传统白酒酿造。二锅头酒把白酒界的一切新科学、新工艺都招呼到自己身上了，什么麸曲呀，什么固液法、液态法呀，等等，凡是新工艺白酒的所有科技创新，二锅头都用上了，还投入大批量的生产。尽管这些新科学、新工艺的使用，使二锅头酒在很大程度上失去了其传统风味，口感不如从前，但它们确实是中国白酒最前沿的新科学、新技术、新工艺，确实是创新，也确实节约粮食，理化指标也确实更趋于健康了。风味、口感的优劣姑且不论，科学创新不一定就代表着成功，但二锅头酒确实代表了我们这个传统民族试图驾驭前所未有的新世界的努力。以上三点，无论从历史文化的角度，还是从现实生活的角度讲，二锅头酒都更能代表中国人民的精神气质。

八

北京白酒的市场有多大？

虽然没有可靠的公开数据，但是，高端白酒最集中的地方一定是北京。我们可以以茅台酒的价格做一简单的推测。

2018年，上海、广州、西安均可以在正规的茅台专卖店中按其厂方给出的市场指导价1499元/瓶买到茅台酒，而在北京的价格是1699元/瓶，这种价格差异说明北京市场茅台酒的实际购买量高于其他任何一个城市，表明其需求量之高，在某种程度上也可以反映其消费量。

九

回到本章一开始提出的命题：

北京，才是中国真正的酒都！

它是中国白酒的发源地之一；

它奠定了中国酒业七百多年的分布格局；

它是中国高端酒最大的消费市场；

它至今还是中国白酒产量最大的城市之一。

以上这几条，全国没有其他任何一个城市能比，凭这几条，北京就是当之无愧的酒都。

注释：

①夏晓虹，杨早.酒人酒事.北京：生活•读书•新知三联书店，2007.

②王厚存.北京二锅头酒的由来和发展.酿酒，2003(2)．

③④杨贵云，王珂君.中国名酒•汾酒（上卷）.北京：中央文献出版社，2013.

⑤汪中求.茅台是怎样酿成的.北京：机械工业出版社，2018.

北京红星股份有限公司厂区大门

北京红星二锅头酒博物馆所在的北京红星股份有限公司厂区位于怀柔区红星路一条铁路附近，铁路距厂门只有几十米。

摄影：李寻

北京红星二锅头酒博物馆
该博物馆位于北京怀柔区怀柔镇王化村的北京红星股份有限公司厂区院内，隶属于该公司，建筑面积
3400 平方米，是北京最大的酒类博物馆，分为酒文化展示和工艺展示两大功能区。
摄影：李寻

红星二锅头酒厂的两个发酵车间

上图为陶缸发酵车间，下图为砖窖发酵车间。

大车间内的方形窖池应该是现在主要产品的生产车间，二锅头"老五甑"的工艺就是用砖窖池发酵的，这种方法发酵时间短，产酒速度较快。传统工艺发酵展示间中的陶缸发酵，像是汾酒的发酵工艺。我不清楚这个传统工艺的展示是想要恢复传统而展示出传统的陶缸发酵工艺，还是表明在过去厂子收购合并的过程中，中华人民共和国成立前那些小酒坊有用陶缸发酵的历史工艺，博物馆这方面的资料介绍得并不清楚。

摄影：李寻

名称：麸曲清香型原酒
年份：20年陈酿
特点：清香芬芳 绵软回甜
　　　醇厚谐调 尾净味长

名称：地缸大曲清香型原酒
年份：35年陈酿
特点：清香馥郁 柔润回甜
　　　幽雅细腻 回味绵长

名称：大麸曲清香型原酒
年份：20年陈酿
特点：清香雅郁 醇厚绵甜
　　　酒体谐调 后味悠长

名称：六曲香清香型原酒
年份：20年陈酿
特点：清香纯正 绵甜爽净
　　　自然谐调 后味悠长

北京红星二锅头酒博物馆内陈藏的老酒
北京红星二锅头酒博物馆内陈藏的老酒至少有四种类型，分别是：1. 大曲型；2. 麸曲型；3. 大麸曲型（大曲与麸曲混合发酵）；4. 六曲型（麸曲的一种，因使用由六种曲霉菌培养的麸曲而得名，由山西祁县酒厂1973年研制成功，生产的"六曲香酒"曾三次获得国家优质白酒称号）。
根据上述发酵容器和酒曲的不同，我们可知"二锅头酒"这一名号下包括多种不同的酒，虽然都叫清香型的酒，但其实差别很大。
摄影：李寻

TIPS 1　老五甑工艺

　　"老五甑"是中国传统白酒的一种发酵蒸馏工艺,如今主要在江淮浓香型白酒生产中使用(当然也与传统工艺有很大不同)。其具体流程是:将在窖池中发酵好的酒醅取出后,再混入一部分新粉碎的酒粮,一同上甑锅蒸酒(就是所谓的混蒸混烧)。蒸后的酒醅除最上层的一部分回糟扔掉之外,其他部分再重新放回原窖内发酵,如此反复轮回。酒窖内的酒醅分四层堆放,分别称为大糙、二糙、小糙、回糟。各地叫法略有不同,北京二锅头酒厂把窖池中最上面一层的酒醅称为"回活"(相当于"回糟"),把放在窖底的酒醅叫回糟,回糟蒸馏后就扔掉了,有的酒厂也称之为"扔糟"。一般冬季回糟放在窖底,夏季回糟放在窖顶。酒醅在窖池里分四层堆放,中间以稀疏的竹箅子区分开来。将酒醅从窖池中取出后分别放入五个甑锅内,其中大糙两甑、二糙一甑、小糙一甑、回糟一甑,共五甑。蒸馏后,回糟扔掉。大糙加入一部分新粮后为新的大糙、二糙,二糙再加入一部分新粮后为小糙,小糙为回糟,重新依次分层放入原窖池中进行下一轮发酵、再蒸馏,如此反复。每次只扔掉回糟,余下的仍参与新一轮发酵,是比较节约粮又便于工人操作的传统发酵蒸馏工艺。大糙、二糙、小糙依蒸煮的时间和掺入新粮比例而分。大糙蒸煮糊化时间约70~80分钟,掺入新粮约40%,小糙蒸煮时间为60~75分钟,掺入新粮约20%。老五甑工艺也有人称其为"混蒸混烧、蒸五下四"。

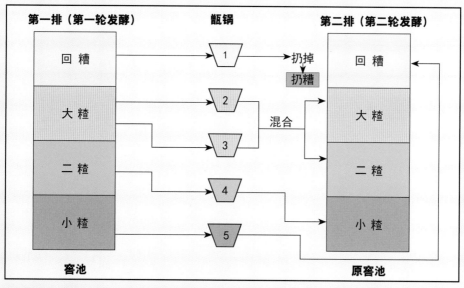

老五甑工艺示意图

中国白酒生产中把经过粉碎的粮食称为"糙"（chá），没经过蒸馏的高粱叫"红糙"或"立糙""生糙"。但这个"糙"在各地发音不一样，北方有的地方写作"糁"，可能就发sǎn的音；茅台镇发音为shā，所以写作"沙"；江淮一带发音为zhā，所以，也有的书上写作"渣"。初学者看到这四个不同的字，有些懵，其实指的是同一个东西。

但"大糙""二糙""小糙"等术语则有不同的含义。浓香型老五甑法中的 大糙、二糙是由蒸煮时间和掺入新粮比例而定的；清香型汾酒的大糙指第一次蒸馏后的酒粮，二糙指第二次蒸馏后的酒粮，二次蒸馏后就当作酒糟扔掉了。这里的"糙"相当于"茬"，有轮次的意思。

TIPS 2 清蒸清糁、清蒸混糁、混蒸混糁

"清蒸清糁""清蒸混糁""混蒸混糁"是白酒酿造的三个重要的配料工艺，应根据产品的香型和质量、风格特点，选择适合产品特点的配料操作方法。

（1）清蒸清糁的特点是突出"清"字，一清到底。在操作上要注意糁子清、醅子清，醅子和糁子要严格分开，不能混杂。也就是说，本工艺操作是采取原料清蒸、辅料清蒸、清糁发酵、清蒸流酒，并对清洁卫生要求严格，清字到底。主要用于清香型曲酒的生产。

（2）清蒸混糁 又称续糁，即粮食与酒醅混合配料，酒醅先蒸酒后配粮，粮食与配醅混合发酵。本工艺的优点是，既保持了清香型白酒清香纯正的质量特色，又保持了混糁发酵清香浓郁、口味醇厚的特点。川法小曲酒和某些清香型大曲酒用此工艺。

（3）混蒸混糁 是将发酵好的酒醅与原粮按比例混合，一边蒸酒，一边蒸粮，出甑后经冷却，加曲、加酒母，混糁发酵。本工艺有利于提高出酒率。浓香型大曲酒生产采用"混蒸混糁、续糟发酵"工艺，即取发酵好的酒醅（母糟）与粮粉、稻壳按比例混合，边蒸粮边出酒，出甑后经打量水、摊晾、撒曲后入窖，混糁发酵。"混蒸混烧"是将原粮粉与酒醅混合，粮粉可从酒醅中吸取水分和有机酸，为蒸粮糊化提供有利条件，混烧可将"饭香"带入酒中，并增加酒的"回甜"。"续糟发酵"，即母糟连续循环使用，淀粉多次利用，可提高出酒率。因为酒醅连续使用，故又称为"万年糟"，"万年糟"有利于生香前体物质的积聚，对提高酒质作用甚大。

山西省洪洞县大槐树寻根祭祖园

大槐树，又称洪洞大槐树，是山西省文物保护单位，位于临汾市洪洞县城北二公里的贾村西侧的大槐树寻根祭祖园内。相传明代洪洞县人向各省移民，就是在大槐树下集合，然后再出发的。辛亥革命时期，还流传有大槐树让洪洞人躲过了一场军阀浩劫的故事，所以，洪洞人将它奉为神树。

照片中拍摄的古大槐树家是后人为纪念第一代大槐树而设的，如今，第一、第二代大槐树因年代久远已枯死。

摄影：荆志伟

大槐树的神话

中国白酒起源的一元论和多元论

一

中国人自古崇拜远祖，总喜欢追溯祖先在哪里。在追溯的过程中，有一个流传已广又获得广泛认同的结论：大部分中国人的老家都来自山西洪洞县的大槐树下。如今洪洞县的大槐树前，立有一块纪念碑，除此之外，洪洞县还有其他更多与之相关的纪念和文化遗址。每年洪洞县还会举办祭树节，来自海内外的华人都来此寻根祭祖，据说各个姓氏之人，都能在此找到自己的祖先，来此祭祖的人数之多，让人感觉至少有半数中国人，都是从洪洞县走出来的。

在中国白酒这个行业里，也有着类似于大槐树这样的一个神话传说，即中国的白酒都起源于汾酒，各地的白酒生产工艺都是从汾酒流传过去的，汾酒是中国白酒的祖庭。这种说法有很多史料依据，下面具体罗列一下：

北京的二锅头，是山西人在北京开酒坊发展起来的。清康熙十九年（1680），来自山西临汾杜村的赵存仁、赵存礼和赵存义三兄弟在前门外粮食店胡同内创办的源升号酒坊被认为是二锅头酿酒工艺的发源地。牛栏山镇史家口村，其先民更是从明洪武年间从山西迁来的，该地有酿酒传统，民国《顺义县志》中有相关记载。

陕西的西凤酒和太白酒，据说和山西汾酒也有很深的渊源，《凤翔县志》有"山西客户迁入，始创西凤酒"的记载。[①]《陕西省太白酒厂志》里记载，1932年，山西人郝晓春和姚秉均共同在西安南大街粉巷口创办万寿酒店，经营瓶装太白酒。陕西轩辕圣地酒业有限公司（原陕西黄陵酒厂），最早也是由山西人在清道光年间开设的烧坊发展而来。

四川是现在公认的酿酒大省，但据文献考证，四川各地的名酒，最早都是由山西或陕西商人开办酒坊酿造的。比如泸州老窖，是泸州一位姓舒的武官，曾在陕西略阳担任军职，他退役后，把略阳大曲的酒母、曲药以及当地酒师一起带回泸州，开设了舒聚源酒坊，依照凤翔白酒工艺，试制曲酒，这就是泸州第一个酿酒作坊，也就是泸州酒厂的前身；[②]五粮液据说最早也是在清道光年间，由陕西商人采用陕西酒工艺酿造而成；剑南春酒的前身绵竹大曲酒是康熙年间由陕西三原人朱煜开办的烧坊发展而来，陕西酒既来源于山西酒，川酒自然也就和汾酒的关系密不可分；全兴酒，最早则是直接由山西商人在成都的水井街酿造的。以上史料似乎都在说明一个事实：四川白酒的工艺，是从山西、陕西传过去的，只不过在发展过程中出现了工艺上的异化而已。

再来说贵州的茅台酒。据《贵州经济》一书"茅台酒之沿革及制造"中记载："在清咸丰以前,有山西盐商,来到茅台这个地方,仿照汾酒制法,用小麦为曲药,以高粱为原料,酿造一种烧酒。后经陕西盐商宋某、毛某先后改良制法,以茅台为名,特称曰茅台酒。"又据1947年出版的《十年来贵州经济》一书记载:"黔中业盐者,多为秦晋商人……当时盐商由山西雇来酿酒技工,仿汾酒酿造方法,设厂酿酒,用以自奉,并不外售。至咸丰年间,因秦晋商人歇业还乡,即将所设盐号及茅台酒厂,售予本省先贤华桎坞先生继续经营,仍沿用成义酒坊名称。"

还有河南、山东、河北,内蒙古、东北、新疆、青海西宁、江苏苏北一带等等,都有山西商人在当地开酒坊的记载,比如1989年出版的《明清西北社会史研究》里就说:"西宁府威远一带所酿烧酒远近闻名,据说是用杏花村的酿酒技术生产的,而这一技术则是由晋商传过去的。"③甚至包括远到俄罗斯、朝鲜和日本等地方的酒,相传都是山西汾酒传过去的工艺。据说晋商到了俄罗斯,适应不了当地的酒,就用当地原材料结合汾酒的酿造工艺,酿出了适合自己口味的酒,当地借鉴汾酒酿造技术,酿出了风味更加独特的伏特加。此外,汾酒还对欧洲白兰地和威士忌的发展有贡献。又比如朝鲜的烧酒和日本的清酒,和汾酒工艺的传播有密切关系,日本普通家庭酿酒的蒸馏设备叫作"羔里",或许和山西羊羔酒有着某种关联。民国时期,山西酿酒师还被聘到新加坡、日本等国传授清香型白酒酿造技术。④

上述资料似乎雄辩地说明了天下的白酒都是从汾酒工艺传过去或者引进的,而且是由山西商人和匠人带过去的一种技术。

二

上述说法还可以继续拓展,不仅从酒的演变源流来看相关史料比较多,而且各地其他历史资料链也很完整,其中有两个大的背景线索非常清晰:

一是洪洞移民。洪洞移民是个事实,元末的农民战争导致中原地区人口急剧减员,山西人口减员相对较少。明初,洪武十四年,河南人口是189万多人,河北人口是189万多人,而山西人口却有403万之多,比河南、河北人口的总和还多。山西人口稠密,首推晋南,而洪洞又是平阳府一带人口稠密之县,所以明朝移民之时,洪洞县就是一个重点地区。当时明政府在洪洞县城北的广济寺设局，集中移民，广济寺前的汉植大槐树下，就成了移民开拔外迁的集中之地。

根据历史文献记载，明初移民，从洪武初年到永乐十五年共有十八次，移民人数达数百万之多，主要分布在了河南、河北、山东、陕西、四川、湖北等地。

如此大规模的移民，导致的一个重要结果就是山西这个相对来说比较封闭的内陆省份，商业发达起来。山西晋商崛起于明初，发展、辉煌了500多年，跨越明、清两代。晋商的崛起和移民关系密切，山西人刚移民出去时，和老家的人还有着密切的联系和交往，在交往的过程中，带动了贸易的发展，或者说想做贸易的山西人在全国各地都有熟人、朋友和落脚点，这是山西商人起家的人脉基础。

二是晋商的崛起。晋商的崛起，还有独特的自然资源作为基础。山西本地产盐，晋南解州（今运城一带）是全国一个重要的产盐区，山西商人第一桶金就是靠卖盐积累起来的。盐商发家后，发展成商帮搞运输，然后再经营茶叶和皮货生意，从内地把茶叶贩运到北方边境和国外，又从北方边境和国外把皮毛贩运到内地，清代中国和俄罗斯的茶叶生意便是由山西人垄断，俄国十月革命后，苏维埃政权打击富商，不少山西商人撤回国内，人数有三万人之众，可见当时中俄贸易规模之大。当时有谚语称"有麻雀的地方，就有山西商人"，说明晋商已经遍布全国各地乃至蒙古、俄罗斯、朝鲜和日本等国家，山西商帮被研究者称为天下第一商帮。商帮发达，商人就有资本在各地开设酒坊，也就可以把自己家乡的酿酒技术带到各地。

山西汾酒历史悠久，有考古资料显示仰韶时期山西就已开始酿酒。从文献资料看，汾酒酿造史在我国正史中的最早记载是在《北齐书》中，北齐武成帝有"吾饮汾清二杯，劝汝于邺酌两杯"之言被记录在该书中，"汾清"即当时汾酒之名。"汾酒"这个名称，唐宋时期已经出现，还有"羊羔酒""竹叶青"这些名称在此时都已经有了，不过这些酒未必就是白酒。白酒方面比较确凿的史料证据是，在清朝乾隆年间山西晋州一带有两百多家酿酒作坊，规模比较大，当时的天下第一好酒非汾酒莫属，乾隆摆千叟宴之时，所用酒便是汾酒，汾酒相当于是宫廷御酒。

山西本地产好酒，山西商人又遍布全国各地，就把家乡酒以及相关的酿酒工艺带到了全国各地。从史料和逻辑上看，似乎确实可以支持全国白酒起源于山西汾酒这一观点。

三

然而，事实真是这样吗？

如果我们提出以下几个问题，那么这个"神话"就未必能成立了。

第一个问题：各地都有盐，为什么山西盐商却遍布各地呢？

我们先来看中国的几个主要产盐区：

其一是河东盐池，即山西解州（运城）盐池。该盐池历史悠久、产量丰富。运城这座城市，就是作为盐务专城崛起的。元代时，政府在运城创建盐务专学——运学，以接纳盐商、盐厂子弟入学就读，开全国盐业界办专学之先例。清代乾隆年间，客水侵入河东盐池，运城盐业遭到破坏，不复昔日辉煌。⑤

其二是四川自贡地区的井盐。该地井盐技术肇始于战国时期李冰开都江堰之时，在开凿水井的过程中，发现了井盐。

其三是海盐产区。春秋战国时期，齐国海滨就出现了煮盐业，有了大盐商。唐宋时期，我国海盐产区有北方产区、江淮产区和岭南产区。北方海盐产区，主要包括渤海之滨的河北产区和黄海之畔的山东"青齐"产区；江淮海盐产区，大致包括安徽省淮南市、浙江和福建等地的东南海盐产区，产量尤大；岭南海盐产区，包括广东新会、潮州海阳、儋州义伦、琼州琼山、振州宁远等东部沿海地区及海南岛等地。

其四是西北池盐。主要分布在今天的宁夏东部、甘肃中部、新疆维吾尔自治区等地。北宋时期，西夏境内（今宁夏地区）池盐星罗棋布，是西夏国的一大经济支柱。

那么问题来了，既然全国有这么多的食盐产地，相比而言，解州的盐池产量并非最大，那么明、清两代，山西商人为什么能靠做盐业起家呢？为什么山西盐商能遍布全国各地，发展成天下第一商帮呢？同样的道理，各地都有商人，都用现银交易，为什么独独晋商发展出了票号和汇兑业务。晋商的票号，被当代经济学家梁小民先生称之为"现代银行业的乡下祖先"，⑥为什么别的地方的商人没有发展起来票号？

晋商是促进酒发展的推动力，要想搞清楚中国白酒的发展史，上述问题是必须要回答的。

第二个问题：人和酒是不是一回事情？

晋商开的酒坊，就一定能说明它所用的就是汾酒的工艺吗？即使用了从山西带过去的酿酒工匠，就能肯定地说用的是山西汾酒的工艺吗？也就是说，开酒坊的山西人，酿出来的一定是汾酒吗？

四

下面我们来回答这两个问题，先讲晋商发家的秘密。

我们都已知道，晋商是靠盐业发家的。明初，政府为了防止北方的蒙古人再打回来，在北方边塞上部署重兵，设置了九边重镇，山西大同、陕北榆林都在九边重镇之列。但是，人数众多的军队驻扎在边塞，远离中心经济区，粮草后勤补给是头等大事，在政府力所不逮的情况下，明初统治者想到了借用商人的力量，推行"开中法"。其法令规定，商人运粮到边地，换取盐引（即贩盐的凭证），凭盐引可到指定的盐场领盐并到指定的地区销售。[⑦]

在此我们回顾一下历史上各朝政府的盐业政策。盐是老百姓生活中离不开的大宗日用消费品，消费巨大且稳定，盐税是政府一个重要的财政支柱，所以历来统治者都对盐实行严格的管控制度。春秋时期，管仲主政齐国，实行国家盐铁专营；汉代以后，盐业一直是国家专营，私人贩盐刑罚很重，汉代《盐铁论》里规定，私自铸铁、卖盐，刖掉脚拇指，没收煮盐工具；五代时期，贩卖一斤盐，死罪；宋代虽相对开明，但也规定，贩卖十斤私盐为砍头之罪。所以，盐一直是官营产业，能拿到盐引，就等于拿到了钱。

明初实行的开中法，对山西商人的崛起是一个利好条件。首先，他们离九边重镇比较近，得地利之便，山西虽为相对贫瘠之地，但也产粮，有粮食可以运到边地；其次，由于大移民，山西商人在全国各地都有亲戚朋友，可以从全国贩运粮食到边地，换取盐引。因此，山西商人手上盐引是最多的，他们可以到全国各地的产盐区去换盐，再运到全国各地去卖。慢慢地，就形成了一个一条龙的产业，有人专门往北方边地运粮换盐引，有人专门拿着盐引到全国各地去贩盐。

在这个过程当中，由于山西商人和边地的交流多，边贸也开始做了起来。蒙古、俄罗斯需要茶叶，茶叶贸易发展了起来；运茶叶的人到了俄罗斯，回国时将皮毛带了回来，皮毛贸易就发展了起来；所有的贸易都需要运输，所以驼帮也就跟着发展了起来；沿海地区发展起来的是船帮，主要针对朝鲜、日本的跨海贸易。

开中法在实行的过程中，朝廷慢慢发现，不必让商人再运粮到边地，他们直接给政府交钱，政府给军队发军饷就行，也就是说，各地商人直接交钱就可以换取盐引，这就是所谓的"折色法"。折色法实行的后果就是各地的有钱人都拿钱来换取盐引，这样，山西盐商的垄断地位就被打破了。实际上，折色法的实行让另一个商帮——徽商开始崛起，因为徽商靠近海盐产区，而且他们可以利用大运河来做运输，运量比山西盐商还要大，当时，甚至有不少山西盐商都到扬州做起了生意。

总之，山西盐商贩盐的总量开始下降，他们的生意渐渐开始多元化，除茶叶、皮毛、运输等生意外，票号开始出现并逐渐发展。

票号的兴起是因为晋商的商业网点分布开了，自己内部就有一定的资金往来，路上带现银不方便，也不安全，就发展出了一种信用经济，凭着一个凭证（银票），建立起了汇兑业务，首先在山西商人内部用，然后逐渐各地商人也开始用，相当于遍布全国的一个银行体系就此建立起来。清朝中后期，山西晋州一带有40多家总票号，全国分票号有600多家，几乎有点儿规模的城市都有山西的票号。票号辉煌的顶点是在慈禧太后当政时期，不仅经营民间的商业汇兑业务，而且深深地卷入了国家机器的运转过程中，在清政府平定太平天国，左宗棠平定新疆叛乱，还有各地地方官发展经济的过程中，都有山西商人的身影，尤其是票号商人的身影。

在和官员的密切联系当中，山西商人开始承兑很多官府的财政和金融业务，比如军费的汇兑、各地财政赋税的支付或者借贷等，相当于拥有了官办银行的职能。八国联军侵入北京城，慈禧太后西逃过程中经过山西，乔家大院的大掌柜和宫廷里的官员关系处得比较好，想办法请慈禧太后住在乔家大院，临走时还送了十万两银子，由此，山西商人获得了慈禧的支持。后来清政府和八国联军议和，对外赔款的事情也是交由山西票号商人打理，山西票号商人的发展由此到达鼎盛时期。⑧

简单来说，山西商人之所以能够发展起来，最重要的两个关节点，都和与朝廷密切合作有关，一是拿盐引贩盐，二是做票号生意。由于背后有朝廷撑腰，所以他们就在一定时期内将这两种生意做到了垄断地步。由于山西商人和朝廷关系如此密切，他们对官场的影响也就非常之大：袁世凯发达之前，想要拜访李鸿章，没有门路，最后还是通过山西商人的引荐，才得以成功；张之洞担任广东巡抚时，地方财政没有钱，最后也是由山西商人垫付的。买官卖官这样的事，山西商人做了很多，不过有意思的是，他们崛起后，重商轻仕，对做官的兴趣不如徽商那么大，他们读书、识字，主要只是

山西乔家大院
摄影：李寻

山西汾酒博物馆的雕塑
摄影：李寻

将其作为和官员交流的一种手段，清代山西有民谣"有儿开商店，强如做知县""买卖兴隆把钱赚，给个县官也不换"，形象生动地反映了山西商人形成的重商轻仕的传统。

五

下面再来回答第二个问题：山西商人开的酒坊，是山西商人把汾酒的工艺带过去了吗？从以下几个角度来看，恐怕并非如此。

首先是考古发掘方面的证据。目前，在江西南昌李渡，四川的成都、泸州、宜宾和绵竹等地，考古发掘都发现了古代的酿酒遗址。南昌李渡是元代的酿酒遗址；成都水井坊窖池群是明代永乐年间的，据悉，元代此地就有窖池基础；泸州老窖的古窖池是明代万历元年（1573）的；宜宾的古窖池是明代洪武年间的；绵竹天益老号的古窖池是清康熙年间的。

南昌李渡酿酒遗址中的地缸，考古学家认为这是一个固态发酵的蒸馏遗址，这个遗址说明，在山西商人崛起之前，甚至在山西大槐树移民之前，在南方就已经有了酿酒基地，用陶缸发酵，和汾酒工艺类似，那时汾酒还没有后来的扩张力，因此，李渡的酿酒基地，其工艺未必是山西人带过去的汾酒工艺，南方的黄酒，也是用陶缸作为发酵容器。四川宜宾、泸州和成都等地发现的老窖池，也不能说明当时酿酒用的就是汾酒的工艺，这时候山西移民才刚刚过去，还没有那么大的经济实力往外渗透。这就说明山西人在各地开酒坊之前，全国各地不少地方就已经有酿酒业。从考古发掘的结果来看，中国白酒的起源是多元的，而不是一元的，即全国各地的白酒并非起源于汾酒，汾酒只是中国白酒多个生产基地中的一支力量。

从工艺上看，山西汾酒的工艺和其他各地酒的工艺差别比较大。虽然1949年后，各地的白酒都进行了技术革新和交流，工艺上有趋同之处，但还是可以看出，中国各地白酒的传统工艺还是被顽强地保留了下来，而汾酒的工艺和其他各地酒的工艺明显不一样。

比如，汾酒是大曲酒，发酵容器是陶缸，采用的是清蒸清烧二次清工艺，讲究"一清到底"，要求作业环境干净，酒醅放入之前，陶缸一定要清洗干净，晾摊场地用砖铺就，必须得打扫干净。

相比之下，二锅头采用的是混蒸混烧的老五甑工艺，发酵容器是窖池，砖窖或泥窖。所谓老五甑法，就是把窖池里的酒粮分为四层来分别蒸五次，

李渡烧酒作坊的元代酒窖遗址
摄影：木子弓长

俗称"蒸五下四"，一次蒸完，再加一批新粮，进窖池再发酵，反复发酵后，最上面一层酒粮扔掉。从北京二锅头到山东、河北等地的白酒，再到苏北的洋河大曲，用的都是老五甑工艺。

四川浓香型酒在工艺上也是混蒸混烧，并且都是用泥窖发酵，用的是老窖泥，修窖池的时候不铲除老窖泥，只是补新窖泥，和汾酒及西凤酒的工艺差别很大。

贵州茅台酒的工艺就更复杂了，整个生产周期为一年，端午踩曲，重阳取水、下沙（又称投粮，分两次投），酿造期间九次蒸煮，八次发酵，七次取酒，存放三年勾兑，再放两年出厂，简称"1298732"工艺，和汾酒的工艺差别更大。

以上各种酒工艺上的不同，说明各地酒有自己的发展源头。我们很难想象，一个习惯了用陶缸清蒸清烧酿酒的工匠，到了四川，会用多年的泥窖池来作业，这和他的经验、酒的工艺要求和标准都是完全不相符的。

当然，我们必须承认，汾酒在作为"天下第一酒"的年代，影响确实非常大。山西商人是最大的商帮，和他们打交道的多为公子王孙、达官显贵，这些人的消费偏好是当时的一大标杆。山西的商人虽然在各地开了酒坊，但他们共同推崇的还是老家的汾酒。比如在北京，上流社会的人喝的是汾酒，汾酒不是当地生产的，而是从山西运过去的；市井百姓和基层士兵，他们喝的才是本地产的烧刀子。同样，在四川、广东等地，人们共同推崇的高档酒也是山西的汾酒，而不是本地烧坊里生产的当地酒，当地酒主要是供当地人喝的口粮酒。也就是说，虽然山西商人在各地开了烧坊，但他们自己心里非常清楚：汾酒是汾酒，当地酒是当地酒，这是两回事情。从他们的这种消费上的差异来看，山西的汾酒和各地酒在工艺和风味、口感上并不相同，至于谁好谁坏，风水轮流转，审美偏好变了，评价体系自然也就跟着改变，在当时，山西商人在社会上占了主导地位，那么，符合他们口味的汾酒，在人们的心目中，自然就是最好的酒。

六

回答了以上两个问题后，我们可以总结一下中国白酒起源的实际过程。

（1）各地早就各自有蒸馏酒的作坊，且有适应当地气候条件和物产条件的生产工艺和技术。比如，北方普遍用大麦和豌豆做曲，南方用小麦做曲；北方一般是高粱酿的单粮酒，而到了南方，则有五粮液这样的多粮酒。苏北的洋河大曲也是多粮酒，因为该地接近南方的稻米产区，所以就将当地产的稻米掺进来做酒。

还有窖池工艺，支持白酒起源一元论的学者认为，山西商人在各地引进汾酒工艺后，却没办法把山西的陶缸运过去，所以各地酒就有了不同的窖池工艺。此论点站不住脚，实际上山西还真不是一个产陶的地方，相反，南方的四川、江西倒都有生产陶瓷的重镇，比如四川隆昌、江西景德镇，北方的河北邯郸、唐山和山东淄博也是产陶重地，山西酿酒用的陶缸，说不定还是从河北、山东运过去的。此外，绍兴的黄酒、广东的米酒都是用陶缸做酿酒容器。既然各地都有陶缸，为什么各地却发展出了砖窖、泥窖、陶缸等不同的工艺呢？说明各地白酒的生产工艺，主要是基于当地气候和物产条件独立发展出来的，并非来自对汾酒工艺的沿袭。

在全国各地早就有根据当地的气候、物产、习惯和工艺生产的酒，根据当地工艺生产的酒，风味和汾酒就不一样，就有了清香型以外的其他各种香型，包括二锅头的香型。现在我们喝的二锅头是麸曲清香型，但实际上，在清代，二锅头是大曲酒，可能更接近洋河大曲那种淡雅的浓香型，而不是汾酒的清香型。

（2）那么，山西商人给各地的酒带来了什么呢？他们带来的是资本和需求。山西商人经商到往各地后，由于他们是富商，当地很多场面上的应酬都是由他们出面张罗的，酒是必不可少的一种交际工具。应酬的层次不同，喝的酒也不同。和官员打交道，主要喝的是他们从山西带过去的汾酒，这是当时的高档酒。和当地其他人的日常交往，主要喝当地酒，当地酒比汾酒便宜，但用作日常交际是正常的，也不失面子。由于他们有应酬，加之有资金，就可以在当地把一些酿酒的作坊买下来，一来可以满足自己的消费需求，二来还可以对外售卖，补充一部分资金。至于他们买下来的酒坊，用的是什么酿酒工艺，他们带过去的工匠到底是管技术的还是管经营的，这个不太好说。从一般规矩上来讲，这些工匠应该管的是经营，具体在酒坊里干活的，还是当地的匠人，采用的还是当地的酿酒工艺和技术。

当然，汾酒和当地酒之间，在工艺上也有一些相同的地方，比如发酵、蒸馏这些大的流程基本相同，但具体的技术细节差别就大了。一个酿造清香型酒的工匠，要想把陶缸发酵技术运用到老泥窖里去，这个过程着实无法想象。一个汾酒工匠，到了茅台或者五粮液的酿酒现场，他可能就压根儿不会干活了。

所以说，无论是从工艺、技术，还是从原料上来讲，各地的酒和山西汾酒都没有多少亲缘关系，山西商人与当地酒之间只是资本和市场的关系，这应该是更符合实际的一种解释。也就是说，中国各地的白酒，从技术角度看，都是独立起源的，汾酒只是其中的一种。但在山西商人扩散的过程中，可能会出现以下这种情况，比如，山西商人在外地新建了一个酒坊，用了汾酒的工艺酿酒（但也得看当地是否具备采用此工艺的条件）。从清代到现代，全国各地都出现了借助汾酒品牌销售的各类酒厂，出现了一批带"汾"字的白酒，例如"汉汾酒""湘汾酒""茅台汾酒"等。这些酒，有可能用了汾酒的工艺，也有可能没用，只是因为当时汾酒名气大，是天下第一酒，所以这些酒厂冒汾酒之名销售而已，就像有段时间五粮液名气大，很多地方的酒厂就说自己的酒用的是五粮液的浓香工艺一样。

七

白酒起源的一元论是个神话，和世界上很多古老事物的一元论一样，比如大槐树神话。确实，在明代，是有几百万人从山西迁移到了全国各地，但这几百万人在全国几千万人口中，毕竟是少数，这几百万人之外的其他人，人家也是各有祖先的。现在来到山西洪洞县大槐树下认祖归宗的人，未必就是从大槐树下走出去的人的后代。

实际上，"老家在大槐树下"本身也是一个后来编造的神话，事情真实的来龙去脉是这样子的：辛亥革命时期，山西巡抚陆钟琦被杀，袁世凯派卢永祥进攻山西革命军，卢永祥部到山西后一路烧杀抢掠，十分残暴。卢永祥部进入洪洞县时，军中士兵多为冀、鲁、豫籍，相互传言，回到了大槐树老家，遂不忍抢掠，有人还到大槐树下参拜，洪洞人民由此免遭了一次浩劫。这件事情过后，洪洞人认为之所以能避免这次浩劫，全是因为沾了大槐树的光，托了移民祖先的福，认为大槐树有"御灾捍患"之功，遂于1914年修建牌坊，镌刻了"荫庇群生"四个大字，将大槐树供奉了起来，后来大槐树的故事便越传越广。

汾酒是中国白酒祖庭的神话也是如此。1949年前，这个神话没人讲；计划经济时期，也没有人四处去挖掘史料，说天下的白酒都起源于汾酒；白酒划分香型时，汾酒是中国白酒的香型之一，没人提出异议；1949年后，茅台取代了汾酒的国宴酒地位时，同样没人站出来说汾酒是中国白酒之源；到了市场经济时代，尤其是近些年，汾酒的销售收入远远低于五粮液和茅台，以2017年为例，该年汾酒集团营业收入164.21亿元，茅台集团营业收入764亿元，差别非常大，汾酒想要重新崛起，重温旧日辉煌，就开始四处寻找文化资源，找着找着就找到了汾酒是中国白酒祖庭这个神话资源。

但是，神话的时代已经结束，神话营销的法力逐渐在缩小。文化与神话是两个完全不同的概念，拿汾酒来说，如实说出各种酒的起源或者汾酒对中国白酒的影响，这是文化；而编造出各地的酒都是由汾酒发展而来的，就成了神话。文化是立足于真实历史资料基础之上的一种存在，要有充分的史料，要经得起科学逻辑的推敲与拷问，才能成为文化并传承下来。而神话不需要这些，只要有一个强烈的现实需要，无论是宣传需要还是商业需要，都可以杜撰出来，有人相信就可以流传下去。

我们生活在现代社会，科学日益昌明，知识交流日益畅达，神话早已唬不住人了，很快就会有人找出神话的种种破绽，如果想依托神话去推销一种酒，这就更难了，神话时代已结束，大槐树的神话该结束了，酒的神话营销，也该结束了。

注释：
①②③④王文清. 汾酒源流·麯水清香. 太原：山西经济出版社，2017.
⑤林建宇. 中国盐业经济. 成都：四川人民出版社，2002.
⑥⑦⑧梁小民. 游山西 话晋商. 北京：北京大学出版社，2015.

绍兴风光
绍兴是中国黄酒的著名产地，古越龙山是著名的黄酒品牌。
摄影：李寻

黄白之间

中国两大传统酒系的消长进退

一

众所周知，中国酒是先有黄酒后有白酒，黄酒的历史可以追溯到商周时期，白酒出现的比较可靠的时间是在金代。

黄酒和白酒的区别是什么呢？

简单来说，黄酒就是发酵酒，主要以米作为原料，南方是大米、糯米，北方是黏小米、黄米。黄酒也要用酒曲来做糖化剂和发酵剂，一般是小曲，南方称作酒药，发酵之后还有一个叫作煎酒的工艺流程，就是将容器中的酒加温蒸一下，相当于用巴氏消毒法来消毒杀菌，陈存、老熟之后饮用。白酒与之相比，多了一个蒸馏的过程，具体来说就是将发酵后的酒醅放到蒸锅上蒸，利用乙醇的沸点低于水的沸点的物理特性，先将乙醇汽化，再通过冷凝器接取含乙醇的水溶液，该水溶液就是白酒。

二

在金代以前，中国人普遍喝的酒是黄酒，元代时，白酒的饮用范围还比较小，即使到了明代，大医学家李时珍的《本草纲目》中记载白酒时，也主要是将它当药使用的，讲述了白酒在医药上的多种用途，认为它是"百药之长"，具有镇痛、浸泡药物以增强药效、御寒、去风湿、活血等作用。白酒用于中药药用，说明当时它还不是一种大宗的嗜好性饮料。现在虽然在江西、四川等地考古发掘出了一些元代的白酒古窖池，但从文献记载来看，关于当时饮用白酒的记载并不丰富，所以有部分专家倾向于认为明代白酒的饮用率非常低，有些地方甚至没有白酒，明代人们主要喝的还是黄酒。

白酒真正崛起应该是在清朝，自康熙朝开始，白酒饮用率增加，各种文献中也有了饮用白酒的记载。比如康熙四十六年（1707）的除夕之夜，礼部尚书宋荦举办了一次诗酒会，喝的酒是山西汾酒；乾隆年间举行的千叟宴，宫廷用酒也是山西汾酒。但是，从清代到民国，白酒还不是上流社会的主要选择。清代文学家袁枚在《随园食单·茶酒单》里，列了名酒十一种，其中黄酒九种，白酒只有两种。其中《山西汾酒》篇里，袁枚说白酒是"人中之光棍，县中之酷吏"，所谓"光棍"是流氓无赖的意思，袁枚曾当过县令，知道这些光棍和酷吏的厉害，他说办事就得需要光棍和酷吏才行，意在说明白酒酒劲大，同时也在价值观上认为，再好的白酒也是光棍和酷吏，登不了大雅之堂。

为什么清代时白酒发展起来了呢？目前看来主要有三个原因：

一是由于治理黄河，中原一带高粱的种植面积增大。高粱不太适合做主粮来吃，但高粱秆修水利工程用得上，多出来的高粱也不能扔掉，便就地用于酿酒。

二是出于节约粮食的目的，酿造黄酒用的是大米、小米这样的主粮，酿酒用得多了，口粮就相对少了；高粱是杂粮，相比作为主粮的大米和小麦来说，用它来酿酒，可以减少黄酒对北方小米和南方大米的消耗，起到节约粮食的作用。

三是从酒的特性来看，白酒酒精度高，当时人们叫它白干、烧刀子或烧酒，喝了之后体感反应比较快，喝上一瓶黄酒还不如喝上二两60°的老白干顶劲儿。当时白酒价格也比黄酒便宜，适合底层市民和基层士兵的需要，他们想少花钱又能比较快地进入微醺状态，所以选择喝白酒。这些经济方面的因素导致白酒在清代逐渐发展起来。

三

清朝以后，黄酒逐渐成为贵族酒，从清初到民国，高档酒市场中，黄酒占主要地位。根据一些历史人物的回忆，在晚清和民国时期的北京，喝酒分为几个档次：最高档次当然是喝黄酒，还得是绍兴产的黄酒，通过大运河水路运到北京；中档的是南酒馆提供的本地产的黄酒；最低档次喝的就是本地产的白干、烧刀子以及山东、河北等地酿的黄酒，这种黄酒偏苦，俗称"苦清儿"，喝这种酒的人是底层市民和基层士兵，喝酒的小酒馆名叫"大酒缸"。

当然，上流社会的官宦、富商阶层也会喝白酒，喝的是汾酒，不是二锅头这类的酒。

四

黄酒、白酒市场的彻底转换，是在1949年以后，白酒的生产规模迅速扩大，黄酒的市场份额变小。

为什么1949年后，白酒规模迅速扩大，黄酒急剧退潮呢？主要是以下几个原因：

第一，是新的统治者的口味和喜好变了，他们喜欢喝白酒，不喜欢喝黄酒。这一点比较好理解，喜好黄酒的人多是沿袭下来的旧统治者，比如清代的王公、官僚和富商，他们喝酒主要是喝黄酒；民国时期的官僚、富商与清代是有延续性的，到北洋政府时期的一些军阀和官僚，在酒方面，他们依然喜好喝黄酒。从这方面看，共产党评价国民党是地主阶级和官僚资产阶级的代表者，是有依据的，国民党中确实是地主阶级、官僚家庭出身的人比较多，这些官僚带着旧统治者的消费偏好，如此沿袭下来，黄酒的主导地位一直延续到国民党统治在大陆结束。

中华人民共和国成立后，发生了天翻地覆的变化，社会阶层结构、人们的生活方式以及品味都发生了巨大的变化，白酒逐渐成为酒品的主流，黄酒则日益边缘化。

第二，是出于节约粮食的目的。黄酒是以大米这样的主粮酿造的，白酒是以高粱这样的杂粮酿造的。在整个计划经济时期，我国的粮食一直处于紧缺状态，为了节约粮食，就尽量减少对大米、小麦的消耗，高粱单产相对高一点儿，适应性也强，适合发展白酒。此后，白酒发展的主线就是节约粮食，比如发展出了以麸曲作为糖化剂和发酵剂的技术，发展了食用酒精技术，出现了液态法白酒和固液法的新工艺白酒。黄酒虽然也是液态发酵或半固液发酵，但它消耗的是大米这样的主粮，因此不鼓励其发展。

第三，是计划经济的作用。计划经济时期，哪个地方能办酒厂，完全由中央政府来批准，当时政府鼓励发展的是白酒，虽然也发展了啤酒、葡萄酒之类的酒，但总的来说，白酒的发展是最快的。

上述三种原因导致1949年后，白酒成了全民消费的主流，而且由于发展了麸曲技术、液态发酵技术等，生产出了更多价格低廉、老百姓能消费得起、品质也还过得去的白酒，最有代表性的当属本书前面讲过的二锅头，满足了广大人民群众对酒这种嗜好性饮料的需求。

五.

我一直生活在北方，第一次见到黄酒是20世纪80年代在北京上大学时，当时有来自浙江的同学从老家带来了绍兴的加饭酒请大家品尝。北方同学都不知何为加饭酒，以为是吃饭时喝的酒，多年之后才搞明白"加饭"是黄酒的一个工艺名称，是指在蒸酒的过程中，把饭蒸熟了之后再加米，然后再发酵的过程。我至今都记得，当时那瓶加饭酒在宿舍放了差不多一年，宿舍8个人中有6个是北方人，都喝不习惯那种味道。20世纪80年代，除浙江、江苏、福建等地外，市场上几乎见不到黄酒。

20世纪90年代以后，黄酒开始回潮，各地市场慢慢开始出现了花雕酒，特别是在2000年后，北方开始流行喝花雕，还在酒里加姜丝，然后加温来喝。从2000年到现在，黄酒的市场份额在逐渐扩大，据统计，2007年黄酒的总产量为75.7万吨，之后一直稳步增长，到2014年，已经达到272.9万吨。

黄酒为什么能够回潮，有以下几个原因：

一是经济的发展。我国在结束了计划经济后，随着经济的发展，粮食产量也在不断增长，节粮的任务没有过去那么迫切，国家计划也不再有限制大米酿酒的措施；同时，市场经济带来了多样化的选择，各地有了发展的自主性，不再是计划控制，生产黄酒的企业有了更强的市场意识，主动进取，在市场上推广自己的产品。

二是在改革开放中，最先发展起来的是东南沿海地区，包括浙江、江苏、福建等省，这三个地方不仅是经济发展最快的地方，也是黄酒仅存的大本营，顽强地保留了喝黄酒的传统，计划经济时期保留了少量黄酒生产的工厂，比如绍兴的黄酒工厂一直都存在。由于这些地区是改革开放中发展最快的地区，又形成了新的商帮，如浙商、苏商、闽商，相当于当年的晋商和徽商，这些商人在改革开放过程中积累了原始资本，之后他们的生意开始向内地扩展，全国各地都出现了南方商人的身影。在这个扩张的过程中，他们也把自己的消费偏好带到了全国各地，和当地的官员、商人打交道时，开始推荐家乡的黄酒。黄酒的酒精度比白酒低，讲究慢慢品尝，聊天时间长，更便于商务交流。

黄酒回潮，本质上讲是市场经济发展带来的一个选择，也是南方经济势力向北方渗透过程中的一个副产品。

六

从酒类的消长进退来看，其背后的驱动力是政治和经济的演变，与之相对应的是人们的口感也随之发生了变化，也就是说，口感是可以培养的，比如北方人本来喝不习惯黄酒，后来在南方先富起来的人的影响下，也逐渐习惯了，而且喝法比南方人还讲究。饮食是一个体系，黄酒和南方的很多菜比如大闸蟹、醉虾是配套的，吃大闸蟹时，喝黄酒更搭一些，南方文化向北方渗透之时，同时带来了南方的海鲜、河鲜，这些和黄酒更宜搭配。慢慢的，北方人也学会了吃着南方的海鲜、河鲜，喝着绍兴的黄酒，口感就这么被培养出来了。

随着社会文明的进步，人们那种大块吃肉、大碗喝酒的草莽气息少了，更愿意温文尔雅地进行交流。价值观的变化，导致了口感的变化，喝酒要更讲究品味，这也是人们接受黄酒的一个原因。

目前，黄酒回潮还在发展过程中，黄酒未来的版图可能还会有所扩大。

除了黄酒，引起白酒版图变化的还有外来经济的影响，比如啤酒、葡萄酒和洋酒在市场上所占的份额，都对白酒的销售有着重要影响，这也是在多元化的政治经济驱动下的结果。酒的地理分布，其背后真正的线索，是看不见的政治经济之手。

大运河、古盐道

中国白酒的两大核心聚集区

四川自贡燊海井的生产情景
燊海井凿成于 1835 年，井深 1001.42 米，是世界第一口超千米深井，是一眼以产天然气为主兼产黑卤的
生产井，曾日产天然气 8500 立方米和黑卤 14 立方米，烧盐锅 80 余口。至今，燊海井仍在沿用古法产盐，
现有烧盐锅 8 口，日产盐 2500 公斤。
摄影：李寻

一

如果我们把中国现在的优质白酒（17种国家名酒以及53种优质酒）的生产区域投放到地图上，会发现，它们实际上集中分布在两个区域：一个是皖北、苏北一带；另一个是四川、贵州一带。如果我们再将其与中国历史结合起来看，又会发现，这两个区域和古代的两条重要交通线以及由这两条交通线串联起来的城镇网点，基本上是重合的。

由此，我们发现了中国优质白酒的两大聚集区域：一个是大运河区，从北京、河北、山东再到江苏、安徽、河南东部，在这个区域里，北京有名酒二锅头，河北有名酒衡水老白干，山东济宁、德州一带是集中产酒区，江苏有以洋河大曲、高沟酒、汤沟酒和双沟酒等所谓的"三沟一河"为代表的名酒，安徽有古井贡酒、金种子酒，河南东部有宋河粮液，等等。值得强调的是，在这个区域里酒的风格都比较接近，香型上自成一派，即所谓浓香酒里的江淮派，也称淡雅派，在生产工艺上也差不多，多用老五甑法、混蒸混烧的工艺。

另一个优质白酒聚集区是古盐道区，从山西，经过陕西关中地区，过宝鸡，经川陕古道进入四川，再到贵州。这个区域里的名酒更是数不胜数，比如陕西的西凤酒，四川的五粮液、泸州老窖、剑南春、水井坊、沱牌舍得、文君酒、郎酒等，贵州的茅台酒、习酒、青酒，等等。

上述所列举的名酒，追溯其渊源，多可以到明、清两代的某些酒坊，而明、清两代全国最重要的经济区就是这两个：一个是运河经济区，一个是盐道经济区。

京杭大运河是元代修建的，主要解决南粮北调的问题，将北方所需要的粮食及生活物资从南方通过水路调运过来，货物流通量非常大。如南方的吴中地区，织布业发达，但棉花产量小，需要从北方调运，北方的棉花沿运河南下，纺成布，再运回北方。清朝时全国年财政收入白银7000万两，运河漕运就贡献了5000万两，可见其在全国经济中具有多么重要的地位。

中国古代产盐区有山西的解州、西北的盐池、四川自贡的井盐以及沿海地区的海盐。山西的盐，经陕西进入四川，再进入贵州，这是一条主要的古盐道，四川自贡的盐也向湖北、湖南、贵州、云南远销，山西和陕西的盐商活跃于此。也有一部分山西盐商到了东南地区的扬州一带，当然，这里活跃的更多是徽商，他们靠近海边的盐场，有地利之便，运河经济与部分盐道是重叠的。食盐是人民日常生活的必需品，销量巨大，据统计，清代食盐最高年产量曾突破40亿斤。盐税，一直就是国家重要的财政收入来源，光绪末年（1908）全国盐税收入高达2400万余两，约占全国财政收入的12%。明、清两代最大的商帮晋商、徽商、陕商，都是靠贩盐起家的。[①]

二

中国优质白酒的分布为什么会形成这两个聚集带？

第一，这两个区域是当时经济最发达的区域，大运河的税收曾经占全国税收的70%以上，盐更是当时的一种大宗贸易商品，也是利润最高的商品，一直由国家垄断经营。为了转运这些物资，需要大量的后勤补给、运输工人和城镇网点上的批发商和零售商，据记载，运河漕运人员最多时有上百万之众，由此形成了一个完整的商业服务体系，出现了一批纯粹的商业人口，随后又出现了服务于商业人口的服务人口，还有一定的手工业人口。在大运河和古盐道这两条交通线上，形成了不少流动人口密集的大、中、小城市，比如淮安、扬州、济宁等，有的城市人口高达数十万、上百万。有了这么庞大的流动人口，就有了消费酒的市场。

第二，这两个区域是富商密集区，有办酒厂的投资能力。上流社会及漕运人员都要喝酒，谁来投资办酒厂呢？只要有人喝酒，富商就会投资办酒厂。前面章节我们谈到过，山西商人是投资办酒厂的主力，现在在史料中都可以看到他们在各地办酒厂的记载。晋商办酒厂，主要是两个用途，一是供内部交流使用，二是满足当地的消费需求。

酒在当时还不是一种大宗的、最盈利的消费品，与富商们的主要贸易相比，办酒厂只是他们的副业，徽商不太经营酒业，晋商里也没有大酒商，他们的主要业务是票号生意、茶叶贸易、船帮运输等，酒业相对来说是比较小的生意。

第三，这两个区域交通便利，有原材料采购和成品扩散的优势。古代酿酒，都是在周边地区采购原材料，同时成品主要在附近区域扩散，要增加销售量，运河和盐道都能提供这种便利。比如黄酒中的花雕，就是因酒是用雕了花的瓶子装着运到北京去而得名的。花雕并非酒名，更不是品牌名，和工艺也没关系，只与盛酒工具有关。同时，北方的酒也通过运河和盐道运到了南方，如晋商走到哪儿就会把汾酒带到哪儿。

　　酒是地域性比较强的产品，但地域因素影响的只是酒的风味，而不是品质。酒的生产门槛并不高，一个家庭主妇在自己家里就可以进行发酵酿酒，生产黄酒；几个人弄一个蒸锅蒸馏，就可以开一个小的白酒作坊。没有大米，可以用小米代替；不能生产浓香型的酒，就生产清香型的；不能生产大曲型的酒，就生产小曲型的。也就是说，在任何自然条件下，都可以酿酒。

　　所以，决定酒业分布和聚集的最主要因素，不是自然的气候因素、物产因素和地理因素，而是政治、经济因素。

山东省济宁市境内大运河水上人家
摄影：李寻

三

　　著名历史学家顾颉刚先生说过，中国历史是层累造成的（即由后人一层层堆叠起来的），一个时代叠压在另一个时代上，后人想看前个时代的变化时，已经看不清楚是怎么一回事情了，只能凭着自己在当下的感受和想象，构造前一代的历史知识，这些知识有对前代史实的如实描述，也有后人的想象和虚构，如此发生数十代的堆叠，呈现在当代人眼前的历史是一个与实际历史有极大差别的知识体系，各个时代犬牙交错，要想用考古的方法将其一一辨认出来，是一项艰难的工作。

　　经济也具有这种层累性，不同时代，经济的重心是不断变化的，这导致酒业分布地图也在不断发生变化。清初，中国白酒繁荣起来的时候，四川的白酒在全国并不有名，据民国《泸县志·食货志·酒》里记载：泸州老窖大曲发展到清末，年产量也不过十吨；今日五粮液的前身宜宾杂粮酒，产量更少得可怜。抗日战争时期，四川的酒逐渐有名，并在抗战以后发展起来，中华人民共和国成立后形成规模。为什么川酒会在抗日战争时期发展起来呢？主要是国民政府迁入了四川，将当时还属于四川的重庆作为陪都，随国民政府党政军机关一起西迁的还有部分文化机构和企业，致使四川高消费人口剧增，加之当时山西和浙江都已被日军占领，汾酒和绍兴的黄酒都喝不到了，就只能喝四川本地产的酒，川酒的需求量开始增大。这是战争导致经济变化的一个例证。

　　从宏观上来看，中国经济至少经历了两个时代，一个是农业时代，一个是工业时代。农业时代最重要的产业是"统治业"，经济中心城市首先是政治中心，依次是首都、总督或巡抚驻节的省会城市及州、县各级行政长官驻节的城市；其次才是为这些政治中心服务的商业运转中心，比如扬州，以及为其服务的运输线路，比如大运河、盐道，这就是主要的经济区带，当时的盐税和漕运税是国家的主要收入。白酒是分散生产的，分布在这些重要的政治中心城市和商业城市里，首都和有些省会城市未必自己生产酒，但有商业渠道给它们供应酒。晚清时期，绍兴本地的黄酒，品种反而不如北京多。北京人当时喝黄酒非常讲究，去高级饭馆吃饭喝酒，伙计会先给你端上一只盘子，盘子上放着几杯黄酒，然后问你喝几个钱的酒，你端起一只酒杯，下面就有一块牌子，写着多少多少钱。伙计就根据这个来判断你是不是老喝家，如果是，服务就周到，如果是新手，服务就要差些了。北京城里的黄酒种类比绍兴本地多，北京对黄酒风味的挑剔，比绍兴产地还要精细，这是典型的买处不如卖处好，充分体现了市场需求的力量。

进入工业时代后，我国的白酒产业发生了重大变化。

首先，在政策上，1949年后，国家实行酒类专营，私人酿酒是非法行为，将私营酒厂全部收购、合并，组建国营酒厂，从生产到销售的全过程受国家计划管理，酒税成为国家的税收支柱，在很长一段时间里仅次于烟草税，②这使得国家有动力去扩大酒业的规模，增加产销量。

其次，科学技术的发展推动了酒生产效率的迅速提高，为产能急剧扩大提供了可能性。科学技术的发展主要表现在两个方面：一是微生物学的突破。在古代，中国酒的生产没有微生物学这个概念，传统酿酒出酒率低，用俗话说是"三斤粮出一斤酒"。微生物学应用到白酒生产中之后，特别是在1949年后，发展了纯菌种的分离和提取技术，又发展了麸曲技术、液态发酵技术，在保证较低成本的情况下，白酒产能急剧增大。二是蒸馏技术得到了发展。传统酿酒用木材或煤炭烧蒸锅提供蒸汽，20世纪50年代以后，酒厂陆续改用锅炉提供蒸汽，冷凝器也取代了传统的天锅。同时，机械操作技术开始普遍运用于白酒生产中，行车、抓斗的运用，取代了人工铲粮以及人工下窖池的作业，大大提高了生产效率。

技术进步和国家垄断的结果是在传统的优质白酒产区出现了一批巨无霸企业。比如汾酒，1949年开国大典时，费了好大劲儿，才生产了500斤酒供应国宴。③1950年，茅台一年产量也不过才20吨酒。而现在，汾酒厂年产量在5万吨以上，茅台酒年产量也达到了5万吨。中华人民共和国成立前，一个酒坊占地二十几亩就算大酒坊，现在宜宾的五粮液生产区、泸州的泸州老窖产区、洋河镇的洋河酒产区，都有十几平方公里之广。还有四川邛崃，十多平方公里的区域里，酒厂密布。

第三，在有些地区，白酒业成了主要产业，特别是近几年，白酒业成了最赚钱的一个行业。这个变化是清代和民国所没有的，那时没有大的酒商，也没有以酿酒为支柱产业的城市。现在酒业则成了很多城市的支柱产业，贵州的仁怀，四川的泸州、宜宾、绵竹，江苏的宿迁，安徽的亳州等皆如此。拿泸州来说，1936年，泸州地区各酒坊的酒总产量是800吨，抗战时期最高年产量是1800吨，这和当时国民政府西迁入川，川酒得到发展有关，但即便如此，酒业也还没成为泸州的支柱产业。2012年，仅泸州老窖一家公司的年产量就达到了19.37万吨，实现销售收入115.56亿元，酒业成了泸州的重要

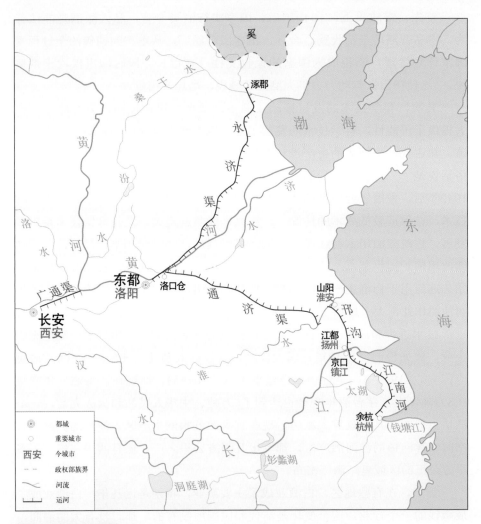

隋唐大运河水系示意图
隋唐大运河是在之前历代运河的基础上修建而成，主要目的是将南方的物资运送到当时的东都洛阳以及
首都长安城，北上修到了涿郡（今北京）。

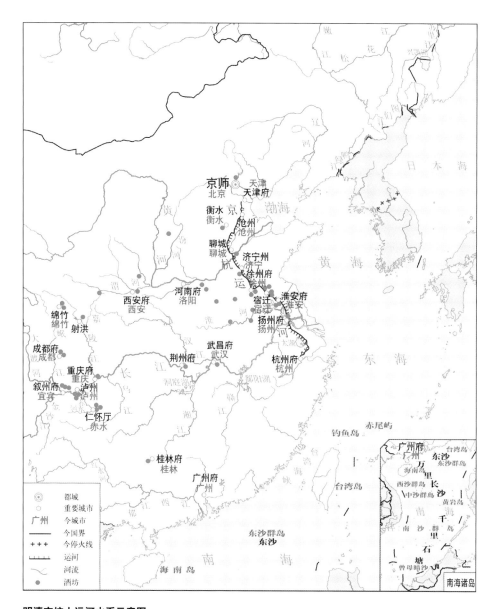

明清京杭大运河水系示意图

与隋唐大运河相比，明清京杭大运河不再经洛阳到北京，而是经山东、河北、天津到北京，原因在于当时中国的统治中心已不再是西安和洛阳，而是北京。

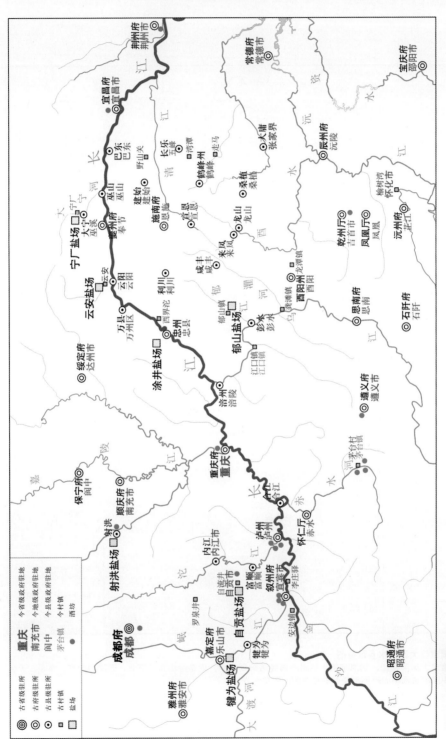

清代四川盐区示意图

支柱产业。

以上情况说明，工业时代和农业时代的酒产业有一个重大区别：农业时代只有小酒坊，工业时代则出现了大的、集中的、功能化的酒工厂。

我国的工业发展经历了两个阶段：计划经济时期和市场经济时期。在计划经济的后期，全国各地就有了搞活各地经济的想法和措施，很多地方开始办酒厂，有"要想富，办酒厂"或"当好县长，办好酒厂"之说。在各地迅速出现了一批小酒厂，据称，在安徽和甘肃两省，几乎每个县都建起了一家酒厂，这些酒厂成为中国白酒中的新势力。不过，由于五次全国评酒会是在计划经济框架下进行评选的，各地小酒厂生产的酒，没能进入到全国名酒的行列之中，只有少数进入了优质酒、银质酒的行列中。后来，这些小酒厂有的倒闭了，有的则转变成了民营企业。

进入市场经济时期后，由于资本的介入，中国白酒生产格局发生了变化，有些大酒厂经营不善，慢慢倒闭了，比如东北的不少酒厂。这个时期的一个重要突破是各地白酒产量均衡的形势被打破，四川产量一马当先，2016年，四川白酒产量是40.2亿升，遥遥领先于排名第二的河南的白酒产量11.7亿升。

资本运营还导致了另一个趋势：白酒品牌和白酒产区的分离，品牌和产地解除了捆绑关系。最典型的是山东的不少品牌酒，比如过去一段时期很有名的秦池酒、孔府家酒，主要是在四川生产的。山东酒的传统风味本来是清香型或浓香酒里的江淮派，但在以五粮液代表的浓香型酒席卷全国之时，山东不少酒厂就开始从四川大量进酒来卖，通过广告轰炸的方式，建立品牌效应。

由于这方面信息至今也没有完全公开透明，我们无法获得准确、清晰的白酒品牌属地与实际产地的信息，但是从实际生产地的角度来看，目前白酒的生产聚集区依然是古代就存在的两大聚集区：大运河区域和古盐道区域。也就是说，现代白酒聚集区层叠在农业时代的白酒聚集区上。通过对历史层累过程的回放和分析，我们已经知道，古代两大白酒产业聚集区的形成，其主要驱动力是运河经济和盐道经济，而现代白酒业之所以层叠在那两个区域，起作用的仍是历史因素和经济因素。

首先，那里有白酒生产基础，形成了传统的风味特征以及相对稳定的区域市场基础。

其次，现代科学技术使酒厂在本地急剧扩大规模，而现代的储存、包装和运输条件使得物流条件大为改善，酒厂原料和成品运入运出都极为方便，不用在原料产地或市场消费重地开设酒厂。

现代经济重心已经发生了重大的变化。计划经济时代，以东北重工业区、南方轻工业区和三线建设期间发展起来的新工业城市为主要经济区带。改革开放后，又出现了以东部沿海的外向型经济为主导的经济区带，现在的经济重镇是上海、广州、深圳等东部沿海城市以及各省的省会城市。古代最重要的经济区——运河区和盐道区均已没落，不再是现在的经济发达区，而是落后地区，现代经济版图与古代经济版图已严重错位。发展白酒产业是落后地区适应现代经济形势的被动选择，为了发展地方经济，只能不断扩大产能，但由于这些落后地区本身缺乏资金，因而，大量经济发达地区的资本甚至外国资本不断涌入白酒生产区域，促进了酒业规模的扩大，通过多重努力，偏远落后地区如贵州、四川等，把白酒当作了地方产业支点。

经济版图的错位也正牵引着白酒品牌与产地脱钩，如今，从大的格局看，白酒的原料（高粱、小麦、玉米、大米）产地在东北、内蒙古，甚至国外，白酒的主要消费地区在京、沪、穗、深以及各省会城市，驱动白酒发展的资本动力集中在京沪和东南沿海地区，这些因素使得白酒生产基地日益沦为附加值最低的原酒生产基地，而白酒产业的最高附加值集中在资本端与销售端，白酒品牌日益与产地脱离。未来，越来越多的白酒品牌会集中在资本和消费密集的城市中，而不是白酒原产地城市中。

新工艺白酒（其实就是酒精、香精加水的勾兑酒）的发展，使得白酒原产地的重要性进一步下降，未来的酒业版图会日益摆脱生产地的约束，以经济发达的当前经济区带为中心，白酒业的生产中心也可能向现代经济发达区漂移。

注释：

①钟长永. 中国盐业历史. 成都：四川人民出版社，2001.

②沈怡方. 白酒生产技术全书. 北京：中国轻工业出版社，2007.

③王文清. 汾酒源流·麯水清香. 太原：山西经济出版社，2017.

中国的大酒窖——四川

泸州老窖博物馆核心展区
泸州老窖博物馆位于四川省泸州市。博物馆核心展区内有四口明代万历年间的老窖池，建于 1573 年，是国家级文物保护单位，也是"国窖 1573"酒的生产区。泸州老窖是单粮浓香型酒的代表，连续五届全国评酒会都被评为中国名酒（在第四届全国评酒会上获金质奖）。
摄影：李寻

一

四川，中国历史最悠久的白酒产区之一，位于古盐道白酒分布区内，明代中后期曾管辖今日重庆、贵州遵义茅台镇等地，辖区范围之广，非今日所能相比。四川与白酒相关的考古发现甚多，泸州老窖酒厂发现了明万历年间的老窖池，全兴酒厂发掘出历经元、明、清三代的酒坊遗址，这些遗迹见证了这个著名的酿酒产区走过的沧桑岁月，诉说着巴蜀之地悠久的酿酒历史。

四川酿酒业的第一个发展高峰出现在清代中期，如今四川有名的白酒"六朵金花"均可追溯到这个时期。"六朵金花"的前身多是陕西、山西商人入川做生意时开办的酒坊，有文章因此认为是山陕商人把北方的酿酒技术传入四川的，但是这种观点忽视了四川原有的酿酒基础。外来商人对四川酒业的影响，首先是带来了资本，其次才是技术，而且这些技术不是从山西、陕西带来的，而是由四川工匠在本地摸索发展出来的。山陕商人的资本支持了技术的发展，外来资本的投入扩大了当地的酿酒规模，拓宽了销售市场。

抗战时期是四川酿酒业的第二个发展高峰。1937年全面抗日战争爆发后，国民政府西迁至重庆，大批企业、事业单位、大学、研究院也随之西迁，主要涌入重庆和四川两地。如此规模和程度的迁徙，一时间带来了大量城市人口，使得四川的消费能力剧增，这其中也包括对白酒的消费。原来的优质白酒产区如山西、苏北均陷入敌占区，无法继续给国统区供酒，在这种情况下，对四川本地白酒的需求量激增，从而拉动了四川当地白酒产量的增长。相关统计表明，这个时期四川白酒的产量远远高于明清时期、民国前期的白酒产量，四川各税务所统计了1936年和1938年全省147个县的酒产量，1936年全省酒产量1亿斤，1938年，增加到1.5亿斤。[①]

抗战时期，在川黔一带还出现了现代酒精工业，这对四川乃至中国的白酒业产生了十分深远的影响。因为当时中国要坚持抗战，需要大量的汽油，但当时中国的汽油来自美国的援助，随着日本对援华物资交通线的破坏和封锁，中国国内汽油供应一直存在中断的风险。当时的国民政府积极寻求汽油替代品，最后确定用酒精代替汽油，一吨酒精大约可代替0.65吨汽油。在汽车燃料替代的政策推动下，中国酒精工业迅速兴起。国民政府原本计划在1939—1941年三年间，投资1679万元美金、710万元国币，在后方各省设立四川第一酒精厂（内江）、四川第二酒精厂（资中）、四川第三酒精厂（简阳）、云南酒精厂（昆明）、贵州酒精厂（遵义）等，而实际建造数量远远多于计划数，至1942年，仅四川酒精厂就超过100家，到达历史鼎盛期。据当时《新华日报》报道：四川酒精产量在抗战中后期连创新高，1940年为400万加仑，1941年提高至500万加仑，1942年时更增至800万加仑！1945年2月《大公报》报道，四川的酒精厂产量"目前每月140万加仑，占大后方酒精总产量的十分之七"，有力地保障了交通运输的需要，为抗日战争取得胜利作出了贡献。

抗战时期，中国西南酒精厂主要以水稻、谷物、甘薯、甘蔗等食物原料酿制酒精，其产品大部分以燃料酒精的名义提供给国家，还有一部分则作为白酒售卖，可谓开创了后来所谓"新工艺白酒"之先河。1944至1945年，援华物资补给线中印公路被中国远征军重新打通，还修建了从印度加尔各答直到中国云南昆明的一条长达3000公里的输油管线，这是当时世界上最长的输油管线，中国战场所需的汽油恢复稳定供应，西南各地酒精厂的重要性下降，继而出现经营困难，很多小厂纷纷倒闭，一些大厂则通过调整转产成为酒厂或糖厂继续存在。比如，原泸县金川酒精厂，在抗战期间与泸州老窖等众多私营酒厂一起生产优质提纯酒精以支援抗战，中华人民共和国成立后，泸县金川酒精厂联合当地小厂更名为四川省专卖公司国营第一酿酒厂；原四川资中酒精厂，抗战胜利后更名为四川糖厂，之所以由酒精厂变为糖厂，是因为西南很多酒精厂是用甘蔗来酿制酒精的，而甘蔗也是制成白砂糖的原料。继续从事白酒生产的酒精厂，后来的发展情况好坏不一，发展势头好的，比如很多人熟知的毕节大曲，是贵州省八大名酒之一，生产此酒的毕节县酒厂，其前身即为川滇东路运输管理局酒精厂；但更多的是逐渐走了下坡路，最典型的代表是贵州遵义酒精厂，中华人民共和国成立后被收归国有，用酒精生产白酒，后因经营管理不善等原因而停产。虽然这些活跃在抗战时期的酒精厂在后来的发展过程中遭遇不平坦的境遇，大多以关停倒闭而告终，但这些企业的设备、技术还有大量的制酒专业人才并没有因为工厂的落败而荒废，而是被酿酒企业优化吸收，扩大了当地白酒的生产规模。[②]

及至计划经济时代，四川白酒业已形成规模，此时四川几乎县县有酒厂，这些酒厂在五届全国评酒会上取得了突出成绩，在先后评出的"四大名酒""八大名酒""十七大名酒"中占据了越来越多的席位，从中诞生了后来中国白酒界的"六朵金花"。

二

如今，一提起四川白酒，很多人认为全是浓香型，这跟四川是浓香型白酒的发源地有很大的关系。1952年第一届全国评酒会上，泸州老窖入选"四大名酒"；1963年第二届全国评酒会上，泸州老窖和五粮液同时入选"八大名酒"。泸州老窖是单粮浓香型酒的代表，用一种粮食——高粱酿成。五粮液是多粮浓香型白酒的代表，用五种粮食——高粱、小麦、糯米、玉米、大米酿成，以前称"杂粮酒"。作为老牌名酒，五粮液和泸州老窖扩大了浓香型白酒在全国的影响力，五粮液对浓香型白酒的推广之功更大于泸州老窖。改革开放至今，五粮液的销量一直在全国领先，尤其是在20世纪90年代，五粮液的销量全国第一，价格也一度超过茅台。中国消费者通常用销量衡量商品的好坏，五粮液长期优异的销售业绩让消费者认为好喝的酒就是五粮液，又由于五粮液是浓香型，所以消费者便认准浓香型白酒都是好酒，直到今天，浓香型白酒依然占全国白酒销量的70%以上，五粮液实在功不可没。

三

四川是全国"名酒"最多的省，这里的"名酒"指的是在全国评酒会上获得过荣誉称号或者金质奖的白酒，而不是字面意义上的"有名"。

四川白酒在历届全国评酒会上的获奖情况如下：

1952年第一届全国评酒会上，泸州老窖入选"四大名酒"；

1963年第二届全国评酒会上，泸州老窖、五粮液、全兴大曲三种川酒入选"八大名酒"；

1979年第三届全国评酒会上，泸州老窖、五粮液、剑南春三种川酒入选"八大名酒"；

1984年第四届全国评酒会上，泸州老窖、五粮液、剑南春、全兴大曲、郎酒五种川酒入选"十三大金质奖"。此届评酒会上名酒称号改为金质奖；

1989年第五届全国评酒会上，泸州老窖、五粮液、剑南春、全兴大曲、郎酒、沱牌曲酒六种川酒入选"十七大名酒"，这就是四川白酒的"六朵金花"。时至今日，"六朵金花"仍是中国白酒市场上最有影响力的一线品牌，并且在不断创新升级。为顺应当前的消费结构变化，每家酒厂又在传统产品之外，分别打造了各自的高端品牌：泸州老窖推出了国窖1573，剑南春

四川邛崃的卧龙酒镇
四川邛崃卧龙酒镇的酒源大道两旁分布着很多酒厂，泰山酒、诗仙太白、水井坊、金六福等都在这里建有原酒基地。
摄影：李寻

四川泸州的"中国酒谷"
这是四川省泸州市黄舣镇的泸州酒业聚集区，街道两旁全是各个酒厂的灌装车间，2010 年镇上已聚集数十家酒厂，据我们现场考察的情况来看，原酒年产量大概在 10 万吨以上，这些原酒销往全国的各大酒厂。
摄影：李寻

打造了东方红，全兴酒厂衍生出水井坊，沱牌曲酒研发出了舍得酒，几经起伏的郎酒缔造了青花郎酒。"六朵金花"在抢占高端市场的舞台上蓄力出击，成为当今白酒界举足轻重的川酒军团。

第五届全国评酒会在"十七大名酒"之外还评选了53种优质酒，四川白酒入选了四种：宜宾酒厂的叙府大曲、古蔺酒厂的仙潭大曲、今属重庆市万州区原属四川的诗仙太白、四川资阳酒厂的宝莲大曲。

除了在全国评酒会上展现风采的名优酒外，四川还有很多有影响力的白酒，比如邛崃的文君酒、绵阳的丰谷酒、绵竹的绵竹大曲等，都是公认的品质优良的好酒。

从全国评酒会的获奖情况以及消费者的反馈来看，四川无疑是全国优质酒品牌最多的省。

四

如果要问四川省除优质酒众多之外，还有什么其他省无法比拟的优势，那就是四川省可以生产各种香型的白酒。

首先是浓香型，前面讲过四川是浓香型白酒的发源地，浓香型白酒的品种非常多，包括以泸州老窖为代表的单粮香型、以五粮液为代表的多粮香型、以剑南春为代表的复合香型，此外，还有也是多粮型白酒的舍得酒，其风味和五粮液、剑南春略有不同。

从清香型来看，四川有传统的小曲清香型白酒，产量很大，全国年产小曲清香型白酒大约70万吨，四川贡献了大概50%。四川传统小曲清香型白酒的代表有江津白酒（现属重庆）、永川高粱酒、资阳伍市干酒、隆昌高粱酒。[3]小曲清香型白酒和大曲清香型白酒的工艺不同，其显著的风味特点是香味清淡，比以汾酒为代表的大曲清香型白酒和以二锅头为代表的麸曲清香型白酒淡得多，可用"平淡如水"四字形容，然而，却是酿酒专家们公认的最适合做勾调基酒的酒。用小曲清香型白酒浸泡药物或者香料来制作露酒再好不过，比如湖北的劲酒，即是用小曲清香型白酒浸泡成的露酒。小曲清香型白酒在基酒中的地位有点儿类似于伏特加在鸡尾酒界中的地位，无论调制哪种鸡尾酒，伏特加都是最好的基酒，因为它本身香气清淡，最宜做背景烘托出添加物的香气。除了小曲清香型白酒外，四川也产大曲清香型白酒（我就喝过一种四川产的"青狮"牌大曲清香型白酒）。四川还产麸曲清香型白酒，我们在四川考察时，当地酒厂的工作人员告诉我们，红星二锅头和牛栏山二锅头在大邑设有白酒基地，这两个品牌是麸曲清香型酒的代表。另外，有报道称泸州老窖集团与统一集团旗下的世华企业股份有限公司签署了一份合作协议，要在泸州共同投资建立清香型白酒酿造基地，初步规划年产清香型白酒4万吨，预计总投资额将达30亿元。

再说酱香型，四川传统上也生产酱香型白酒，如古蔺县的郎酒和仙潭大曲（仙潭大曲原先产浓香型白酒，后来才改为生产酱香型白酒）。古蔺与贵州一江之隔，同属赤水河流域，酿出来的白酒虽然和贵州茅台微有差别，但确实属于酱香型白酒。

受酱香型白酒丰厚利润空间的诱惑，浓香型白酒的龙头老大五粮液集团2010年也推出永福酱酒。

四川也产芝麻香型白酒，2018年我们在邛崃考察时得知四川省春源品悟酒业成功研发出了芝麻香型，在西南地区属于首家，另外还有其他酒企也在研发芝麻香型白酒。

四川幅员辽阔，酒厂遍布，如果把白酒风味仅仅理解为香型，那么四川省可以生产任何一种香型的白酒，然而四川省内部的气候和地理环境并不完全一致，这就说明自然地理条件对酒的香型制约不大。白酒的香型跟酒曲制作温度关系更大，制曲温度60℃以上的高温大曲多用于生产酱香型白酒，制曲温度在50～59℃的中高温大曲多用于生产浓香型白酒，制曲温度在45～50℃的中温大曲多用于生产清香型白酒。[④]

五

目前，四川是全国第一大白酒产区。2016年全国各省市白酒产量排行榜显示，全国白酒产量是13583574千升，四川省白酒产量是4026731千升，河南省白酒产量为1175017千升，贵州省白酒产量是490072千升。四川省白酒产量大约占了全国白酒产量的30%，位列全国第一，比第二名河南省高出三倍，几乎是贵州省白酒产量的十倍。这么大的白酒产量，单单一个四川省是消化不完的，其中的很多酒供给了其他省市。四川有两大原酒基地：一是邛崃，占地面积约10平方公里，估计年产酒23万吨，实际产量肯定远高于此；二是泸州黄舣镇，据我们现场考察的情况来看，原酒年产量大概在10万吨以上。两大基地生产的原酒销往全国各地的大酒厂，如河南、江苏、山东、安

五粮液酒厂里的挑酒工人
五粮液酒厂位于四川省宜宾市，是目前中国规模最大的酿酒企业。
摄影：李寻

运送酿酒高粱的运粮车
四川省某国道旁的运粮车，搬运工正把成捆的高粱扛上车。
摄影：李寻

徽、陕西、东北三省、海南等地。全国各地都有酒厂从四川购买原酒用作基酒或者调味酒，使四川成为名副其实的中国大酒窖。

四川生产的原酒一般有两种处理方式：一种是拉到各地酒厂与该厂所产的基酒或从别的地方购入的食用酒精一起勾兑，生产出成品酒后推向全国市场，安徽、河南、江苏等省都有酒厂从四川采购基酒；另一种是在四川直接灌装，贴上自己酒厂的牌子，再销往全国各地，如海南的海口大曲；还有一些酒厂两种情况都有。要想弄清楚全国到底有多少家酒厂、有多少种白酒的品牌，用了何种方式使用四川白酒，是非常困难的事，因为很少有外地酒厂公开承认他们的酒产自四川，多声称产于本地。当然，四川本地酒界的人是知道的，他们经常骄傲地说，外地某某名牌酒实际上用的是我们四川的基酒。

对那些主张白酒风味由自然地理条件决定的人来说，四川酒行销全国并不完全是好事，因为人们从此不再敢品评各地酒的地域特点，其他各省的人则很难弄清楚自己喝到的酒是不是完全由本地生产的，有没有添加四川的原酒，或者是不是整个都是从四川灌装来的。就算四川的酒只是作为占比很小的调味酒使用，用以改善酒体的风味，可是原本鲜明的地域特色还是因此丧失了。海南的海口大曲是从泸州灌装的，最早推出的酒在说明书中隐去了这一段，说酒产自海口酒厂，笔者第一次喝时真的以为是海口本地产的，觉得这酒非常好喝，还感叹全国各地都产好酒，甚至臆测当年四野的部队把东北的酿酒技术带到了海南，后来才知道了真相。笔者参观泸州黄舣镇时还发现，北方红高粱酿酒公司的招牌就挂在那里，陕西西凤的一款酒直接在四川邛崃灌装，山东泰山大曲酒厂在邛崃也有原酒基地……这些发现使得笔者在任何一个地方都不敢贸然说品尝到了具有本地特色的酒，因为喝到的有可能都是四川酒。

现如今，在四川酒强大的外销能力下，想在全国其他地方找到一款具有地方特色的白酒非常有难度，这也表明，在目前的技术、运输、资本运营条件下，白酒生产的所谓自然地理特色已经丧失殆尽。

六

四川白酒的产量如此之大，对主要酿酒原料高粱的消耗自然很大，但是四川省的高粱产量在逐年减少，根据余乾伟先生编著的《传统白酒酿造技术》以及赵甘霖、丁国祥先生主编的《四川高粱研究与利用》两书中的资料，笔者汇编了四川省历年高粱种植情况简表：

1952—2007年四川省全省高粱种植面积以及总产量

年　份	全省种植面积／万公顷	单产／kg 每亩	总产／万吨
1952	16.2	79.5	24.5
1965	12.46	104.8	19.5
1975	8.7	100	13
1985	11.42	218.3	37.2
1988	9.45	241	34
1995	6.6	281.9	27.8
2007	3.6	245.8	13.2

　　除了1985年四川省的高粱种植面积以及总产量有所增加之外，多年以来四川省的高粱种植面积总体上一直在减少，尽管单产量提升，高粱的总产量还是在下降。而四川省是产酒大省，酒产量一直位居全国前列，逐渐萎缩的高粱产量日渐满足不了当地的酿酒需求。《四川高粱研究与利用》一书中提到，如果以1988年四川产曲酒19.3万吨、粮食白酒34.8万吨计算，需高粱112万吨，而当年四川高粱总产为34万吨，缺口达78万吨，占总需求量的69.7%，"换句话说，全省高粱原料的70%靠省外调入"。　现如今，这个缺口只会越来越大，2016年四川省白酒总产量已经达到402.67万千升，70%的外省调粮比例恐怕远远不够。

　　四川酿酒原料和产地分离的现实情况，已经背离了传统白酒所谓的"一方水土一方酒"的概念，这里的"水土"不仅包括当地气候、地理条件、水源、微生物群，还包括土地上所生长的庄稼。四川的这种情况在全国普遍存在，全国各地的酒厂都会从外地采购高粱，这些高粱主要来自东北和内蒙古，四川约有百分之七八十的酿酒高粱用的是东北高粱，声称只使用贵州本地高粱酿酒的茅台酒的原料有一部分其实是四川高粱，[⑤]茅台镇上很多其他酒厂干脆坦承使用的是东北高粱。目前，还有一些四川酒厂使用来自澳大利亚或美国的进口高粱。

　　酿酒用的粮食对白酒的风味有重要影响，素有"粮为酒之肉"的说法，如此重要的酒粮如果不是本地产的，那么酒的本地化程度就会大打折扣，也说明物产这种自然地理条件对目前白酒的生产制约不大，本地高粱和外地高

四川省的两位白酒专家接受李寻的采访
余乾伟先生（中）为四川省食品发酵工业研究设计院的正高级工程师、高级品评员，著有《传统白酒酿造技术》一书。陈万能先生（左）是余先生的朋友，也是一位资深的白酒专家，任职于某大型酒企。
摄影：楚乔

李家民先生（左）正在接受李寻（右）的采访
李家民先生，四川省射洪人，正高级工程师，原沱牌舍得酒业公司副董事长、副总经理，系享受国务院政府特殊津贴专家、中国白酒大师、首届"中国酒业科技领军人才"。
摄影：楚乔

梁肯定有差别，酿出的酒也会有所不同，因此不能再说这种酒百分之百是本地产的，是地地道道的本土风味。非要说外地的高粱也能酿出本土原汁原味的酒，那就说明酒粮对白酒风味影响不大，本地高粱才能酿好酒的说法也就不成立了。

酒厂从外地进粮事实上是经济发展自然形成的专业化分工导致的，经济发展到一定程度，出于对成本规模优势的追求，各行各业的原料产地和成品产地就会分离，出现区域性乃至全球范围的分工。中国白酒业呈现出的也是这种趋势，四川使用澳洲和美国的高粱，是中国白酒业在全球配置资源的开始，按照这种趋势发展下去，四川就不仅仅是中国的酒窖，而是全球的酒窖，它会成为一个全球性的白酒加工基地，那时，从全国各地乃至全球各地运入高粱，再向全国及全球运出白酒将是人们习以为常的事情。

七

新型白酒勾兑技术也起源于四川。据赖高淮先生编著的《新型白酒勾调技术与生产工艺》一书记载：1967年，四川泸州地区生产销售了第一批调配酒（新型白酒），是用内江地区的糖蜜酒精，加固态发酵大曲酒的黄水、二次酒尾、丢糟，再加少许老窖泥混合均匀，让其发酵15～30天，然后取清液用土法蒸馏，取酒精含量为64%的馏液，再加酸加脂调整香和味，稀释到所

四川成都水井坊博物馆
位于四川省成都市锦江区水井街的水井坊博物馆原来是全兴酒厂的老厂房，1998 年老厂房改建时，发掘出历经明、清、民国三个时期的酿酒遗址，后来该厂区被英国的帝亚吉欧集团收购，改建为集遗址保护、酿酒工艺展示和酒水生产为一体的公益性博物馆。
摄影：李寻

需要的酒精度制成的。这是勾兑技术的第一次成功运用，这一方法被四川省其他地方的一些小厂接受和运用，20世纪70年代，黑龙江玉泉酒厂也开始运用这种方法。

20世纪80年代，勾兑技术初步形成，开始时生产厂家对此技术是保密的，一个厂只有一两个人掌握这种技术，而且只会做，讲不出道理。到了1979年，勾兑技术得到四川省糖酒公司（酒类专卖事业管理局）领导的重视，实验性地举办了一期以四川名酒厂勾兑人员为主要对象的勾兑技术培训班，获得成功，把只能意会、不能言传的技术变成了可以批量复制的现代工业技术。从此，勾兑技术公开化，得到了白酒界的高度重视和支持，在全国迅速普及开来并不断提高。这一时期运用勾兑技术生产新型白酒的酒厂有很多，很多酒厂的新型白酒年销量在万吨以上，有的达到了10万吨。但当时技术水平有限，生产出来的酒品质不太好，有后味苦、香味不协调、味不正、上头、口干等缺陷，一般被认为是低档酒。

20世纪90年代，在勾兑技术的基础上发展出调配技术，突破了不准添加非发酵物质、不准用不同香型酒进行勾兑（包括组合和调味）的禁区。调配技术在实践中不断改进，调配酒（新型白酒）质量越来越好。

也就是从这个时期起，白酒调配技术普及的范围越来越广，开始出现勾兑酒大肆冒充纯粮固态酒销售的情况。《新型白酒勾调技术与生产工艺》一书中讲，这一时期调配酒（新型白酒）不以本来面目出现，而是以传统固态法的名义在市场上销售，主要是卖给名酒厂。四川这种调配散酒大量销往省外，据不完全统计，每年约有50万～100万吨的调配散酒运往四川省外和省内各名酒厂。[6]起源于四川的新型白酒勃然兴起，对中国白酒界产生了深远的影响。

注释：

①肖俊生. 抗战期间传统酿酒业的发展——以四川酿酒业为中心的分析. 兰州学刊，2013（2）.

②摘自内江市人民政府官网（http://www.neijiang.gov.cn/）档案.

③余乾伟. 传统白酒酿造技术（第二版）. 北京：中国轻工业出版社，2014.

④张安宁，张建华. 白酒生产与勾兑教程. 北京：科学出版社，2010.

⑤赵甘霖，丁国祥. 四川高粱研究与利用. 北京：中国农业科学技术出版社，2016.

⑥赖高淮. 新型白酒勾调技术与生产工艺. 北京：中国轻工业出版社，2011.

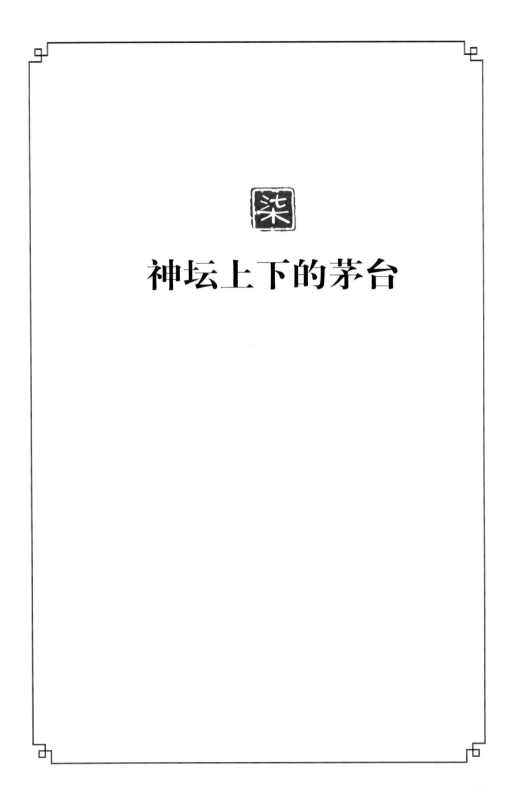

柒

神坛上下的茅台

茅台酒厂正门
茅台酒厂位于贵州省仁怀市茅台镇，厂区旁有一个大型的"中国酒文化城"，号称目前世界上最大的酒文化博物馆。
摄影：李寻（拍摄于 2018 年 3 月）

一

　　茅台酒在现在的中国白酒界是神一样的存在，特别是在2015—2018年逆市上扬，创造了万众瞩目的神话。2018年茅台酒股份有限公司营业总收入约750亿元，实现归属于上市公司股东的净利润约340亿元。利润340亿元是个什么概念？对比一下中国白酒产量最大的省份四川酒的数据能看得更明白，2018年，四川全省348家规模以上白酒企业主营业务收入为2300亿元，利润为280亿元。一个茅台酒厂赚的钱比全四川省348家规模以上的酒厂赚的总和还要多，要知道，四川的这些酒厂中包括五粮液、泸州老窖等鼎鼎大名的四川"六朵金花"。依靠茅台的贡献，2018年贵州白酒产量仅为全国3.5%，但利润占全国的43%，一厂敌半国！

　　故事要从2012年年底说起。2012年12月4日，中共中央政治局审议通过了中央政治局关于改进工作作风、密切联系群众的八项规定，严控公款消费，这给主要用于公务消费的高端酒造成了重大冲击，2013年，五粮液、泸州老窖、国窖1573等高端品牌白酒的销量巨幅下滑，几近腰斩，茅台也受到重创，市场零售价从2300多元暴跌至850元左右。高压反腐持续升温，人们一度认为包括茅台在内的高端白酒市场从此会一蹶不振，但出乎意料的是，2015—2018年，茅台突然爆发，开始强劲增长，单瓶官方标价从850元飙升至1499元，实际上部分区域的价格已经升至1800～2000元，排队抢购茅台的事件频频发生，甚至闹出了警察出动鸣枪示警的新闻（2018年8月6日，湖南长沙雨花区某茅台酒直营店开展促销活动，零售价1499元的茅台直降100元销售，消费者凭身份证购买，每人限购两件，现场聚集群众近四百人，群情激动，场面失控，民警不得不对天鸣枪示警，才控制住现场秩序，未造成更严重的后果）。

　　相比茅台，同一阵营的五粮液和泸州老窖虽然也走出了低谷，但没有增长，水井坊和沱牌舍得则彻底一蹶不振，直至2018年仍然没有回暖迹象。在这种严酷的经济形势下，茅台的增长令人惊奇。宏观数据表明，2015—2018年国民经济增长放缓，居民消费水平和存款量下降，茅台似乎不受丝毫影响，反而逆市上扬。2018年，茅台股市价一度冲破1000元，这和股市低迷的大背景相悖，2015年最后一波上涨结束之后，中国股市出现股灾，股价一直低迷，及至2018年，绝大多数股票的股价腰斩，甚至跌破了资产净值，部分股民的资产损失高达80%。茅台为何能在股市惨淡的情况下一路高涨？为何能在经济增长放缓的情况下逆市上扬？我们希望在梳理茅台一步步走上神坛的过程中，能够发现其背后的玄机。

通常来说，封神有两大条件：一是外在的宏观条件，包括历史条件和社会条件，这些不是一个酒厂所能把握的，只能抓住机会，加以利用，一旦选择错误，纵使好酒也只能埋没荒野；如果选择正确，就算身处逆境也能借势上扬，重整旗鼓。二是酒厂自身的努力，酒厂的决策者要能正确判断形势，抓住机遇，并及时采取有效手段，助推酒厂品牌真正地跨上神坛。

二

细读完整的茅台酒发家史，可以清晰地看出这一平凡的乡野白酒是如何一步步地蜕变为举世瞩目的"神酒"的，其中的一些关键节点尤其需要关注。

第一个节点，茅台酒的起源。关于茅台酒的起源，笔者参考了两本资料，一本是2018年1月出版的《茅台是怎样酿成的》，作者是著名的管理学家汪中求，他曾为茅台做过精细化管理方案，这本书大概是他在茅台集团做调研时写的，可以理解为代表了茅台集团的官方史学立场。另一本书是王文清先生的《汾酒源流·麯水清香》，2017年1月出版，代表了汾酒集团的官方史学立场。两本书关于茅台起源的叙述并不相同。茅台官方史料记载，清代乾隆年间就有了茅台酒，茅台酒主要借由盐商的渠道发展起来。清代乾隆十年（1745），贵州总督张广泗上奏朝廷，请求开凿赤水河道，以便四川食盐从此运入贵州。工程完成之后，茅台镇成为川盐入黔的四大口岸之一，据说贵州省三分之二的食盐都由此运往各地，一时间，运盐马帮和舟楫络绎不绝，形成了"蜀盐走贵州，秦商聚茅台"的繁华局面。盐业的发展刺激了酿酒业的发展和酿酒技术的提高，茅台酒开始闻名天下，最终声望超过了盐业。但是，据汾酒官方史料记载，茅台镇原本没有酒，在清咸丰年间（1851—1861，比茅台官方史料所称的乾隆年间晚了近100年），山西、陕西的盐商把汾酒的酿造工艺传到了茅台镇，才有了后来的茅台酒，引证的证据是1939年中国国民经济研究所出版的《贵州经济》和1947年贵州省建设厅厅长编著的《十年来贵州经济建设》两书中的资料，具有较高的可信度。

汪中求先生和王文清先生的书出版时间相差不远，令人感到奇怪的是，茅台方面似乎对汾酒方面的史料记载视而不见。从史料的引证来看，汾酒方面关于这段历史的史料似乎更加完善些。当然，本书在前面章节已经讲过，汾酒的叙述也存在偏差，晋陕盐商的确在茅台镇开办了酒坊，但是，是完全首创还是收购当地已有的酒坊，其叙述则语焉不详。

笔者推测，晋陕盐商可能是依凭资本优势收购了当地原有酒坊，并不一定伴随着技术植入，所以，对当地酿酒技术的演变并没有太大的影响，因为从酿酒工艺来看，茅台酒的酿酒工艺和汾酒的区别很大，茅台镇本身应该有酿酒基础。现在的汾酒一派为了突出自己国脉正宗的身份，强调茅台酒工艺源自汾酒，这是商业立场决定的，跟史实无关；茅台方面刻意回避山陕商人的作用，偏向于强调自身起源的独立性，这也是商业立场决定的，与史实无关。我们觉得，既然研究历史，学者们应该基于史料达成一致，不要自说自话。茅台和汾酒各自引叙的史料都证明茅台酒跟山陕盐商、盐运有关。进入民国之后，盐商一度衰落，茅台酒产量也徘徊不前。

第二个节点，茅台酒在1915年巴拿马太平洋万国博览会上获得金奖。关于此次获奖，还流传出一个传奇故事：起初，参展的茅台酒在巴拿马万国博览会上并没有受到重视，眼看展会接近尾声，评奖无望，一位中国代表灵机一动，提着陶坛装的茅台酒，走到展厅最热闹的地方，假装一不小心摔碎了酒瓶，顿时酒香四溢，吸引了不少人品尝美酒，并且打动了评委，最终斩获了金奖。这个故事是何时传出的？摔碎酒瓶的是谁？至今已成为悬案。然而，汾酒方面却举出大量史料证明，在1915年巴拿马万国博览会上只有汾酒获了甲等大奖章。王文清先生在《汾酒源流·麯水清香》中详细地罗列了在巴拿马万国博览会上获奖的全部中国产品名单，名单显示一等奖即甲等大奖章，我国获64枚，其中酒类4枚，分别为山西高粱汾酒、山东张裕酿酒公司的各种酒、直隶高粱酒及河南高粱酒，其中只有汾酒和张裕为独立品牌，若以酒类划分，则山西汾酒是唯一获得一等奖的白酒品牌。这份获奖名单出自中国巴拿马赛会筹备局局长兼监督陈琪主持编撰的《中国参与巴拿马太平洋博览会纪实》，出版于1917年2月，是迄今为止关于巴拿马万国博览会最权威的著作。王文清先生在书中指出："宣传茅台酒获得1915年巴拿马万国博览会金奖，也是近些年来的事，以前说是获得了银质奖章。依据《中国参与巴拿马太平洋博览会纪实》一书记载，获奖产品中不光没有茅台产品，更没有茅台品牌，惟有'贵州公署酒'寥寥五个字。这五个字既不能说明这个酒是白酒，也不能说明这个酒是谁产的。获奖产品中的白酒类产品都讲明是'高粱酒'，而贵州公署只是标注了一个'酒'字。是不是白酒，是不是茅台所产，该当存疑。"

　　最近，又有报道称酒界专家考证发现，衡水老白干就是当年的直隶高梁酒，衡水老白干也在1915年巴拿马万国博览会上获得了甲等大奖章。关于1915年巴拿马万国博览会的争论更热闹了。衡水老白干的确是河北的酒，河北的高梁酒也的确在1915年巴拿马万国博览会上获得甲等大奖章，但是河北高梁酒是否就是衡水老白干，则没有完整的证据链。由于缺乏明确的史料，1915年巴拿马万国博览会获奖情况众说纷纭，真假难辨。单就史实而论，汾酒方出示的证据充分，山西汾酒荣获了巴拿马万国博览会的甲等大奖章确有其事，而茅台酒拿不出有力的证据，由于史料模糊，也无法断定茅台酒没有参加博览会，目前来说，茅台酒是否获奖还是一桩悬案。

　　暂且抛开到底谁获了奖的问题，1915年巴拿马万国博览会获奖对中国白酒真的那么重要吗？事实上，早在1915年以前，汾酒就是中国最有名的白酒，是高端酒的代表，名气远远大于茅台酒，并不需要借助1915年巴拿马万国博览会的机遇发展起来。获奖之后汾酒的规模也没有得到太大的扩展，仍然在山西汾阳的小镇上酿酒，虽然受到了山西省督军阎锡山的重视，得到了政府的政策支持，但也没有突破性的发展。当时河北的白酒、北京的烧锅产量也比较大，档次不如汾酒，汾酒没有借1915年巴拿马万国博览会的"东风"更上一层楼的必要。从当时的实际情况来看，就算茅台真的在1915年巴拿马万国博览会上获奖，此项殊荣也没有给茅台酒的发展带来转机。汪中求先生在《茅台是怎样酿成的》一书中也承认："巴拿马万国博览会获金奖之后，茅台酒虽然名声大振，但并没有因此而发生突破性的飞跃。茅台的各大烧坊依然在简陋破旧的作坊里生产着世界上最美味的烧酒。因价格高，茅台酒依然在普通老百姓的餐桌上难得一见，更多的人认为如此昂贵的酒类与他们的生活关系甚少，所谓蜚声中外也不过在有限的圈子内传播，中国的绝大多数人，甚至包括一些骨灰级酒友在内，此时并不知道茅台酒为何物，更有部分地方的酒友对茅台酒的香味并不买账……"从茅台和汾酒随后的处境来看，荣获1915年巴拿马万国博览会奖章对这两款酒市场影响力的提升没有多大作用，获奖事件并没有促进中国白酒产业的发展。

　　在1915年巴拿马万国博览会之前，已有中国白酒在国际博览会上获奖。1904年日本大阪万国博览会上，张謇创办的颐生酒业生产的茵陈大曲获奖，这段历史有确凿的史料可考，这是中国白酒在国际博览会上获奖的最早记录，但是这类奖项对白酒的发展并没有太大的意义。晚清到民初之间，茵陈大曲在东南一带，甚至北京一带畅销，受益于张謇在政商界的影响力，其名气远大于茅台。张謇是当时知名的民营企业家、状元实业家，创办了大生纱厂，即后来全国最大的民营企业集团——大生集团的前身。张謇给军队送茵陈大曲酒，一次就送掉五千斤，^①恐怕当时整个茅台镇都没有颐生酒厂的产量大。1904年的日本大阪万国博览会为什么没有人关注？为什么没有人争相跳出来认领奖项？原因大概是没有太多酒厂参加。从另一个角度来看，不管哪一届万国博览会，对中国酒业的发展都没有太大的促进作用。

值得一提的是，中国白酒和世界上其他烈性酒不同，中国白酒有自身独特的品质、风味、档次标准，拥有独立的品评方式，外国人实际上并不懂得品评中国白酒，很难说国外品鉴烈性蒸馏酒的标准能够代表中国白酒的最高标准。我们也不知道1915年巴拿马万国博览会上还有其他哪些国家送交展品，这次展会上中国共获得1208项奖，一次博览会上颁发出这么多奖项，某种程度上说明这届博览会的奖项并不多么严肃。

后来中国白酒屡次在国际上获奖。比如茅台获得过众多的国际荣誉：1985年国际美食旅游大赛金桂叶奖，1986年法国巴黎第十二届国际食品博览会金奖，1992年首届美国国际名酒大赛金奖，1992年日本东京第四届国际名酒博览会金奖，1993年法国波尔多葡萄酒烈性酒展览会特别奖，1994年第五届亚太国际贸易博览会金奖，1994年（美国）"纪念巴拿马万国博览会80周年名酒品评会"特别金奖第一名，2012年第九届世界烈酒大赛金奖，2015年布鲁塞尔国际烈性酒大奖赛金牌。近年来，布鲁塞尔烈性酒大奖赛在国内热度上升，茅台酒之外的舍得酒、二锅头、宝丰酒、趵突泉酒等众多白酒都在布鲁塞尔烈性酒大奖赛上获过奖。实际上，这些国际展会到底是怎样的组织方式，评奖过程如何，大多数国人并不清楚，从现有的资料看，这些奖的评审远远不如中国五届全国评酒会严谨客观。归根结底，外国人不懂中国酒，国外展会对中国酒的评价和中国人自己的评价差别比较大，应该说没有太多权威性。

当今的中国白酒界热衷于争论谁获过奖、谁没获奖，并在这种语境下完成他们的历史叙述，直到现在各大白酒厂商还在网罗国际奖项，用以装点自己的历史，这些现象反映出国人在文化上的深度不自信。自1840年西方世界强行打开中国大门之后，很多中国人丧失了文化上的自信，也丧失了自我评价能力，以为只要是外国人的评价就比自己人的评价公道、水平高，在这种潜在的心理暗示下，盲目地把世界博览会奖项作为评价产品品质的标准，而不论奖项的水平与真假。不只白酒界存在这种现象，其他领域，特别是科学领域也是如此，这种状态一直持续到今天。

第三个节点，1935年茅台酒遇到了周恩来总理。这是茅台酒真正的转折点。1934年年底到1935年年初，中国工农红军长征，四渡赤水，两次经过茅台，在这个过程中，周恩来遇见了茅台镇。在此之前，周恩来是否了解茅台酒，不得而知。周恩来实为当时中国共产党的最高军事负责人、红军总政委，他学识渊博，爱酒也懂酒，以擅豪饮闻名党内。可能他早就知道茅台酒，又或者在他们进入贵州之前，了解贵州省情时听闻过茅台酒。红军来茅台镇有重大的历史意义，当时中国工农红军被国民党40万中央军围追堵截，只能向受西南军阀（贵州军阀王家烈和西南军阀刘湘）控制的边陲进行战略转移，在转移的过程中，在遵义（茅台是遵义下属的镇）召开了著名的遵义会议。遵义会议在党史中的地位非常重要，这次会议是中国共产党历史的转折点，也可看作是茅台酒的转折点，甚至是茅台酒的起点。遵义会议恢复了毛泽东同志的领导地位，按他的建议改变了党的政治路线和军事路线，逐渐领导红军走出困境，北上陕北，取得了长征的胜利。从遵义会议之后，周恩来与茅台酒结下了不解情缘。

第四个节点，1950年以后成为国宴用酒，正式登上神坛。长征结束后，红军很快就离开了茅台镇，茅台镇又恢复了往日平静的生活，直到1950年茅台镇被解放以前，茅台酒还是老样子，没有太大的变化。据记载，当时闻名全国的名酒有两种：一是绍酒，即绍兴黄酒；二是北方汾酒，为白酒之尊。有一则逸事说，1935年，武汉绥靖办主任何成濬（字雪竹）到四川劝降西南军阀刘湘，回程时刘湘送了他大批的回沙茅台酒，这批茅台酒制作精良，然而喝惯了江南黄酒的何雪竹对茅台酒并不欣赏，带回武汉后一直没喝，很久以后，酒都挥发了一半才想起来，遂转送他人。[②]

茅台真正受到关注，是在1950年成为国宴用酒之后。至于1949年开国大典，使用的宴请用酒是汾酒而不是茅台酒，本书《王者无名》一章中详细叙述过，这里不再赘述。茅台酒能够登上国宴餐桌，周恩来总理起了决定性作用。1950年以后，周恩来总理点名用茅台酒做国宴用酒。在党内的重要领导人中，毛主席不善饮酒，也喝不出好坏。朱德元帅爱喝酒，他喜欢的酒是泸州老窖，朱德元帅当年担任护国军旅长时曾驻扎在泸州，当地的酒商送过他不少好酒，后来朱德元帅还给泸州老窖题过词，称泸州为"酒城"。党内品酒功力最深的就是周恩来总理，而且他主管政府的具体工作，在国宴用酒选择这类事务上有具体的决定权，他对白酒的评价也代表了国家的最高意见。

周恩来总理对茅台酒的推崇无以复加。在1963年第二次全国评酒会上，茅台酒虽然也被评入"八大名酒"的行列，但从第一名退到了第五名。周总理知道后，请当时的轻工部部长把茅台酒参选的样品带来，他亲自品尝后，说："这是新酒，没有经过陈年窖存，不能代表茅台参加评选。"一喝就能喝出酒的新陈来，可见周总理品酒功夫之高，以及他对茅台酒关注程度之深。这件事情也说明茅台酒当时还没有形成规范的生产工艺，生产标准中没有陈储三年的要求，否则参加全国评酒会这样重要的活动，肯定会送陈年老酒，而不是当年的新酒，反倒是周恩来总理给茅台酒加上了必须陈储三年的标准（网络上有资料说，茅台酒必须储存三年之后才准许勾兑出厂的规定是1956年食品工业部发出通知要求的，我没查到通知原文，不知道这个通知到底是1956年发的，还是1965年发的，也许有这个通知，茅台酒厂没有当回事儿，没执行，我推测茅台真正把陈储三年当成雷打不动的工艺环节，是在1963年周总理指示之后）。

汪中求《茅台是怎样酿成的》一书中提到，在周恩来总理的大力促成下，1953年茅台开始外销，不仅进一步说明了周总理对茅台酒的推崇，也反证了1915年巴拿马万国博览会获奖对茅台酒的发展没起什么作用，不然博览会上海外人士的高度评价早已促成了茅台酒出口，而不是等到几十年后。

汾酒方面对周总理偏爱茅台酒并不满意。著名的白酒泰斗秦含章先生曾向周恩来夫人邓颖超委婉地提过建议，让总理喝点儿汾酒，因为汾酒清纯，有害杂质比较少，但是周恩来总理一笑置之。另有资料记载，中华人民共和国成立后，汾酒厂和茅台酒厂一直对排名孰先孰后的问题争论不已，在一次全国性的会上，周总理让茅台酒师和汾酒酒师陈述各自的风味特点和工艺流程，听后给出的评价是"琼浆玉液，南北一方；名甲天下，茅台争光；若论先后，数我长江"。这个态度很明显，将茅台推为第一。他曾经说"白酒不提赶茅台，不是不准赶，而是赶不了"。以大国总理的身份说出这种话，这样的支持力度前所未有，可以说正是周恩来总理把茅台酒扶上了神坛。在国家行政计划保护之下，政府采取了很多措施扶持茅台酒。

第五个节点，计划经济时期，茅台酒厂连年亏损。即便国家大力支持，从1962年到1977年，茅台酒厂还是连续亏损16年，亏损总额达114万元，平均每年亏损7.13万元。当时个人的平均月工资仅为几十元，相比而言，每年7万多元的亏损犹如天文数字。茅台酒厂亏损的原因不只是我们今天总结的内部管理问题，在计划经济时期，原材料供价全由国家计委统一核算，一般核算出来的成本会比实际成本小，但酒的价格不能涨，所以酒厂才出现亏损。计划经济体制的僵化导致很多像茅台酒厂这样国家重点关注的企业入不敷出。

第六个节点，20世纪80年代初茅台陷入低谷。1978年十一届三中全会之后，党和国家工作的重点转移到经济建设上，开始实施经济体制改革。20世纪80年代初至80年代中期，提出了"以计划经济为主，市场经济为辅"的经济方针；20世纪80年代中期至90年代初，强调计划与市场结合；20世纪90年代以来，推行社会主义市场经济。起初，国营企业没有被纳入市场经济范围，茅台这类的国企遇到了很大的困难，本来茅台酒厂就连年亏损，改革开放之后允许私人开办酒厂，茅台镇上突然之间出现了上百家民办酒厂，茅台酒厂大概有四分之一的技术人员外流到了民办酒厂。僵化的管理体制使茅台酒厂无力扭转糟糕的局面，直到1997年才出现转机。1997年，茅台酒厂改制，季克良担任茅台酒厂董事长，此时为茅台酒市场极度低迷的时期。1998年，五粮液的年销量为11.72万吨，而茅台酒当年的产量才5072吨，此时五粮液的价格是250元，而茅台价格下降至228元。此后十年，五粮液的价格和销量一直超越茅台酒，据说，在大连的销售市场上，茅台酒的销量只有五粮液的五十分之一，卖掉五十瓶五粮液，才能卖掉一瓶茅台酒。那时候人们普遍觉得茅台酒不好，坊间流传茅台有股农药敌敌畏的味道，甚至有传闻说茅台就是添加了敌敌畏。受计划经济残余思想的影响，1997年以前的茅台酒厂从不打广告，酒厂的老总也不印名片，有人疑惑：为什么你们不打广告，也不印名片？老总振振有词地说："邓小平印名片吗？谁能不知道茅台呢？"

面对激烈的市场竞争和经济体制的改革，茅台酒厂不得不进行转变。1997年，茅台酒厂成功上市，实际目的是为了募集资金，缓解严重的经营危机。有些公司上市圈钱之后依然无可救药，然而茅台酒厂的长处在于真抓实干，锐意进取，推出了两大文化营销手段：一个是强调茅台酒是国酒，宣传国酒文化；二是打出了"喝出健康来"的宣传语。这是明面上的措施，实际上茅台酒后来能够赢得市场和这些宣传口号关系不大，因为茅台酒早已有营销信誉。

真正产生效果的营销手段，还是利用过去的人脉、声望、渠道主动出击，适应市场经济。首先，抓住国内的公务消费市场，保住国宴用酒、对外接待用酒、政务接待用酒、政商间宴请用酒的地位。占领这一高端市场之后，自然就能赢得普通消费者的信任，在民用市场上如鱼得水。其次，开展"军企共建"活动。2003年，茅台酒启动了"军企共建"的慰问活动，此后每年七八月，茅台酒厂高层都带队前往军委直属单位、各军兵种、各省军区、武警部队开展慰问活动。一段时间内，军队是茅台酒最大的一个市场。最后，狠抓质量，保证稀缺性。从酒厂的内部管理讲，茅台酒厂只有做到品质有保证，才能牢牢抓住客户。茅台酒在品控上从不含糊，以品质为生命，坚守质量铁律，以质量为先，产量、速度、成本、效益都要服从质量。尽管也有过动摇，但最终坚守住了质量铁律。1996年，国家"九五计划"开局之年，茅台集团提出要建成国内白酒行业规模最大、影响最大的集团型龙头企业的目标，说明茅台也曾经想过扩张产量，只是在实际执行过程中放弃了"规模最大"这个目标。茅台酒的产能实际上是可以扩张的，之所以不扩张，有一个重要的原因是为了保证茅台酒的稀缺性，这也是茅台酒能成功的重要原因。

第七个发展节点，困境中的逆市上扬。本章一开始讲到，2013年全国的高端白酒遭受了严重的打击，然而在2015—2018年茅台酒却实现了逆袭。茅台酒的逆袭恐怕是茅台酒厂决策当局也没有想到的。汪中求的书中讲到，当时茅台酒厂的决策层面对不断下滑的销量，采取了一些措施，比如给经销商松绑，采取"特约经销商"的方式吸引新经销商加盟。别的酒厂也采取了同样的措施，但不见成效，说明这些措施不是解决问题的关键。为了应对公务消费下降的局面，茅台酒厂还采取了转移销售重点的措施，及时把销售重点转向商务和个人消费，让名酒回归"民酒"。然而，包括个人定制酒在内，不知道普通居民有多少人消费得起茅台。记得反腐运动刚一出现，大闸蟹降价了，中央电视台著名主持人白岩松在央视节目中说，大闸蟹降价了，他能吃得起了。2018年大闸蟹又涨价了，涨得比当时还要高，不见白主持再出面讲，他是不是还能吃得起大闸蟹。茅台酒也是一样的道理，虽然单价最低时降到850元，称得上"民酒"，可是现在又涨回到每瓶1500元以上，这怎么能说是"民酒"呢？茅台酒在2015—2018年的惊艳逆袭看来和茅台酒厂所公开声称的措施没有任何关系。

2017年，有人利用数据分析技术分析了京东商城53°飞天茅台酒的数据，发现约有百分之八十的人购买茅台酒不是自己饮用，而是用来送礼，还有少量人是为了收藏，相比之下，送礼还是主要需求。在反腐大潮下，茅台酒的销量不降反升，茅台官方的解释令人难以信服。事实是高压反腐反而促进了茅台销量的增长。换一个思路来分析，便能看出背后的实际原因：在反腐持续进行的形式下，现金、卡不能送了，请人办事总要送点儿值钱的东西，正好茅台酒一直品质稳定，产量又有限，本身具有价值，按马克思政治经济学的观点，可以发挥一般等价物的作用，相当于金银，套用马克思的一句话"金银天然不是货币，但货币天然就是金银"，茅台酒天然也不是货币，但货币天然就是茅台酒。更何况茅台酒还有一个好处，它不是金银，送礼送金银珠宝太过显眼，送茅台酒就不惹人注目，可以用各种隐蔽的方式送。当然，别的价值高且稳定的酒也能起到相同的作用，但茅台酒有其他酒无法替代的优势，那就是产量有限、产品稀缺，相比之下，茅台酒更胜一筹。

由此看来，2015—2018年间茅台酒的逆市上扬不是酒厂能控制的，这是宏观政治经济形势发展的结果，茅台酒厂只需要保证产品的质量和数量，其他所谓的应对措施全是自我宣传的"神话"。

三

茅台酒有过很多"神话"，大都言之有谬。

第一，开国大典用的茅台酒。前面章节已经详细地引述史料证明了开国大典使用的是汾酒，不再赘述。

第二，防治肝癌。茅台酒厂对外宣称有专家研究发现茅台酒不仅能护肝，而且还具有"抗肝纤维化、肝硬化"的作用，最具有说服力的事实依据是1993年茅台酒厂的一次专项体检，发现长期大量饮用茅台酒的职工身体健康，这引起了一些专家的注意。1997年，贵阳医学院和北京、上海的七家研究机构对茅台酒展开研究，发现茅台酒中有护肝物质超氧化物歧化酶（SOD），还能诱导肝脏产生另一种护肝物质金属硫蛋白，由此专家认定，即使天天喝茅台酒，每天饮用量在150克以上，对肝脏也不会有损害。这项宣传最早出现在2002年的媒体上，在医学界引起了广泛争论，有关专家强烈质疑，认为茅台酒厂举出的事实依据，只是回顾性的调查，不是前瞻性科研，可以说根本不可靠，不能作为医学上的证据。部分专家还指出，关于茅台酒护肝的论文存在盗用名义、篡改数据的造假行为，后来发表茅台酒护肝论文的贵阳医学院专家不得不出面解释，给出茅台酒可能具有抗肝纤维、肝硬化作用的模棱两可的结论。茅台酒是否护肝，目前还没有科学上的定论，茅台酒厂却公然打出茅台酒护肝的宣传语，这样的"神话"并不可信。

第三，除了贵州茅台酒厂，茅台镇上的其他小酒厂酿不出一样的茅台酒。贵州茅台酒厂宣称只有自己才能酿出地道的茅台酒，原因主要有三：第一，水好，离开了赤水河就酿不出好酒；第二，粮食好，贵州的红缨子高粱（糯高粱）最适合酿酒，没有当地的好粮就酿不出好酒；第三，地理环境造就的微生物群独一无二，超出微生物群生长的茅台镇核心范围（过去说在茅台镇核心区域7.5平方公里范围内，现在说是在15.03平方公里范围内），就酿不出茅台酒。目前在茅台镇约15.03平方公里的核心区域内，除了生产飞天茅台和五星茅台的茅台集团，还有上百家酒厂，他们和茅台集团处在同一区域，同在一条河边，使用同样的水、同一种粮、同一种工艺，甚至同样的人（茅台集团退休的人在镇上办的酒厂），他们难道就酿不出和飞天茅台一样的酒吗？如果还承认科学是存在的，那么就必须承认，在水、粮、菌群、人、工艺相同的条件下，这些酒厂生产出来的酒和茅台酒在品质上应该没有区别。虽然不能说茅台镇上所有的酒都和茅台集团生产出来的相同，但至少有部分的酒和茅台集团的产品没有差别，即使有差别，那也仅仅是风味上的差别，品质上是不相上下的。

第四，产量不能增长。茅台酒厂宣称由于原材料、工艺还有自然条件的限制，茅台酒的产量几乎是不能增长的，或者说产量的增长是非常困难的。查询1971—2017年间茅台酒每年的产量，会发现1971年茅台酒的产量是375吨，2014年的产量是38700吨，2017年更是突破了4万吨，达到了42800吨，40多年间，茅台的产量增长了100多倍。这并不是说茅台酒厂的产量将近50年才能增长100多倍，因为从1971年的375吨，到2000年的5379吨，茅台集团

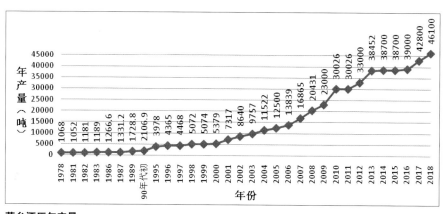

茅台酒历年产量

用了近29年的时间，而从2004年的11522吨，到2017年的42800吨，茅台集团只用了13年的时间，产量一下子就增长了3万多吨，增长量非常巨大，增长的速度也非常快。这说明，茅台的产量是可以大量增长的，而且可以在短时间内快速增长。这些事实表明，茅台产量能否增长，跟自然条件没有关系，只跟营销战略有关。如果下定扩大产能的决心，投资到位，五年之内增长十倍是完全可以做到的；如果投资很到位，十年之内增长100倍也是可以做到的。换言之，让全国人民都能喝上比较便宜的茅台酒，比如500元一瓶或者1000元一瓶，是完全没问题的。只是那样做，茅台酒的利润就没有现在这么高了，为了保证自己的利润，茅台酒厂当然要控制产量。

第五，价格不会下降。茅台酒价格不能下降起初是经销商制造出来的话题，特别是2015年股价低迷以来，有些券商，为了不让投资的资金打水漂，想方设法地维持股价的稳定，其中一个方法就是去买茅台酒。曾有官方报道称，茅台酒厂邀请证券商到茅台镇搞联谊交流活动，这些证券商少不了要支持茅台的销量，他们对茅台酒的需求构成了一个官方统计之外的重要消费市场。这就带动了很多投资茅台股票的炒股人也来买茅台酒，目的是为了保证茅台酒的销量，维持住茅台酒的股价。还有些人发动宣传攻势，吹嘘茅台酒在收藏品市场上价格坚挺，只涨不跌，被煽动的收藏者也开始采购茅台酒，环环相扣，形成了茅台酒价格连续推高的机制，价格的推高帮助茅台酒在2015—2018年逆市上扬。然而茅台酒的价格不可能只涨不跌，历史上茅台酒的价格就出现过两次阶段性的下滑。一次是1998—2000年，受亚洲金融危机的影响，国内经济水平下降，居民收入减少，失业率逐渐上升，茅台酒的价格在三年内出现持续性下滑。另一次下滑就是开篇提到的2013—2016年，受

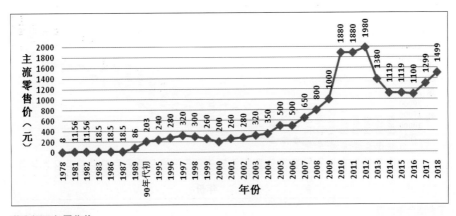

茅台酒历年零售价

反腐倡廉持久战的影响，茅台酒价格腰斩。2017年以后价格回升，2018年部分区域已经涨至2000元左右，但是目前国内宏观经济增速放缓，加上来自贸易战的不确定性因素，茅台酒价格高涨的虚假繁荣不会持续多久，2018年10月29日，已经爆出贵州茅台出现史上首个一字跌停板，10月30日，贵州茅台股价再度下泄超过7%。

四

分析茅台酒走上神坛的历史，会发现茅台酒的成功并没有多么神秘。

第一，茅台酒拥有历史和时代给予的机缘。明清时期繁荣的盐运经济促使茅台酒诞生，并形成其独特的风格。1935年红军长征经过茅台镇，茅台酒有幸与周恩来总理结缘，受到周恩来总理的青睐，在1950年登上国宴的餐桌，正式登上神坛。如果没有这个机遇，茅台酒绝对不会成为神话般的存在，或许和许多消失在岁月尘埃中的贵州小酒厂一样湮没无闻，可以说，是周恩来总理造就了茅台酒。

第二，茅台酒确实有一些特性，它的工艺复杂，生产周期长，这是其他酒无法企及的。中国白酒是开放式双边发酵，受自然菌群环境的影响较大，看上去微生物环境似乎就是茅台酒厂与众不同的法宝了，但是茅台镇核心产区内还有很多酒厂，有些酒厂的工艺、产地、原料跟茅台酒厂一模一样，为什么酿的酒比不上茅台酒呢？

茅台酒最主要的独特性还是在于其工艺复杂、生产周期长，因此生产成本是白酒中最高的，竞争门槛高，别的酒厂难以挑战。茅台酒工艺独特，一年生产，两次投料，九次蒸煮，八次发酵，七次接酒，然后陈存三年，再用七个轮次的酒进行勾调，放两年后出厂（即"1298732"工艺）。总的来说，从进原料开始到成品出厂，至少五年才算一个完整的生产周期。任何一种酒做到这种地步，附加值都会增加，而且只要功夫深，任何酒都可以做到这种地步，茅台镇上有些酒的口感香味和茅台酒不相上下，就是例证。但是大多数酒厂承担不起这样高昂的成本，就算负担得起成本，也无法达到茅台酒这样高价格下的销量，付出的成本往往收不回来。茅台酒厂的品酒师用七个轮次的酒按照不同的比例勾兑，可以勾调出香味千变万化的酒，再加上为适应消费者不断变化的需求，每年还有轻微的调整，别的酒厂无法预计茅台酒当年的香味口感，勾调出来的酒味自然与茅台酒不同。总结起来，最核心的还是漫长的工艺流程导致它的成本增大，设置了同行难以承受的成本门槛，再就是复杂的勾调工艺使茅台酒的口感千变万化，使其他酒无法与之竞争。复杂独特的工艺使茅台酒后味悠长、空杯留香持久，是后味有糟臭的浓香酒比不上的。

茅台酒能够屹立神坛数十年不倒，跟它的特性有一定的关系，如果没有优良的品质、独特的生产工艺，硬扶也扶不上神坛。无论如何不能忽视了茅台酒厂几代决策者，包括以前计划经济时期的主管部门的努力，特别是季克良的贡献非常重要。把握住原来的市场，坚守工艺和品质，这是茅台酒能够长盛不衰的重要原因。如果有人想复制茅台酒的成功，只要咬紧牙关下血本提高工艺水准，未尝不能创造出第二个茅台酒，只是能否遇见长征中的红军和周恩来总理这样的机遇要看天意了。

五

当下，茅台酒的声名如日中天，使很多人看不到贵州其他的白酒了，其实，贵州还生产很多其他香型的白酒，如药香型酒的代表董酒，浓香型的贵阳大曲、青酒，其他香型的金沙窖酒，以及同为酱香型的珍酒、习酒、平坝窖酒等。在第五届全国评酒会上，贵州酒中除茅台和董酒获得金质奖、入选"十七大名酒"外，还有习水酒厂的习酒、安顺市酒厂的安酒、湄潭酒厂的湄窖酒、贵阳酒厂的黔春酒四种酒获得银质奖。20世纪八九十年代，贵州省将贵阳大曲、习酒、金沙窖酒、安酒、湄窖酒、鸭溪窖酒、平坝窖酒和习水大曲称为"贵州八大名酒"。平心而论，贵州这八大名酒拿出来和全国的八大名酒相比，相差并不远。

上述资料表明，在贵州这块土地上，几乎各种香型的酒都能生产，并非这方水土只能生产酱香型的酒。

同样是酱香型的白酒，风味品质到底相差在哪里呢？

深入分析，主要也不是差在气候环境等自然地理条件上，还是因为工艺上有所差别。拿同为酱香型的习酒（习水酒厂生产的，但习水酒厂也生产过浓香型的白酒）来说，习水距茅台镇不算太远，同属赤水河流域，据公开的资料介绍："习酒以本地高粱为原料，以小麦制成高温大曲，采用传统酱香型工艺，经两次投料，露地糖化，石窖发酵，清蒸回烧，多次发酵，多次蒸馏，按质装坛，陈贮两年，精心勾兑等工序酿成。酒体无色透明，清澈晶亮，酱香突出，幽雅细腻，协调丰满，回味悠长，空杯留香不息。"③和茅台酒的工艺相比，习酒只说是"多次发酵，多次蒸馏"，但没说这个"多次"到底是几次。茅台酒是九次蒸煮、八次发酵、七次取酒，由七个轮次酒勾兑而成。所以，习酒的发酵取酒轮次可能少于茅台酒，这样的基酒勾兑出的效果肯定不如茅台酒丰富。另外，在陈贮时间上，习酒只有两年，而茅台酒要陈贮三年以上，总共历时五年才能出厂。这就是差别，每多一个轮次的蒸馏、发酵、取酒，每多一年贮存期，都意味着成本的上升。如果习酒、珍酒等都能严格按照茅台酒的工艺流程和水准生产的话，其风味品质可能未必输于茅台酒多少。

当然，还有成本更低的酱香酒，如平坝酒厂的"金壶春"，是以麸曲发酵的酱香型白酒。茅台镇上也有坤沙（圆籽）、碎沙、翻沙酒之分。坤沙酒就是以粉碎程度极低、基本上等于整粒的高粱为原料；碎沙是以粉碎程度较高的高粱为原料，这样出酒率会高些；翻沙酒是买大酒厂的酒糟混入新粮中蒸馏发酵，基本上没有轮次了。这些酒中，坤沙酒最好，是经典的茅台酒工艺，碎沙酒次之，翻沙酒基本上等同于劣质酒。这些差别均是基于商业成本考虑上的工艺差别，进而造成风味口感等酒质的差别，与气候、温度、水源等自然地理条件无关。

近几年，不只贵州本地原来生产浓香型白酒的酒厂转而生产酱香型酒，甚至遥远的北方，如甘肃、新疆、东北等地，也开始生产酱香型白酒了。究其原委，当然不是当地具有生产酱香酒的地理条件，而是酱香型白酒的利润率太高所致。据统计，"从全国白酒产能来看，浓香型白酒占70%以上的份额，酱香型白酒的产量只有1%左右，但是酱香型白酒的销售额达到15%～20%，利税达到35%"。④这么丰厚的利润空间使各地酒厂都想削尖脑袋，挤入酱香型白酒的阵营。

这还真得感谢神坛上的茅台酒，如果不是茅台酒对工艺品质的坚守，如果不是各种偶然因素带来的历史机遇，就不会有如今屹立于神坛之上的茅台酒，也不会有各地那些趋之若鹜的追随者了。

注释：

①王敦琴. 张謇研究精讲. 苏州：苏州大学出版社，2015.

②夏晓虹，杨早. 酒人酒事. 北京：生活·读书·新知三联书店，2007.

③④吴天祥，田志强. 品鉴贵州白酒. 北京：北京理工大学出版社，2012.

美丽的茅台镇
赤水河穿城而过，烟雨蒙蒙，很有诗意。酿酒业是茅台镇的支柱产业，给小镇带来了繁荣富足。
摄影：李寻

茅台镇上的酿酒工人在摊晾酒醅
摄影：李寻

杨柳井
早期茅台酒酿酒用水均取自此井。
摄影：李寻

茅台镇上的马队
茅台镇上某酒家宣传用马队，颇有古意和创意。
摄影：李寻

茅台镇街边休闲桌
街边的休闲桌上放着的不是咖啡，不是茶，而是茅台镇产的酱香型白酒，都是好酒啊！
摄影：李寻

　　贵州茅台酒是我国大曲酱香型名酒的鼻祖和典型代表，产于贵州省赤水河畔的茅台镇。茅台酒的风格特点与其生产工艺密不可分，酿酒生产主要体现在以下四个"独特"：

　　（1）原料独特。茅台酒以仁怀本地有机原料生产基地种植的糯高粱为酿酒原料，与其他高粱比较，本地糯高粱颗粒较小、皮厚、扁圆结实，耐干燥、耐蒸煮、耐翻拌。原料糯高粱要求水分含量小于13%，蛋白质含量大于12%，千粒重大于35克，淀粉含量大于60%。并且，糯高粱具有的综合特性符合茅台酒逐步糊化、多次蒸煮、翻拌、发酵的工艺规程。冬小麦是制曲的原料，具有颗粒结实、饱满、均匀、皮薄的特性。原料冬小麦要求水分含量小于13%，千粒重大于38克，淀粉含量大于60%。水作为原料之一，对酒品质的影响也很重要，赤水河作为茅台酒生产水源，上游无其他工厂，酸碱适中，pH值7.2～7.8，水质达到饮用水的卫生标准。

　　（2）环境独特。茅台酒厂坐落于贵州省仁怀市茅台镇，东经106°，北纬27°，海拔高度400米左右，面积约8平方千米。茅台镇周围崇山峻岭环绕，使其成为一个盆地。茅台镇的土壤为紫砂土，土层厚达50厘米左右，有机物含量为1.5%，土壤的酸碱适度，含有丰富的C、N物质及微量元素；良好的渗透性成为微生物生长的天然培养基，适宜于微生物的长期栖息和微生物群落的多样化演替。茅台镇气候湿润，冬暖夏热，年均气温17.4℃，在夏季最高温度达40℃以上。基于茅台镇的气候和环境条件，茅台酒形成了"重阳下沙，伏天踩曲"的科学、合理、独特的酱香型酿酒生产工艺。由于茅台镇夏天炎热，酒醅温度高，在酒醅淀粉含量较高的情况下，会导致酒醅收堆、下窖后升温过快，升酸幅度过大，对酒醅的发酵酿酒不利。但重阳下沙既可避免夏季高温气候，又可保障糯高粱原料的供应（糯高粱的收获季节在重阳节前后）。

　　（3）工艺独特。茅台酒的整个生产周期为一年，端午踩曲，重阳投料，酿造期间九次蒸煮、八次发酵、七次取酒，经分型贮放，勾兑贮放，五年后包装出厂。其工艺的科学原理充分考虑了酿酒原料的保障供应，因而得出"端午踩曲，重阳投料"的工艺规程；九次蒸煮、八次发酵、七次取酒则是基于高粱的淀粉含量在70%～73%。经过九次蒸煮就是进行淀粉的液化和糖化，保障酵母发酵所需的碳源；八次发酵则是每次大约消耗8%～9%的碳水化合物，在固态酒醅中产生约5%的酒精及其香味物质；七次取酒则是采用蒸馏浓缩的原理，将酒醅中的酒精进行浓缩提取获得酒精度为53%～59%的原料酒；再经过三年以上贮放，酒体趋于柔和醇香。

（4）酒体独特。茅台酒的生产经历七次取酒。每一个轮次的原酒分为酱香、醇甜和窖底三种典型酒体，每一种典型体又分为三个等级；勾兑定型时需要补充口味独特的调味酒和不同年份的老酒来精心调味，最终形成茅台酒清澈微黄透明、酱香突出、幽雅细腻、酒体醇厚丰满、回味悠长、空杯留香持久等风格。

（摘自吴天祥、田志强编著《品鉴贵州白酒》）

江苏淮安总督漕运公署遗址

明初设漕运总督驻节山阳，总督天下漕运事务。初以勋爵大臣领其职，自景泰二年始用文臣，由二品大员担任。漕运总督兼任巡抚，有时还兼管河道与六部长官等。自明初至清末，历漕运总督237任。该漕署原为历代官府所在，经多年经营，规模宏大，有房屋213间，官兵22000多人。清末，运河失修，漕运停办。漕署裁撤后，此地改为江北陆军学堂，后毁于战火。2002年8月，此漕运遗址被发掘重现于世。

摄影：李寻

运河遗韵

苏、皖、豫、鲁、冀、津、京的白酒渊源

前面我们介绍过,我国优质白酒有两大聚集区,一个是大运河区,一个是古盐道区。四川与贵州茅台一带所产的白酒是历史上古盐道区的酒,本章要详细讲一讲另一个重要白酒聚集区——大运河区。

江苏和安徽两省的北部,是中国目前的主力白酒产区之一,仅次于四川和贵州,虽然有些白酒受历史层累效应的影响,已看不出其由来与分布,但我们只要仔细梳理,还是能慢慢找出草蛇灰线般隐藏的线索与痕迹。

一

首先谈江苏的白酒。江苏的白酒分布非常明显,它的主产区全部在古运河的水道上,包括淮安、宿迁两个地级市及其下属的县、镇。宿迁有名酒洋河大曲、双沟大曲,淮安有名酒高沟大曲和汤沟人曲,这就是20世纪八九十年代闻名全国的"三沟一河"。这些酒厂原来均以所在地而得名,洋河酒厂位于宿迁市洋河新区洋河镇,双沟酒厂位于宿迁市泗洪县双沟镇(现在原洋河酒厂和双沟酒厂已经合并为苏酒集团),汤沟酒厂位于连云港灌南县汤沟镇,高沟酒厂(现已改名为今世缘酒业有限公司)位于淮安市涟水县高沟镇。

除了这些知名的大酒厂外,这一带还云集了一大批不那么有名的小酒厂,如洋河镇有生产生态荷花酒的江苏青花瓷酒业公司,双沟镇上有生产秦淮酒的江苏秦淮酒业有限公司,徐州丰县有生产大风歌牌白酒的江苏大风歌酒业有限公司,沛县有生产沛公酒的沛公酒业有限公司,沭阳有生产虞姬牌白酒的虞姬酒业有限公司,此外,还有淮安市淮安区顺河镇的古顺河酒业发展有限公司、泰州市海陵区的梅兰春酒厂有限公司,等等。大凡有名酒厂处,必然麇集大量的中小型酒厂,能生产品牌酒的大多也都有自己的酿造车间,而不仅仅是买来别人的基酒或食用酒精勾兑。正是大、中、小型酒厂都有,才形成了所谓的酒产业聚集带。

江苏白酒不仅在地域分布上与运河联系紧密,而且有明确的资料记载,当时运河途经的几个中心城市都在江苏。那时的淮安是江苏的一个大城市,其在全国的经济地位仅次于上海,因为运河的漕运总督府和盐运总督府均在淮安,这相当于两个部级衙门都在淮安。江苏的另一个大城市扬州,是盐运集散地,国外客商及海外贸易商居住在那里的比较多。扬州在明清时曾生

江苏宿迁洋河酒厂的洋河酒陶坛储藏环境
洋河陶坛库通体依托独特的一体式建筑设计模式，借助先进的控温储藏技术，实现储藏库控温、控湿、控光一体化，室温常年维持在 20℃上下，空气湿度 78% 左右，光线、亮度实现地下模式，为原酒酒体内微化反应创造了最适宜的外部环境，有益于洋河酒体的绵柔陈酿、陈香四溢。
摄影：李寻

洋河酒厂的地下酒窖内景
地下酒窖始建于乾隆四十三年（1778）。民国二十一年（1932）扩建洋河槽坊时被发现，窖藏百年以上大坛白酒 3800 余坛，是洋河保存最古老、最完好的地下酒窖之一。1949 年，在此筹建淮海贸易三分公司洋河槽坊。同年，更名为苏北淮阴区酒类专卖事业公司洋河制酒厂。1953 年，更名为地方国营洋河酒厂。2011 年被江苏省人民政府列为江苏省文物保护单位，为江苏洋河酒厂股份有限公司的镇企之宝。
一入酒窖，便觉异香扑鼻，宛如刚采摘下的葡萄散发的香气。
摄影：李寻

产白酒，但是产量较少，因为那里主要喝的是黄酒。相比较而言，扬州更繁华，市民气更重些；淮安是"部级衙门"所在地，官气更重些。虽然如今的行政区域划分和以前的不同，但扬州、淮安再加上淮安附近的宿迁及相关区县、镇所辖区域，大体来说都属于运河经济区。运河经济区有船厂，有为漕运服务的部队、工人群体，手工业也非常发达，而且高官云集、富商往来，经济繁华，有大量的流动人口和城市人口，构成了白酒行业庞大的消费群体和投资群体。

二

说到江苏的白酒，不得不提到明代治水专家潘季驯。

这得先从大运河与淮河、黄河的关系说起。

中国大运河的形成，在历史上经历了三个重要的阶段。

第一阶段，是在春秋末年到战国时期。当时包括以下几条水道：其一曰邗沟，是春秋末年由吴王夫差为攻打北部的齐国和晋国而开通的，这是我国历史上第一条沟通江淮两大水系的运河，也是我国历史上第一条有明确记载的人工运河；其二曰菏水，也由吴王夫差开通，主要在今天山东境内的鱼台和定陶之间，是沟通济水和泗水的人工运河，亦可视为我国最早的沟通江、淮、河、济四水的人工运河；其三曰鸿沟，由战国时期的魏国开通，是继菏水之后再次沟通黄淮水系的人工运河，以鸿沟为基干的运河系统的形成，已将钱塘江、太湖、长江、淮水、黄河水道以水运紧密联系在一起。

第二阶段，是在隋唐时期。隋炀帝开通了以东都洛阳为中心的南北大运河，南起杭州，北至河北涿郡。这条运河虽然后来人们称其为南北大运河，但实际上它有两个明显走向，自杭州起到洛阳附近，为北西向，自洛阳到涿郡，为北东向，整体呈现为"Y"字形。

第三阶段，是在元代。这时开通的京杭大运河，南起点与隋唐时期的南北大运河一致，都是杭州，北起点则有差别，隋唐南北大运河北起河北涿郡，元京杭大运河北起北京。此外，元代开凿京杭大运河时，只借用了隋代开凿的永济渠（临清至天津）的部分旧道，新开辟了济州河、会通河、通惠河共长332千米的运道，其中，济州河和会通河的开通，使得运河在中间再也不经过今天的河南省，而是"截弯取直"，从山东穿过；通州至大都（北京）的通惠河的开通，则使运河直通大都（北京）城内的积水潭。[①]

从广义上说，与水运相关的经济区都可以视为大运河的经济区。人工开凿的大运河必须要有水源，北面的水源是海河的水，中、南部的水源则主要是黄河水。那么是如何"引黄入运"的呢？具体说来，当时运河河道的水是先由黄河进入淮河，再通过淮河河道入海，在跟运河有交叉口的地方同时也给运河供水。黄河携沙量非常大，隔一段时间便会淤积，所以为了治理黄河，也要治理淮河，在黄河入淮河、淮河入海这个阶段中，得尽量处理泥沙淤积的问题。

黄河是泥沙携带淤积量最大的一条河，治水主要是治沙，据史料记载，元、明、清等历代政府都对这个问题下了很多功夫，只有保证黄河的畅通，运河水源才有保障，才能保证提供运输的功能。明嘉靖、万历年间的治水专家潘季驯是历史上治水比较杰出的官员，他当时采用的办法就是"束水攻沙"。简单说来，就是堵住河水原来的决口，形成主河道，同时修筑一道人工堤坝，固定住主河道的河床主槽，使河道变窄，水流速度加快，利用水的流速，将淤积的泥沙冲走，从而达到治沙的目的。但河床变窄，容易溃堤，引发洪水，因此，在堤坝之外，还要找到合适的距离，再修筑一道遥堤，以防止洪水泛滥，然后再将冲出的泥沙设法留在两岸的滩地上，这就是他治水的基本方法。[②]

要筑人工堤坝，就要有固定泥沙的材料，于是，潘季驯先生命人在黄淮一带就近种植高粱，将高粱秆用作固定泥沙的材

潘季驯塑像
潘季驯，字时良，号印川。浙江湖州府乌程县（今属浙江省湖州市吴兴区）人，明朝治理黄河的水利专家。主要著作有《河防一览》等。
此塑像坐落于黄河山东滨州段的兰家险工景区，这里是潘季驯治理黄河时工作过的地方。

李寻（右）与今世缘酒业公司酿酒师许正高先生（左）合影
摄影：楚乔

李寻（左）与今世缘酒业公司酿酒师周国久先生（右）合影
摄影：楚乔

料。高粱大量产出，但作为主粮不如大米、小麦好吃，剩余的多了就开始转化成酿酒的原料。所以，北方的高粱酒、特别是黄淮一带的高粱酒发展起来，与潘季驯在此治河有密切的关系。至于南方的高粱酿酒与何相关，我们目前尚未查阅到相关史料。

据资料介绍，在当时繁华的运河经济带上，仅洋河镇就有两百多家槽坊（江淮一带的语系中将酿酒的地方称为槽坊，四川一带叫烧坊，东北地区则叫烧锅），淮安的高沟、汤沟等地也有不少槽坊，这里是整个苏北地区明清时期的白酒基础产地。

运河酒系，特别是苏北酒系区域内的酒，风格都较为接近，在1979年第三次全国评酒会后，江苏苏北的这些酒和安徽的古井贡酒等按香型都被划归为浓香型酒，但实际上，它们与四川的浓香型酒风格差别较大，所以被称为浓香酒里的江淮淡雅派。其实，就我个人感觉而言，从北京、河北到山东，再到江苏、安徽、河南东部，在流派上应称为江淮豫鲁京冀派，在这个区域内所产的酒的风格都较为接近，采用相同的工艺，但原料有差别，气候条件也有所不同。江淮一带地兼南北，北边地区的小麦、高粱、南边的大米都可作为酿酒的粮食，因为有运河之便，它们融汇在江淮一带，所以，这个地区主体上的酒都是多粮酒，而不是单粮酒。有记载称，潘季驯是湖州人，喜欢黄酒那般绵柔的感觉，后来他的一个助手便跟当地酒商商量，开发了新型的当地白酒，即酿酒主粮除高粱外又加入了糯米、大米，使得所产的酒更加绵柔，比纯粹的北方高粱酒更受欢迎。这种说法是我们参观洋河酒厂之时，其讲解员在介绍洋河大曲酒的起源时说的，听起来是有道理的。

从南向北沿着这条运河水系来看，北方的北京、天津酒为单一高粱酒，到了苏北和淮河一带就变成多粮酒了，这可能是由于当时不同地区的物产和气候条件不同导致的。在工艺上，从北京的二锅头、天津的芦台春，到河北衡水的衡水老白干，再到山东德州所产的酒，再到江淮一带，基本全都采用的是老五甑工艺（老五甑工艺与汾酒的酿造工艺不一样，前文讲述汾酒和二锅头酒时已做说明，此处不再赘言），从工艺上来看，是一脉相承的。区别是从北到南，酿酒主粮的情况发生了一些变化，北方地区只用高粱，口感凛冽，越往南方所产酒的口感越绵柔，受黄酒的影响更大一些，主要是因为加入了糯米和大米。但不论南、中、北，酒的香气都比较清淡，非要论香型的话，更接近于清香型酒，但是工艺和汾酒代表的清香型酒又差得较远，香气与清香型酒也不同，因此，归为所谓的其他香型酒更合适些。

江苏洋河酒厂发酵车间
摄影：李寻

江苏洋河酒厂蒸馏车间
摄影：李寻

江苏今世缘酒厂车间内景
摄影：李寻

三

　　江苏白酒的历史层累效应非常明显，如洋河酒厂的历史可追溯至历史上的泉泰槽坊，酒厂还有始建于清乾隆四十三年（1778）的地下老酒窖，据介绍，该酒窖于1932年扩建洋河槽坊时被发现，窖藏百年以上大坛白酒3800坛，是洋河酒厂保存最古老、最完好的地下酒窖之一，2011年被定为江苏省文物保护单位。又如双沟酒厂，其前身起于明朝洪武十八年（1385），当时明太祖朱元璋命皇太子朱标率文武群臣到距双沟近20公里处（古泗州6.5公里）的杨家墩建造明祖陵，后在双沟镇朱家祠堂内酿造明祖陵贡酒。除可追溯至明清时的酒厂之外，也有在后期不断新建的酒厂，比如1944年用党费建起的高沟酒厂。今世缘酒业有限公司的酒文化展览馆中有关于其厂史的介绍：高沟酒厂创办之前，涟水县全县党员上交的党费累计500元，1944年，涟水县用这500元党费在夹滩金庄（现在的前进镇）兴办了金庄酿酒槽坊，所得利润用来救济特别困难的党员干部，以及为广大干部购置学习材料，1948年金庄槽坊迁入高沟镇，与高沟酿酒世家裕源槽坊合并，组建高沟槽坊，高沟酒厂的雏形基本形成。

　　计划经济时代没有品牌和商标的概念，故酒多以产地命名，进入变化剧烈的市场经济时代，品牌日益增多，企业也历经改组，除洋河与双沟合组成苏酒集团外，汤沟酒厂已改名为江苏汤沟两相和酒业有限公司，高沟酒厂变成了江苏今世缘酒业有限公司。这种名称上的变化也是我们所说的历史层累效应，这个层累效应使我们若仅仅从现存各酒厂的情况看，已经看不出来它们当年与运河的关系了，但是从其空间上的分布区域，以及某些酒厂最初的历史状况，还是能找出其中的历史分布规律的。这一带白酒的香型口感是自成一派的江淮香型，但也有少量的芝麻香型。

江苏宿迁洋河镇洋河酒厂酒库
摄影：李寻

江苏宿迁泗洪县双沟镇双沟酒厂
摄影：李寻

江苏淮安涟水县高沟镇今世缘酒厂新厂区大门
摄影：李寻

江苏连云港灌南县汤沟镇汤沟酒厂附近的运河及沿岸景致
摄影：李寻

四

安徽白酒的分布区域可分为两部分：其一是安徽皖北一带，这里属于"淮河名酒带"，所产酒分布在淮河途经安徽的流域一带。淮河流经安徽，形成了颍河、涡河、浍河等支流，白酒企业遍布两岸，有古井贡酒、口子窖酒、迎驾贡酒、高炉家酒、金种子酒、皖酒、文王贡酒、明光酒、沙河王酒、太和殿酒、临水酒（原中华玉泉酒）等，皖北可谓酒业重镇。其二是安徽皖南地区一带，属"长江流域名酒带"。③安徽皖南地区位于长江中下游，每个地级市均有白酒企业，如芜湖的弋江大曲酒、宣城的宣酒特供、池州的九华山酒、巢湖的古运漕酒、马鞍山的采石矶酒、安庆的皖蜀春酒。相对于淮河流域的徽酒而言，皖南知名白酒品牌较少。

运河部分流域的水是由淮河注入的，淮河也是著名的水道，淮河流域更是运河经济区的一部分，从广义上来说，长江流域也是运河经济区的一部分，所以，安徽的这些白酒业，均属于中国白酒的古运河核心分布区。

安徽白酒与江苏白酒都属于运河系的酒，大体工艺一样，都采用老五甑法，且多是混蒸混烧，但是根据各地的气候条件和其工匠的主观选择，又有些独特的工艺特征，比如古井贡酒的"两花一伏"大曲发酵和"三清一控"以提高酒体纯净度的技术。所谓"两花一伏"，即春季制的桃花曲（中温曲）、秋季制的菊花曲（中高温曲）和夏季制的伏曲（高温曲）。将中温曲、高温曲和中高温曲合理配比，在不同轮次中使用，从而形成淡雅型古井贡酒基础酒。"三清一控"是指"清蒸原料、清蒸辅料、清蒸池底醅、控浆除杂"。原辅料在使用前进行清蒸，避免邪杂味物质带入酒体，影响口感质量；对池底酒醅进行清蒸，有利于提高酒体的纯净感；出池前，将窖池里的浆水最大限度地控出，最终以出池底醅时运醅车不淋浆为准，可以减少稻壳的使用量，有利于降低酒体中的糠杂味，为淡雅型古井贡酒基酒的形成奠定了一个纯净的基础。又如宣酒的小曲糖化、大曲生香、小窖发酵、续糟配料等工艺就和洋河大曲等江苏白酒不同。小药曲以本地特有的早籼米为制曲原料，以辣蓼草、中草药为辅料制成，含有根霉、毛霉、酵母菌等多种微生物，撒入蒸好的原料中，添加量为5%，在糖化箱中堆积培菌糖化，加入小曲糖化料醅，进行"二次制曲"，使参与发酵的微生物种类、数量显著增加，与传统浓香型酒单纯采用大曲发酵存在很大的区别，发酵后产品中乙酸乙酯含量高。中高温包包曲以纯小麦为原料，既有高温曲的香味，又兼有中温曲的特点，具有较强的酯化力，通过粮醅摊晾后，撒入25%的包包曲粉，翻拌均匀，入窖发酵，进入原酒酿造循环系统。小曲和大曲混合糖化发酵，是形成宣酒独特风格的重要因素。宣酒江南小窖是以优质黄土夯筑而成的狭长形泥窖池，容积为8立方米。小窖池不仅增加了酒醅与窖壁的接触面积，而且散热表面积大，更适合低温缓慢发酵，加之独特的窖泥配方以及续糟配料、回酒工艺，使宣酒原酒更加绵柔、醇甜。小窖池续糟发酵是形成"小窖绵柔"风格的主要原因。这些独特的技术与工艺，便是同为运河酒系的徽酒与苏酒口感、风味不一样的原因。

五

安徽酒厂的历史层累效应也非常突出，有些酒厂可追溯至元明清时期。元朝时，太平府（治当涂县）就已酿造出举世闻名的采石酒，口子古镇的酿酒业已发展到一定规模，成为中原酒业中心，高炉酒税在三千贯以上，位于全国第九位，可见酿酒业之盛。此外，宣州、庐州、宿州均为美酒之乡。明清时期，安徽形成多处酿酒基地，在当时全国酿酒行业中居于领先地位。在庐州、濉溪和亳县，普遍建有烧酒作坊，使用蒸馏法酿制粮食酒，庐州庐江县仅三河乡境内便有"烧锅十二家"。清康熙年间，含山县运漕镇上有大小槽坊十多家，其中，以徽商洪氏开办的洪义泰槽坊最为有名，生产的"大麦烧"酒远近闻名。濉溪集中了较多的酿酒作坊，明万历年间，濉溪酿酒作坊有十多家，嘉庆八年已达三十余家。亳州减店村有槽坊四十多家，当地人称之为"减酒"，声名传播南北，相传减酒在明万历年间已成贡品，这便是现代古井贡酒的前身。清乾隆年间，涡阳高炉酒在"南洋白酒品评会"上获奖。在口子窖的百年地下酒窖群中，珍藏着一批小坛酒，它们传自明末清初珍酿，是具有真实历史价值的文物酒。[④]

中华人民共和国成立后，安徽又新建了一批酒厂，如位于霍山县佛子岭镇的安徽迎驾贡酒股份有限公司，其前身是霍山县佛子岭酒厂，建于1955年。至20世纪90年代，安徽白酒产业产值已占到全省轻工业产值的30%以上，全省80多个县市区基本都建有酒厂。但是，这些酒厂基本上是和过去的运河经济带没有关系的，因为在1861年运河改道之后，其漕运实际上已经废止，运河的经济带就逐渐凋落了，沿岸的经济也随之衰退。

六

安徽的白酒企业有一个鲜明的特点，就是善于吸收外地酒业的酿造技术和发展创新技术，比如迎驾贡酒的集团总裁倪永培先生就是徽酒采用五粮酿造工艺的先行者，在20世纪90年代初期五粮液风头正健之时，他大胆对原料配方、工艺操作进行适当的调整，把传统的老五甑工艺改变为五粮酿造工艺，在四川之外酿造出了口味较好的五粮型酒。安徽口子酒业股份有限公司的总工程师张国强先生，1999年曾主持了"兼香型口子窖酒研制"项目，在传承古老"大蒸大回"蒸酒工艺精髓的基础之上，学习茅台酒酿造技术，借鉴酱香型白酒高温制曲、高温堆积工艺，形成了口子窖酒的真藏实窖工艺体系：全国独树一帜的制曲工艺、创新的高温润料堆积法和三步循环储存法。

安徽白酒业在采用新工艺技术方面也是比较突出的，如窖泥中乳酸菌的分离和培养技术、活性干酵母加己酸菌培养液技术、人工窖泥技术、窖池复合营养液技术，等等。己酸菌具有产酸、产酯高，在短时期内就能生产出优质酒的性能，目前，己酸菌液已被各酿酒企业广泛用于制作人工老窖泥和窖泥营养液。安徽口子酒业股份有限公司已将己酸菌酯化液应用于生产，利用己酸菌酯化液提高口子窖优质酒的质量，提高生产效益。金种子酒业公司将己酸菌液、红曲酯化酶运用于浓香型大曲酒糟醅夹层发酵，优级品率平均提高37.5%，原料的出酒率提高4.58%。口子酒业公司采用复合己酸菌液、优质窖泥、丢糟、大曲粉、酒尾、生香酵母和酯化红曲等材料配制成窖池营养液，用于老化窖泥的复壮，可以改善窖内微生态环境，增强窖内发酵力，迅速恢复老化窖池的生香功能。安徽九华山酒业有限公司与武汉佳成生物制品有限公司进行技术合作，采用微生物复合菌种多元发酵，培养并制成了符合老熟窖池标准的人工老窖泥。⑤

在全国各省市白酒产量排行上，安徽白酒产量在1995—2000年曾经一度排至全国第三位，虽然现在有所下降，但在2016年时，产量也在448889千升，排在全国第十位。安徽的白酒工业基础比不上江苏，更不如四川，能发展到这种程度，和其对新技术的广泛应用不无关系，这本身也是一种层累效应，新技术的产生和使用导致后人已经搞不清安徽某些酒的由来和历史演变历程了，通过借鉴、学习与创新，安徽也酿造出了类似五粮液的浓香型和类似茅台的酱香型等酒，但后人若对其具体的变化与来历过程不了解的话，就不会知道它原先的白酒版图是依运河经济区分布，且风格是和江苏白酒一样的往事了。

安徽亳州古井镇古井贡酒文化博物馆
此博物馆在安徽亳州古井镇古井贡酒厂厂区，是国家 4A 级旅游景区。馆内藏品丰富，展示完整细致，讲解人员专业而周到。但遗憾的是馆内谢绝拍照，所以，没能留下馆内展品照片。
摄影：李寻

安徽亳州花戏楼
花戏楼位于亳州城北关，又称大关帝庙，因戏楼遍布戏文，彩绘鲜丽，俗称花戏楼，始建于清顺治十三年（1656），是在这里做生意的山西、陕西商人建立的，现为国家重点文物保护单位。
摄影：李寻

七

　　整个运河酒系的分布范围，实际上遍布运河沿岸的各个省份，但受历史层累效应的影响，今天已经不大容易发现，只是若有若无地流露出一些蛛丝马迹，但是，只要这个地方曾经存在与古运河流域相关的老酒厂，追溯其历史，就都可以追溯到明、清两代，进而就一定可以看出其酒业的产生与发展曾受到了运河经济的影响。下面以一些具体省份为例来说明。

　　一是河南。分布在淮河流域的河南酒，如张弓酒、宝丰酒、宋河酒、林河酒等，其相关历史都有可追溯至明清甚至更早时期，它们都属于运河酒系中淮河流域的酒，受运河经济区影响。

　　二是山东。大运河山东段上的重要城市有德州、聊城、济宁、临清等，德州的酒有鲁北特曲、古贝春酒、夏王龙酒、林贡栈酒……聊城的酒有景阳冈酒、冠宜春酒、宴宾特酿……济宁的酒有孔府家酒、红心酒……临清的酒有老十景酒、独占鳌头酒……大运河为山东带来了数百年的繁荣，也为酒文化的发展奠定了坚实的基础。目前，山东的酒也品牌众多，大小酒厂林立，这与运河历史的积淀是分不开的。

　　三是河北。河北沧州是运河水道节点上的重要城市，所产的十里香酒源自清乾隆年间，据载，原古泊头卫运河堤外有三口井，泉甘爽，酿酒曰"十里香"。衡水，古属冀州，与运河相近，衡水老白干可追溯至明代之前。刘

河南郑州宋河酒业股份有限公司
摄影：李寻

伶醉酒是传统的"老五甑"工艺酿造，可追溯至金元时期的刘伶醉烧锅。

四是天津。有历史资料证实，天津与南方江淮一带密切相关，明代时的天津人多是随"燕王扫北"而来，京杭大运河漕运的兴盛以及近代淮军驻扎天津，更进一步强化了天津与安徽的联系。有学者研究认为，天津的方言与安徽皖北方言同出一系。人口的流动，也带动了酒业的发展，天津酒的风味口感也和江淮淡雅派酒较相近，生产工艺也一脉传承。如芦台春酒前身为始创于清康熙元年（1662）的"德和酒坊"，津酒始于天津"直沽烧酒"的酿酒工艺。

北京通州的白酒收藏家陈学增先生向李寻介绍其收藏的白酒
陈学增先生曾是北京通州制酒厂的经营厂长，酒厂已停产。陈学增先生现在在收藏各种酒，并用小型酿酒设备自己酿酒。本书作者曾经对他进行过专门的采访。
摄影：楚乔

最后是北京。北京通州是运河的北码头，自古以来就是北京制酒业的集散地和酿造地，时称"东路烧锅"。清光绪年间有"同泉涌""积成涌"等规模较大的酒坊，1950年，"积成涌"与其他烧锅合并为通县制酒厂，1977年后，出产通州老窖（现已停产）。笔者2018年10月拜访通州藏酒专家陈学增先生时，他领着我们在通州走街串巷，告诉我何处是古粮仓所在地，何处是古兵营所在地，靠近粮仓开酒坊是当时酒业的一个特征。北京二锅头酒的酿造工艺也基本与运河系酒类似，也是运河酒系的一部分。⑥

总之，运河经济带上串联起的各个省份地区，均有运河系酒，这些酒都是由运河经济带的发展带来的。形成酒业分布的因素，与大运河的经济、政治、交通等因素息息相关，只是由于历史层累效应，令人已难看清楚当年酒业聚集的主线索了。

注释：

①姜师立，陈跃，文啸. 京杭大运河——历史文化及发展. 北京：电子工业出版社. 2014.

②高远，童言. 河道总理潘季驯. 休闲读品，2011（4）.

③④⑤王明跃. 安徽白酒酿造科学与技艺研究. 北京：科学出版社，2015.

⑥李寻. 通州白酒守望者——陈学增先生印象记. 休闲读品，2018（4）.

山东济宁段大运河仍在通航，是重要的交通水道
摄影：李寻

大运河山东境内南旺分水枢纽龙王庙
摄影：李寻

大运河南旺分水枢纽古河道
摄影：李寻

山东临清运河古钞关遗址
如今静卧于寻常街巷之中，虽是文物保护单位，但几近荒废，罕有人至。
摄影：李寻

北京通州段的大运河
通州是大运河的北码头，明清时期水运发达，是进京的粮道和重要的屯粮码头，也是重要的白酒产区。目前，通州段的部分河段修筑了水泥坝，看上去美观且现代化。
摄影：李寻

变与不变的国家轴心线

陕西酒业全息扫描

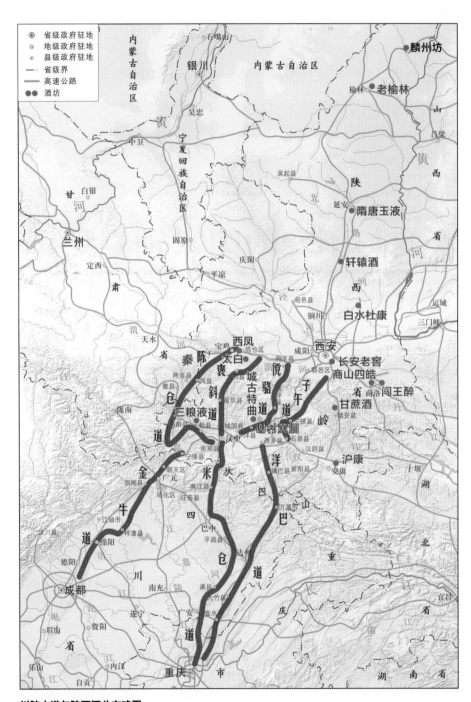

川陕古道与陕西酒分布略图

一

周、秦、汉、隋、唐等朝代，长达两千多年的时间里，西安多次成为中国的统治中心。围绕这个中心，国家形成了两条经济轴心线：一条是东西向的，沿秦岭北麓向东延伸至海，为汉、隋、唐运河经济带。向西远入西域，连通欧洲，即鼎鼎大名的丝绸之路经济带；一条是南北向的，北抵大漠匈奴王庭（今内蒙古西部），南达西南夷（今云南、贵州），其间为著名的蜀道。这两条经济轴心线是当时最重要的交通要道，是这个庞大的帝国中心派出官员、巡视四方的干道，也是天下四方前来朝贡纳赋的最重要通道，沿途发展起繁茂的服务业，驿站、粮食、兵营以及酒肆等聚集于此。这两条经济轴心线的交汇点是长安，当时说天下好酒出长安，恐怕就像今天说天下美酒出自赤水河流域一样，是人所共知的事实。

2003年，西安未央区文景路中段一座汉代墓葬出土了一批精美的西汉早期青铜器，其中一只青铜钟里竟盛满了350多斤保存完好的西汉美酒，品酒专家现场观察，尚有酒香，只是用酒度表已测量不出酒精度，酒色翠绿，可能是铜锈所致。当时的酒为发酵酒，酒精度本来就比较低，加之两千年的挥发，酒精度降低至测不出，亦属常理。

唐代，几乎所有的著名诗人都在长安留下了饮酒的诗篇，那时的酒楼犹如今天诗人们聚会的咖啡馆。当时，京城长安的酒质和技术被全国各地奉为上乘，直至今天，湖北房县的黄酒还传说是唐中宗李显被贬当庐陵王时从长安带过去的技艺。

然而自宋代起，中国的统治中心向东北方向移动，北宋时的首都在开封，元代以后，首都在北京，国家的南北经济轴心线亦随之向东偏移，东西经济轴心线向北偏移。到清中期以后，形成以北京为中心，经张家口、大同，再往西北，入俄罗斯的万里茶道，是为东西轴心线；南北轴心线即为元代以后的京杭大运河沿线。汉唐时代的两条轴心线故地仍是交通要道，只是所占的分量远不如从前，渭河、汴河水系虽然仍是运河水运体系的一部分，但经济繁荣程度远不如京杭大运河；深入旧西南夷地区的蜀道以运盐著名，留下古盐道的文化遗产，但仅就盐业本身来讲，明清以后的西北、西南盐道，规模远不如两淮盐道。唐代的蜀道运过荔枝，是奢侈品运输；而明清两代的蜀道是运盐的，是必需品运输，由此也可以看出蜀道经济发达程度的下降。

由此可见，我国自周朝以后形成的经济轴心线，因首都位置的改变而发生过一次重大的变化，宋代以前是一种格局，宋代以后是另一种格局，宋代以后的经济轴心线一直延续到1949年。

与变动的经济轴心线相比，自然地理的轴心线始终没有变，这就是秦岭—淮河一线。

秦岭—淮河一线是中国南北方的分界线，是亚热带气候与暖温带气候的分界线。所谓一条线，是在小比例尺的地图上缩小了的概念，还原到实际地理环境中，秦岭—淮河是条宽达90～110公里左右的气候过渡带。从气候方面看，秦岭—淮河是800毫米等雨线的界限，其北年降水量小于800毫米，雨季集中而短促，主要在7、8月份；其南年降水量大于800毫米，雨季要长得多。其北，1月平均气温在0℃以下，冬季一般结冰，寒冷干燥；其南，1月平均气温在0℃以上，冬季基本上不结冰，温和少雨。从农业方面看，秦岭淮河以南以水田为主，作物主要是水稻，一年两熟至三熟；其北以旱地为主，作物主要是小麦、谷子，一年一熟或两年三熟。

这一自然地理轴心线的存在，不仅导致了南北方在文化和生活习俗方面的差别，对酿酒业也有持久的影响。在发酵酒时代，秦岭、淮河以北酿酒的主粮是小米或糜子，即谷和稷，秦岭、淮河以南普遍以大米、糯米为主粮；进入蒸馏酒时代以后，北方普遍以高粱为原料，单粮酒为主；南方则在高粱中加入了大米、糯米，出现了五粮液这样的杂粮酒，当然，还有纯粹以大米为原料的米香型白酒。在制曲方面，北方普遍以大麦、小麦、豌豆为原料；南方则以小麦为原料。从酒体风格来看，北方基本上以清香为主，南方以浓香为主。

秦岭—淮河这条国家自然地理的轴心线，自古以来就稳定存在，不曾因政治、经济轴心线的改变而改变，是影响历史的更为长久的"长时段因素"。

二

经济轴心线曾经发生过巨大的变动，而自然地理轴心线亘古未变，这是我们讨论陕西酒业的大背景，这种大背景决定了陕西酒业有以下特点：

第一，陕西曾经是全国的核心经济区，汉唐时期全国最好的酒产在这里，最大、最高端的酒类消费基地在这里；随着国家经济轴心线的转移，明清以后，陕西的酒业逐渐萎缩和边缘化，影响力渐微。

第二，陕西横跨南北两大气候带，北部为寒温带气候，南部为亚热带气候，秦岭过渡带横亘中部，气候条件和自然物产复杂多样，这决定了其酒品类风格的复杂多样。南方酒、北方酒在此都有适宜的酿造条件，我们对于陕西酒的描述也只能按照省内不同气候地区来分别描述，这是陕西酒有别于其他省份酒的一个显著特点。

需要强调说明的是，上述所讲只是大背景，不是某一品牌酒的实际源流，现在有些酒类生产商颇有好古之风，常把其酒的起源追溯到遥远的古代。陕西在历史文化资源方面有得天独厚的优势，也有些人喜欢把陕西酒追溯到遥远的古代，如西凤酒有个说法曰"三千年无断代传承"，就过于夸张，实事求是地说，没有一家陕西酒企的渊源可以追溯到汉、唐时，最多只能追溯到清代的某个小作坊，"千年田换八百主"，古代酒坊换主的频率比土地换主还要高，如何能从周、秦、汉、唐"无间断地传承至今"呢？

三

一提陕西酒，首先要讲的就是西凤酒。西凤酒产于陕西宝鸡凤翔县柳林镇，在1952年第一次全国评酒会上被评为四大名酒之一，与茅台、泸州老窖、汾酒并列，那时五粮液都没有被评入。第二届、第四届、第五届全国评酒会，西凤酒亦均被评为名酒，从其历史看，当属中国白酒的一线品牌。然而，论其目前的价格、产销量与品牌影响力，则与茅台、五粮液、泸州老窖相去甚远，甚至不如在第三届全国评酒会上入选八大名酒的剑南春和洋河大曲。西凤酒1952年到今天地位的变化，与国家经济轴心线自宋代以来的偏移颇有相似之处，如果说1952年，西凤酒尚可挟历史传统之力跻身于全国一流名酒的行列，而此后中国现代经济的重心日益东移的大趋势使得西凤酒卫冕乏力。

西凤酒的真实历史最远可上溯至明代万历年间，据《凤翔县志•酒业》载，明万历年间（1573—1620），凤翔城关、彪角、柳林、陈村有酒坊48家，清宣统二年（1910），西凤酒曾参加南洋劝业会，荣获银质奖，1928年获中华国际展览会金奖，到中华人民共和国成立前夕，有烧酒作坊80余家，年产酒4500吨。[①]从地理位置上看，西凤酒的产地凤翔县柳林镇位于入川的陈仓道北口附近，陕西的另一大名酒太白酒的产地位于宝鸡市眉县金渠镇，离入川的褒斜道北口更近，据记载，清代时，金渠、齐镇一带有大小酿酒作坊30余家。②从规模上看，凤翔柳林镇、眉县金渠镇的酿酒业在清代已形成规模，明显地受到入川古道的影响，是明清盐道经济的一部分。

从酒业创办人员来看，清代陕西酒业与盐业关系密切，有说西凤酒过去为山西人所经营，至明代万历以后山西客商陆续返籍，转由当地人经营，酒业专家朱梅先生据此推测西凤酒可能是自山西汾酒传来的。我认为，从工艺上看，西凤酒有其独立的起源，但其投资者和经营者可能是山西的商人。1932年，山西商人郝晓春与姚秉均在西安南大街粉巷185号创立万寿酒店，经营瓶装太白酒，并向当时的陕西省建设厅申请"太白酒"商标注册，可见山西商人在陕西的影响一直持续到民国。③

这里牵扯出一个至今尚有待深入研究的问题：山西和陕西商人的关系问题。全国各地多有山陕会馆，说明当时山陕商人是合伙做生意的，但现在的商帮研究史中，对晋商多有研究，对陕商的研究相对薄弱，对于陕商经营什么、规模多大、在全国范围内的分布等研究较少，以致长期以来，陕商被笼罩在晋商的光芒之下。但全国各地山陕会馆的"山陕"合称，说明当时陕商的势力并不小，至少可以和晋商平起平坐。众所周知，晋商以经营盐业起家，到陕西来的晋商很可能也是盐商，从到四川、贵州经营酒业的陕西商人来看，陕商也是经营盐业的。据王文清先生的《汾酒源流·麯水清香》记载：清初隶籍陕西镶黄旗的年羹尧为川陕两省总督时，安置陕西来的门生故旧，这些人在酿酒、典当、盐井方面投资的很多，当时四川流行"皇帝开当铺，老陕坐柜台；盐井陕帮开，曲酒陕西来"的民谣。有资料说，四川盐井的投资者中"秦人占十之七八，川人占十之二三"，四川盐城自贡至今尚留有陕西商人的西秦会馆（不是和山西人合办的"山陕会馆"）。有专家研究发现，不只是盐都自贡有陕西商人的会馆，在川、滇、黔盐道上的四川叙永、贵州毕节、云南昭通和会泽等地，均有陕西商人办的会馆"陕西庙"的存在，可见陕西商人影响力之大。④当时四川酿酒用的母糟和曲药是从陕西运过去的。有明确的资料记载，泸州老窖酒厂的前身舒聚源酒坊是在陕西略阳做官的舒姓武官从陕西带去酒师、酒曲创办的；剑南春的前身绵竹大曲作坊为清康熙年间陕西三原人开办的大曲酒作坊；全兴大曲为从陕西凤翔府过来的王姓商人创办。另有记载称，清康乾年间（1662—1795），清政府准许"川盐入滇"，陕西商人遂趁机进入川盐运销，把持着从涪州到贵阳的川盐运销业务，而当时的贵州省仁怀县茅台村是川盐运输的水陆码头，川盐经赤水河运转到茅台村，再由茅台村起旱用骡马驮运到贵州各地，所以许多陕西商人聚集于此而成镇，最初叫"商镇"和"盐镇"，有诗描绘当时的情形是"盐走赤水河，秦商聚茅台"。其中陕西商人高绍棠、田荆荣与自贡富商李三畏合办的贩盐商号"协兴隆"总号就设在仁怀县，其子号70余家，分设于从怀仁到贵阳的沿途州县。陕西商人在茅台镇还修筑了华丽的"陕西会馆"，作为商帮办公之地。当时贵州有种地产的"羊柯曲"酒，辛辣难以下咽，"协兴隆"商号的财东高绍棠就回到故乡陕西凤翔柳林镇昌振酒坊，高薪聘请一田姓陕西酒师，携带西凤酒的酿方和工艺技术到了茅台镇，酿造出"茅台烧锅"。当时茅台镇酿制茅台酒的烧坊不下数十处，基本上都是陕西商人投资办的。⑤1939年7月，中国国民经济研究所出版了一套"西南丛书"，其中第二册《贵州经济》记载："在满清咸丰以前，有山西盐商，来到茅台这个地方，仿照汾酒制法，用小麦为曲药，以高粱为原料，酿造一种烧酒，后经陕西盐商宋某、毛某先后改良制法，以茅台为名，特称曰茅台酒。"1947年，贵州省建设厅厅长何缉五编著出版的《十年来贵州经济建设》一书载："黔中业盐者，多为秦晋商人……当时盐商由山西雇来酿酒技工，仿汾酒酿造方法，设厂酿酒，用以自奉，并不外售。至咸丰年间，因秦晋商人歇业还乡，即将所设盐号及茅台酒厂，售予本省先贤华桎坞先生继续经营，仍沿用成义酒坊名称。"⑥关于陕西商人在茅台镇的活动，茅台方面是承认的，在其近几年花巨资打造的茅台小镇上，就有"秦商聚茅台，蜀盐走贵州"这样的牌坊。

综合各种史料记载和古迹遗存，陕西盐商曾在川黔一带投资建立酒坊是确定无疑的，同时，也有一部分山西盐商投资建立酒坊，至于山、陕商人各自酒坊的数量，尚未见具体的考证资料，但从"西秦会馆""陕西会馆"的遗存来看，陕西商人要多一些。山陕盐商逐渐退出川、黔盐运业是在清咸丰年间之后，可能和道光年间及以后陶澍、丁宝桢的盐务改革有关，陶澍将"纲盐制"改为"票盐制"，给原来形成垄断之势的盐商以重大打击，打压了一些大盐商，扶持起一批新的小盐商，当时受打击最严重的是两淮的徽商，在中东部地区的陕西盐商也受到打击。光绪三年（1877），丁宝桢任四川总督，也搞了盐政改革，川盐入黔由原来的商运商销变为官运商销，川黔的山陕盐商受到打击，逐渐退出了当地市场，所办酒坊也卖给当地人经营。

山西学者王文清据以上史料认为，山西汾酒技术在陕西发展出了独具特色的陕西白酒，陕西白酒传到四川，又产生了今天的浓香型白酒，茅台酒也是陕西商人在原山西商人引过去的汾酒基础上改进而来的。对此，我们有不同的看法，陕、川、黔白酒业的财东中有晋商不假，山陕盐商沿古盐道进入川黔后，沿途开办酒坊也是事实，但如果就此推断，在工艺上，陕西西凤酒来自汾酒，茅台、泸州老窖、五粮液来自汾酒或西凤酒，则缺少科学依据，因为这四种酒的工艺与风格相差较大，相互之间没有明显的承继关系，更多的是适合当地气候、采用当地物产、有不同的工艺控制参数的当地酒。史料也表明，陕、川、黔一带原来都有酿酒传统，山陕商人的进入，主要是带来了资金，至于技术方面，带来少量的晋陕酒师也是有可能的，但这些酒师肯定没有原封不动地复制汾酒工艺或西凤酒的工艺，而是入乡随俗，适应当地条件，酿制出了富有当地特色的酒。

所谓当地特色，很大程度上具体化为酒体风格。西凤酒为了保持其独特的酒体风格，走过了一条曲折的道路，至今仍在艰难的跋涉过程中。

1952年第一届全国评酒会上，西凤酒入选全国四大名酒；1963年第二届全国评酒会上，西凤酒入选全国八大名酒。1979年第三届全国评酒会上，提出了"香型"的概念，按香型分类评酒，西凤酒被划在清香型中评比，和清香型酒的代表汾酒相比，西凤酒的香味更偏浓香，从清香的角度来看，就是不够"纯正"，所以，西凤酒被从白酒的一线品牌中踢了出来，没被评为国家名酒，仅被评为国家优质酒。1984年第四届全国评酒会上，把西凤酒划入"其他香型"，西凤酒又得以重新回到中国白酒一线品牌中，重新被评为国家名酒。1989年第五届全国评酒会上，65度、55度和39度西凤酒一举夺得了3块金牌，全都被评为国家名酒，但这次参评，西凤酒仍然是被划在"其他香型"组中参评的。虽然在第四、第五两届全国评酒会上，西凤酒都被评为全国名酒，但它与当年同为四大名酒的茅台、泸州老窖、汾酒的距离已经拉开了，原因就在于香型的划分，其他三种酒都是其香型的代表酒、标杆酒，清香型的酒向汾酒看齐，酱香型的酒向茅台酒看齐，浓香型的酒向泸州老窖看齐。酒的好坏标准就在于像不像标杆酒，像就好，不像就不好，但永远也不可能达到标杆酒的标准，更不能超过了（如果超过标杆酒，也就是不像标杆酒，就是差酒，这就是香型标准的吊诡之处）。那三种香型酒的后面有一批同香型、标准略差但共认标杆酒是老大的兄弟酒烘托着，才能真正显示出其本身为全国名酒的显赫地位。而西凤酒所属的"其他香型"，说白了是杂牌军团，所谓"其他香型"就是不宜归入浓香、酱香、清香、米香这四大香型中的任何一种的酒，这包括后来成为独立香型的董香、兼香、特香、馥郁香以及尚未成为独立香型的各种白酒，这些酒中没有统一的标杆酒，没有公认的老大，所以，西凤酒虽然被评为全国名酒，但其实是个"光杆司令"，手下没有"弟兄"簇拥着，同为其他香型的其他酒各有特点，想形成一支队伍也不成。人家清香、浓香、酱香等"名门大派"也收容不下它。西凤酒对自己这种尴尬的地位有充分的自我认知，从1986年起，就谋划着自立香型，1987年、1988年连续开过两次"凤香型"酒体特征研讨会，基本上确定了其凤香型的酒体风格，但直到1993年，国家才批准凤香型白酒的国家标准。虽然，西凤酒通过凤香型国家标准的确立实现了自立为王的目的，但此后再也没有组织过全国性的评酒会，西凤酒没有机会去招揽追随的小弟，在省内，也只有离其最近的太白酒厂生产凤香型的白酒，西凤酒始终没有成为在全国范围内有小弟簇拥着的领头大哥。

以后的事情就更为悲催了，西凤酒眼看着好不容易立起的"凤香型"大旗并没有号令群雄的法力，一度产生动摇，甚至放弃了这面旗帜（"香型"这类旗帜的真正基础是全国评酒会，曾几何时，全国各种白酒都想"自立为王"，以创立独特的"香型"为目标，但有很多酒像西凤酒一样，虽然获得了国家标准的承认，但由于没有全国评酒会的支撑，所谓"独立的香型"只是张无法兑现的空头支票，很多酒厂不得不改旗易帜），什么香型好卖就生产什么香型的酒，直到2019年，西凤酒中仍有浓香型和凤香型两种香型的产品。在2005年前后，西凤酒中最好的白酒是所谓"三合一"，即浓、清、酱三种香型合一的酒，大红色酒盒，充满喜庆，价格也不贵，到厂里按批发价买128元/瓶，那时我买了数十百箱，酒是真好喝，发到广州、上海，凡喝过的朋友无不称好，可惜现在一瓶都找不到了。

四

"香型"概念的提出及建立起国家标准作为官方评酒依据，对中国白酒的发展是一次巨大的洗牌，影响深远，流弊亦深远，关于香型的专题讨论可参阅本书《分崩离析的香型版图》一章，此处不复赘言，仅就西凤酒所代表的酒体风格多说几句。

西凤酒在1952年之前就自有其风格，这是当地的原料、气候以及多年形成的独特工艺决定的。西凤酒的酒曲以大麦、小麦、豌豆制成，和泸州老窖以小麦为原料的大曲不同；和汾酒的大曲原料虽然相同，但制曲温度不同，

四川自贡西秦会馆

西秦会馆坐落于四川省自贡市自流井区解放路东段，是清代陕西籍盐商为联络同乡、聚会议事而修建的同乡会馆，自贡市盐业历史博物馆设在馆内，现为全国重点文物保护单位。

摄影：高远

山东聊城山陕会馆

清代山西、陕西盐商是当时全国最大的商帮，全国各地都有他们的身影，因此各地都建有山陕会馆。山东聊城山陕会馆是目前保存比较完好的山陕会馆，该会馆始建于清乾隆八年（1743），现为全国重点文物保护单位。

摄影：高远

贵州茅台镇上的"秦商聚茅台，蜀盐走贵州"牌坊
摄影：李寻

汾酒是低温制曲，西凤酒是中低温制曲，泸州老窖等浓香型酒是中高温制曲。在发酵容器上，差别更大，汾酒以陶缸为发酵容器，西凤酒以泥窖为容器，汾酒发酵前要将陶缸反复清洗干净，如果有泥土在缸里属于不干净（这可能和其工艺古老，是从发酵酒转过来的有关，发酵酒在陶缸里可以直饮，泥窖池中的发酵酒则无法直饮），更不用说用泥窖了。从窖池这个关键的生产装置可以看出，所谓西凤酒、五粮液酒和茅台酒的工艺源自汾酒这种说法不能成立，汾酒的酒师不会在陶缸里涂层泥巴发酵的，而且制曲的温度、酒粮发酵的温度与时间都不同，当时没有温度计、酒度计等现代仪表，全靠手摸、鼻嗅、口尝来判断发酵的状态，汾酒的酒师到了陕西或川黔的酒厂，其原有的经验基本不顶用，何谈引进汾酒的生产工艺？再接着谈窖池，泥窖和泥窖也不一样，西凤酒的泥窖每年要新修一遍，即将原窖内防渗的窖泥铲掉，换上一层新泥，而泸州老窖推崇的是老窖，每年只是修补旧窖泥。对西凤酒的酒师来讲，旧窖泥没铲净，就属于偷工减料，会影响酒质，而对浓香型的泸州老窖来说，如果没有老窖泥，就没有所谓老窖的窖香浓郁，从这个工艺环节来看，泸州老窖也不是西凤酒工艺移植过去的。从储酒容器来看，汾酒、泸州老窖、茅台等均用陶坛储酒，而西凤酒的储酒容器是独特的"酒海"，此酒海以荆条编制而成，高两米多，直径亦两米多，可盛约4.5吨酒，内壁以枸麻纸、白棉布，用蛋清、猪血、生石灰混合成的浆料一层层糊成厚达1厘米以上的防渗层，标准的西凤酒应在此种酒海中陈存老熟一年后才能出厂，"凤香型"一个重要的风味特点"海子味"（有些像苦杏仁的香气）就来自这种独特的陈存装置。标准的西凤酒香应具有"醇香秀雅、甘润挺爽、诸味协调、尾净悠长"的风味特点，香气兼有浓香型己酸乙酯和清香型乙酸乙酯的主体香味风格，如龚文昌先生评价的"西凤酒醇高酸低、酯香适中，口感浓挺而不暴，收口爽利而不涩。闻香芬芳而不酽，口味浓厚，硬而不暴"。[7]注意这里的评价"硬而不暴"，说明其口感与浓香型的川酒相比是偏硬的。在香味上，我们以为"西凤酒清而不淡，浓而不艳，酸、甜、苦、辣、香五味俱全"[8]的评价最为准确，将其与清香型、浓香型酒明显地区分开来。

本来西凤酒独特的风味特点主要是由独特的地理条件决定的。西凤酒的产地位于秦岭—淮河这一南北气候分界带中，其北方为寒温带气候，生产的白酒为清香型，其南方为亚热带气候，生产的白酒为浓香型（从某种程度上讲，茅台的酱香型其实是多轮浓香型白酒勾兑出的衍生香型）。处于这个中间气候过渡带上的酒不只是西凤，还包括河南的宝丰酒、宋河酒，皖北的古井贡酒，苏北的洋河、双沟、汤沟、高沟诸酒，甚至从广义上看，湖北的白云边、黄鹤楼诸酒也是这一气候过渡带上的产物。当地的人民经过长期实践，逐渐探索出适应当地物产与气候的酿酒工艺，这些地方生产出的酒，与清香和浓香型酒都不一样，但又带着某些清香和浓香型酒的风格，确实是不同香气类型的酒，勉强将其划入清香或浓香型都不妥当，如同将西凤酒划入清香型不妥当一样，把洋河、古井贡酒划入浓香型也不妥当，故有专家又将浓香型划分出多种流派，洋河、古井贡归为浓香型的"江淮淡雅"流派，即便如此，也还是反映不出其风味特点，近年来，洋河酒独立自标"绵柔型"，也是突破香型束缚的尝试。

以笔者之愚见，中国白酒香型的概念应早日废弃，如果追索当年受自然条件约束的白酒风格的话，不妨以秦岭—淮河为分界带（这个过渡带可以划得再宽一点，中部地区包括长江流域），分为北方酒系、中部酒系、南方酒系，只要能大致体现出其气候、工艺、风格即可，不宜作为评判优劣好坏的价值标准。

当然，能反映出自然地理条件的白酒风格也是很久以前的事情了，20世纪50年代之后，中国白酒沿着所谓科学化的道路发展，越来越不受自然地理条件的约束。以西凤酒为例，其生产装置与工艺过程已经发生了巨大的变化，比如所有西凤酒的宣传资料都强调其荆条编制的"酒海"是其独特风味的重要基础，"凤香"的香气特点就是"海子味"，但据公开资料披露，1979年之后，西凤酒厂采取了十多条技术措施，改进了生产工艺，在贮酒容器方面，除"酒海"外，还有陶瓷缸和内壁用特定材料涂层处理的水泥池等。⑨2009年春天，我们前往西凤酒厂参观时，讲解人员告诉我们，"酒海"早已停止生产，目前酒厂尚余2800个酒海，以每个酒海贮酒4.5吨计，共可贮酒12600吨，且很大一部分酒海用于贮存老酒，有的已达50年，不能空出来再存新酒，酒海已经等同文物了，生产能力严重不足，只有一部分酒是在"酒海"中贮存老熟的，而更多的酒是在水泥池中贮存的，厂里的水泥窖池一个能贮酒50～100吨，是酒海的十至二十倍。当时西凤酒年产量就在5万吨以上，绝大部分酒是在水泥窖池中贮存老熟的，何来"海子味"？我们今天所喝到的凤香型西凤酒，不知道到底是在"酒海"中老熟产生的"海子味"，还是用调味液勾兑出来的"凤香"味。浓香型的西凤酒、凤兼浓型西凤酒、浓清酱"三合一"型西凤酒是怎么生产出来的就更说不明白了，有些可能会用一部分"酒海"中贮存的基酒，有些干脆就是在外省灌装的，已有多个品牌的浓香型西凤酒酒标上就注明是在四川生产的。如今，想喝上一口真正按传统工艺、使用传统装置生产的西凤酒，可能是过于奢侈的事了。至于"凤香型"，本身也是经现代科技改良后的产物，1993年才定型，与1952年以前的西凤酒已有很大区别，如果以1993年的"凤香型"标准来看，1952年以前的西凤酒能否算作"凤香型"都是个问题。再说透彻些，现代勾调技术的发展，早已让白酒的风味特征与自然地理条件脱钩，人们想要哪里产的风格的酒，就完全可以通过人工勾调制造出那种酒，不用到原产地去生产了。是的，作为自然地理分界线的秦岭—淮河没有变，但是，技术条件与经济条件发生了变化，这里已经完全可以生产出其南、其北任何一种风格的酒，同样，在南方与北方，不管多往南或往北，也都能调制出过去只有中部气候过渡带才能生产出的那种风格的酒了。

还得说明一下，我们这里所说的"西凤酒"特指西凤酒厂生产的酒，而不是一种品牌。作为品牌，西凤酒现在有数百个产品系列，如西凤"酒海原浆酒""红西凤"、好猫公司专营的"西凤6年""西凤15年"系列、"华山论剑"系列酒等。历史上，该厂还生产过"西凤大曲""雍城酒""柳林春酒"等多个品牌系列，品牌太多，无法一一列举。"太白酒"也特指陕西太白酒厂生产的酒，该厂的酒也有很多品牌，如"一支笔""一壶藏""千禧""太白人家"等。

五

前文所说的"西凤酒"和"太白酒"均分布在宝鸡地区，其真正连续的历史（附会的上古、周秦不算）可以追溯到清代和民国的一些小酒作坊，但成规模的酒厂基本上都是1956年以后新建的。中华人民共和国成立初期，西凤酒厂是由1949年前的几个小酒作坊通过公私合营组建成的，但当时的产量十分有限。1954年，周恩来总理参加万隆会议，回国途经香港时，港澳同胞设宴接风洗尘，席间，同胞们谈到因喝不到西凤酒而深感遗憾，回国后，周总理指示有关部门调查研究。1956年5月，陕西省人民委员会正式批示"同意新建年产1000吨的陕西省西凤酒厂一座"，同年十月动工，1957年8月建成，使西凤酒的生产彻底结束了小手工作坊的历史，现代西凤酒的基础由此奠定。此后西凤酒厂历经多次拆建，现在已达到年产10万吨以上的产能。太

陕西西凤酒厂

位于陕西省宝鸡市凤翔县柳林镇，距离凤翔县城 10 公里左右，这是 2009 年参观该酒厂时拍的照片。

摄影：李寻

陕西西凤酒厂特有的荆条酒海

这种酒海是直径 2～2.5 米左右的柱状容器，是用秦岭深山无污染的荆条编成的，制作工艺是先用荆条把外形编好，再用当地产的豆腐把缝隙填平，然后用蛋清、猪血、生石炭等混合而成的胶水裱糊 20 多层白棉布，再裱糊 100 多层枸麻纸，以确保其密实无缝。西凤酒厂最早的这种酒海是 1957 年制成的。我在查阅资料时，曾在文献上见到西凤酒海用柳条编制而成的记载，但在西凤酒厂参观时，酒海的说明牌上说的是用荆条编制的。我推测，以柳条编制酒海，可能是更久远的古代传说。组建西凤酒厂时，柳林镇可能已经没有柳树了，故改用荆条编制酒海。

摄影：李寻

陕西西凤酒厂的装瓶车间
摄影：李寻

白酒厂的前身是1956年在太泉、溢成海、福长号、德胜藏、义永丰、裕德海等六家私营作坊的基础上组建成的公私合营眉县太白酒厂，1964年改名为地方国营宝鸡专区太白酒厂，1991年更名为陕西省太白酒厂，其后历经转手，2016年，深圳的"前海班客公司"和"华泽集团"曾经就太白酒厂的股权转让达成协议，但不知为何，协议没有落实，目前前景不明。

在汉唐时期曾是酿酒重地的西安，其白酒产业出现更晚，目前规模最大的白酒企业——陕西长安酒业公司的前身是1971年才建立的长安县酒厂，2001年，该厂年产1800吨白酒，尽管他们声称该厂建于唐代的"凤栖泉"旧址，但实际上与唐代的任何一家酒坊都没有关系，清代、民国时期这里似乎也没有留下名号的酒坊可作为该酒厂的"先祖"，是个全新的酒厂。该厂工艺与风格均向四川名酒五粮液看齐，生产浓香型白酒，有"长安老窖""珍

陕西长安酒厂
陕西长安酒业有限公司前身为长安酒厂，创建于1971年，坐落于西安城南八公里处的虹固塬凤栖泉遗址。全厂占地面积65余亩，员工230人，固定资产3200万，年产优质白酒1800吨，是陕西省最早生产浓香型白酒的企业。
摄影：李寻

品长安老窖""精品长安老窖"等多个系列的产品。作为西安人，我们不止一次品饮过"长安老窖"，觉得它虽然声称是取法川派多粮浓香型的五粮液，但与五粮液相比，长安老窖的香气要低得多，口感也不是那么绵软顺滑，香气偏钝，口感偏涩。2018年10月，网络上有报道，说长安老窖酒检测己酸乙酯不合标准，标准规定为1.2～1.8g/L，长安老窖陈藏酒的己酸乙酯为1.12g/L，略低于国家标准。网络上的分析认为，造成己酸乙酯项目不合格的主要原因"可能是固态发酵的酒成分偏少，或勾调使用的食品添加剂中酯类物质纯度不够"。但也可能存在另一种原因：如果己酸乙酯偏低，说明可能是在长安本地生产的固态发酵基酒较多，己酸乙酯主要是己酸菌产生的呈香呈味物质，在南方高温高湿以及老窖泥的环境下，己酸菌数量多，活动性强，生成的己酸乙酯多，而在中部地区气温低，己酸菌本身就少，生成的己酸乙酯就少。北方清香型白酒的主要呈香呈味物质为乙酸乙酯，西凤酒比汾酒的产地气温高，故己酸乙酯含量高于汾酒，但低于四川的浓香型白酒，形成介于汾酒的清香和泸州老窖的浓香之间的凤香型风格，长安老窖产地的气候条件与西凤酒的产地相似，故其酒中的己酸乙酯低于浓香型的国家标准理所当然。如果是用调味酒勾兑的话，那就简单多了，多加己酸乙酯调味液即可，没有什么难度，也不会增加多少成本。以笔者之愚见，长安老窖就保持那种钝钝的原浆酒的风格就很好，更能体现出古长安质朴厚重的文化品位，没有必要去勉强追赶永远也赶不上的五粮液风格。如果硬要对标五粮液，除了去买四川原酒或用食用香精勾兑之外，别无他法。长安酒业公司的决策者似乎也意识到自己永远达不到五粮液那种风格，所以在借鉴学习五粮液工艺外，又强调自己的酒有"陈香凝重"的特点，我们认为，这个"陈香凝重"才是真正的关中地区白酒的地方风格。不过和西凤酒一样，这两年长安酒厂也开始追随酱香风尚，2018年开发的"一品长安"系列酒，就为浓酱兼香型白酒。

　　如今的西安，与汉唐时代的酒亲缘关系更近的是黄桂稠酒，就是用糯米为原料发酵而成的一种米酒，有以自然曲为糖化发酵剂，也有以纯种曲为糖化发酵剂的，如以自然曲为糖化剂，则与汉唐古法相去不远。这种酿酒工艺简单易学，过去的乡间百姓家里均可酿制，不需要多么复杂的工艺，容易传承，所以，更接近传统工艺在民间自然传承的真实状态。目前西安最有名的黄桂稠酒是西安饭庄生产的，原来有两种，一种是发酵时间较短的浑浊如米汤的黄桂稠酒，另一种是发酵时间较长，颜色半透明的"玉浮粱"（玉浮粱一词来源于古籍《清异录》中记载的"李太白好饮玉浮梁"）。2016年，一家名为"卫尔康安"的公司声称"玉浮梁"是他们注册的商标，而"粱"与"梁"字形相似，影响了消费者的判断，以为西安饭庄侵犯了"卫尔康安"公司的商标权，将已经生产多年玉浮梁酒的西安饭庄告上法庭，官司结果未见后续报道，但西安饭庄已停售玉浮梁酒，现只有黄桂稠酒销售。黄桂稠酒具有浓郁的桂花香气，那是因为添加了桂花酱，其口感比一般米酒要甜，可能是因为添加了白糖或糖精。

西安稠酒的最新发展是出了"花田巷子"这个品牌，由西安著名广告公司麦道公司的董事长范雨先生创立，这种酒的风格接近西安饭庄的"玉浮梁"，颜色微黄，半透明，口感不那么甜，更接近日本清酒的风格，采用玻璃瓶包装（原来的黄桂稠酒用五斤装的塑料桶包装，玉浮梁用瓷瓶包装），洋溢着现代气息，更便于流通推广。

六

陕西最"好古"的白酒并不是西凤酒，而是白水杜康酒，西凤酒所追溯的历史不过是到西周，所以有"三千年凤香"之说；白水杜康一下子把自己的历史追溯到夏朝，比西凤酒又早了一千多年。杜康是传说中的酒祖，关于其生卒年代有多种说法，一个只是传说中的人物，实在难以用史料考证或用考古学等方法加以确认，科学的态度就是只把它当作一种传说来对待。

生产杜康酒的陕西省渭南市白水县相传有四位圣人：一是字圣仓颉，传说是黄帝时的人，生于白水县北塬乡杨武村，发明了文字，当地有仓颉庙。笔者曾多次拜谒，庙宇不大，但院内有近百棵千年古柏，古意森然，柏树的年龄暗示着当地对仓颉的崇拜纪念由来已久；二是雷祥，也称雷公，传说是黄帝时代的人，生于白水县冯雷镇大雷公村，始制陶碗，被视为陶瓷始祖，此地至今尚存有雷公庙；三是杜康，传说是夏朝大禹时的庖正（粮官），始创酿酒之术，是白水县杜康镇康家卫村人，至少清代以来白水就建有杜康庙、杜康墓；四是蔡伦，蔡伦是东汉桂阳（今湖南岳阳）人，但传说他曾到过白水槐沟河，从童戏中悟得造纸术，据说留下了造纸池，当地曾有蔡伦庙，如今庙已毁，但造纸池犹存。

这四圣都是传说，流传了至少数百年，和其他一切传说一样，不会是空穴来风，总有什么因素导致这些传说的出现，但传说不是历史事实，很难用历史学或考古学的方法与之较真。

1972年，周恩来总理指示有关方面寻找有杜康传说的地方并建立杜康酒厂，当时选中了三个地方：河南伊川、河南汝阳、陕西白水，在这三个地方分别建立了三家杜康酒厂（关于这三家酒厂的由来，本书第一章《大线索——中国酒的来龙去脉》中已有较详细的介绍，此处不复赘言）。白水杜康酒厂是1976年建成的，其时，周总理已去世，他生前没有确定这三家酒厂谁是杜康正宗，遂留下了这三家酒厂日后争夺"杜康"商标权的伏笔。

还有文献说，白水在清代就有一些酿酒作坊（照例又是山西商人带过来的）。中国酒，无论是发酵酒还是蒸馏酒，工艺都是比较简单的，如果仅就能酿造出酒的角度而言，门槛很低，普通人家家家都可以酿造发酵酒，稍有商业条件（资金和市场），就能支撑起个酿造蒸馏酒的小作坊。当然，要把这些古老的工艺解析成现代工艺流程，可就复杂了，那些被列为"非遗"的传统酿酒工艺包括数十个环节、上百个工序，也是事实。但从实际操作的角度而言，一个熟练的师父，带上几个手脚灵便的伙计，经过一年的实际操作，基本上都可以实现稳定的生产。所以，在古代各县人烟稠密的镇上，或多或少地都会有几家酒坊。像洋河镇、柳林镇等处于商旅要道的镇子，聚集的酒坊就极多，形成产业聚集带；而分散在各地、多如牛毛的小酒坊，即生即灭，很多没有留下痕迹，古代白水县的小酒坊可能就是这样，在1949年后就已销声匿迹。现今的白水杜康酒厂，完全是新建的酒厂，与古代的酒坊没有任何承袭关系。此厂曾是地方国营酒厂，2002年改制成为民营企业。

本人2009年曾采访过白水酒厂，参观过其储酒车间。白水杜康酒厂储酒的容器也是比较罕见的——木制酒海，高达三米左右（约储5吨），由附近黄龙山生产的松木制成，内壁用生石炭、蛋清、猪血混合成的涂料加枸麻纸糊成内壳，厚达一厘米多。这种酒海的渗透性应比陶器大，对酒体老熟的效果也要好于陶器。据介绍，这个酒海里储存的酒已有三十多年的酒龄，其酒柔和醇厚，清凉爽顺，饮之沁人心脾。

白水酒厂现在生产的是浓香型的白酒，原料为高粱、玉米、大米、大麦、小麦、豌豆，类似五粮液，在酒厂中也见到有来自五粮液的品酒专家在工作。但白水杜康酒体风格与五粮液相差较大，更像长安老窖，香气较低，口感较钝，初喝有些沉闷的感觉，比长安老窖要甜顺些，但很耐喝，仿佛质朴厚重的老秦人，无乍见之欢，但久处不厌，饮后体感很好，不上头，很放松。

白水杜康酒厂正门
白水杜康酒厂位于陕西省渭南市白水县杜康镇，厂门为仿古的牌坊式建筑。
摄影：李寻

白水杜康酒厂的松木制酒海
以陕西黄龙所产松木制作而成。
摄影：李寻

和白水杜康、长安老窖相比，西凤酒就像是一个异类，那么嘹亮高亢、清冽绝俗，像是少年中国的少年将军。我想，如果没有现代勾兑技术的话，仅凭自然发酵和不同储存期酒的勾兑，所形成的传统酒体风格，就应该是千姿百态的，有的质朴厚重，有的清新绝俗。

沿白水县向南不足100公里处，是大荔县的朝邑镇，这里有清光绪年间（1882）建立的丰图义仓，现在还在使用，也是文物，供游人参观。能建粮仓之地，一定是农业发达、粮食贸易兴盛的聚散地，在清代乾隆年间，朝邑是全国重要的酒曲产地，河南、江苏、安徽、四川等省都要从这里采购酒曲，可能和这里是晋、陕、豫三省交界处的粮食聚散中心有关。朝邑镇靠近渭河以及潼关的出陕大道，当时渭河可以船运，面临东西交通要道，背靠关中渭北产粮区，储有充足的优质小麦是其能成为全国酒曲基地的重要条件。

七

陕西秦岭以南的三个地级市汉中、安康、商洛，被称为陕南地区，其气候理论上应属于南方亚热带气候，但各地实际上多处于秦岭、巴山之间，与巴山以南的四川、重庆的气候还是有所差别的。这三个地区现在都有白酒生产企业，汉中勉县有三粮液酒业公司（前身为勉县酒厂，1954年成立），生产三粮液系列白酒；汉中城固有城固酒业有限公司（前身为城固酒厂，1952年成立），现生产城古特曲、天汉坊等系列白酒；安康有泸康酒业公司（前身为地方国营安康酒厂，1951年成立），生产"天赋神韵""天赋安康""汉水春""好运开缸"等系列白酒；商洛有商山四皓酒业，生产"商山四皓"系列酒，还有商州酿酒总公司，生产"闯王醉"系列白酒。这些酒厂均是20世纪50年代以后成立的，所生产的产品主要在本地销售，也有一些品牌在新的投资方运作下，做过市场扩张，如2004—2005年，三粮液酒曾在西安市场流行一时，后来不知何原因，偃旗息鼓；2012年，陕西恒源煤电集团全资收购城固酒业，推出"城古·天汉坊"系列白酒产品，正在做强势推广。

目前，所有陕南地区生产的白酒都是浓香型的，可能是受五粮液的影响所致。但各厂的产品，和五粮液相比，喷香不高，落口不够绵甜。我觉得这不是工艺问题，主要还是气候条件所致。秦巴山区虽然在秦岭以南，但仍处于气候过渡带，具有很多过渡带的特征，这里酿酒，适宜取法西凤酒或洋河酒、古井贡酒,而没必要取法五粮液,因为再怎么模仿,也难以达到那种风格。当然,这也仅指这些厂真正发酵蒸馏出的原酒而言,如果是从四川购买原酒,或以食用酒精加香精勾兑生产的新工艺酒,则又另当别论。

陕南白酒中,略能体现地域特色的是三粮液,据介绍,其"三粮"分别是高粱、糯米、玉米,糯米是汉中当地物产,酒粮中有糯米,至少可以说明有当地物产的介入。三粮液酒现在在市场上已经罕能见到,想找一瓶来核对信息都很难。网络上有五粮液公司起诉三粮液公司的信息,说是五粮液公司把"一粮液""二粮液""三粮液""四粮液"一直到"千粮液"全都注册了,谁用就告谁,不知道这场官司是否也是三粮液衰落的原因之一。

让人感到惊奇的是商洛镇安还生产一种甘蔗酒,虽是蒸馏酒,但成品酒酒精度不高,控制在33度,用三两的小瓶装,当地人称"三两三"。镇安虽在秦岭以南,但产甘蔗,还是让笔者意外,据说那种甘蔗是绿皮的,比广西甘蔗要细些。笔者将这种甘蔗酒与著名的朗姆酒相比较,发现其风格相差很大,商洛的甘蔗酒香气复杂,充满中国式的人间烟火气,而朗姆酒一喝,就觉得是外国酒。

陕南的另一种酒——黄酒,倒是真能体现其地域特色。汉中洋县谢村黄酒,据说起源于清康熙年间,当时有多家黄酒作坊,较有影响的是李家开的"魁顺居"和田喜开的"田家黄酒店"。1953年,一些私营酒坊合并归洋县谢村食堂集体管理,1975年转为洋县谢村黄酒供销社黄酒厂,1980年成立洋县地方国营黄酒厂,2006年,国营洋县黄酒厂和秦洋酒业重组,组建了陕西秦洋长生酒业公司,主导产品为"谢村桥牌谢村黄酒"和"长生牌长生酿黄酒",初期产品全是甜型黄酒,近年也生产干型黄酒。

谢村黄酒的原料为洋县当地产的"阳糯米"(一种带粉色的糯米,糯米从外观上看可分为带粉的与不带粉的,带粉的为阳米,不带粉的为阴米,阳米出酒率高),酒曲为上等小麦粉碎,加入30余味中药(有当归、栀子、黄柏、细章、川皮等),采用"摊饭"工艺发酵酿造,其原料工艺与绍兴黄酒均有所不同,该厂产品现在在西安及国内其他一些市场有所销售。有些资料将谢村黄酒与绍兴黄酒对比后,称"谢村黄酒是中国北派黄酒的代表",笔者以为不妥,从原料上看,谢村黄酒用糯米,绍兴黄酒用糯米和大米,两者均属于南派黄酒;而北派黄酒以小米为主要原料。风格上,谢村黄酒偏甜,这是长处,也是短处,目前发酵酒的主流趋势是口感偏淡,如绍兴黄酒中的花雕、日本清酒等,谢村黄酒也在向这方面努力,发展甜度低的干型黄酒。

八

陕西秦岭以北是西安、咸阳、铜川、渭南四市，在地理上处于关中平原和渭北旱原，再往北，为延安市和榆林市，即是俗称的陕北地区。这两个地级市地处黄土高原，榆林北接内蒙古，属寒温带气候，两地均有白酒、黄酒企业。延安的黄陵有轩辕酒业，该厂前身为黄陵县店头义顺合酿酒厂（据说也是山西商人投资办的），1950年改为国营黄陵店头酒厂，2007年更名为陕西轩辕圣地酒业公司，现在该厂商标有轩辕牌、延安牌、店头牌，生产60多种白酒产品。延安市甘泉县有美水酒厂，始建于1975年，现在的产品是隋唐玉液白酒。

榆林市神木县是古代麟州州治所在地，流传着杨家将抗辽的故事，又被称为杨家城。陕西神木酒业公司创建于1984年，1998年改制为民营企业，现在生产"麟州坊"系列酒，包括年份系列、塞上系列、杨家将文化系列等。

目前陕北最大的酒企可能是榆林普惠酒业集团，该厂1992年才成立，生产的"老榆林牌"系列白酒曾在西安、太原、内蒙古诸地畅销，有一段时期，西安陕北风味的餐馆里常有唱着陕北民歌推销老榆林酒的营销人员。

上述陕北的白酒，无一例外都是浓香型，均以五粮液的风味为标杆，这里的气候为典型的北方寒温带气候，与山西中部和晋北类似，应该酿山西汾酒那类的清香型才是啊，但五粮液在市场上的强劲表现，使得陕北人不得不跟风，努力去仿制这种永远也仿制不了的风格，可见，强势经济对人们的风味追求有多强大的重塑功能。

榆林普惠集团其实是个多元化的集团公司，除了白酒之外，金融、房地产、酒店、旅游、包装、物业等什么都搞，他们搞的白酒也不拘一格、五花八门，除了在榆林基地生产浓香型的"老榆林"系列白酒外，还研制出"芝麻香型"的白酒，据说此举填补了陕西酿酒史上的一大空白。2007年，他们斥资5000万元收购了生产规模上万吨的北京龙凤酒业公司，恢复生产了"老北京二锅头酒"，开发出"北京胡同酒"，产品销售较好。2011年，他们又在贵州茅台镇投资建立了一个酒厂，生产酱香型白酒。如今他们有陕北榆林、北京龙凤酒业、贵州茅台镇三个生产基地，生产浓香型、清香型、酱香型和芝麻香型四种香型的白酒，有80多个品种。这是个不能用地方特色来约束的酒业公司，依稀有当年山陕商人走出黄土高坡，纵横天下的气魄。对于他们的酒，我们更搞不清每一瓶到底装的是哪个基地的酒，还是三个基地的酒混调出来的酒。

现在真正能体现陕北特色的是陕北糜子黄酒，糜子就是黏小米，是正经的中国北派黄酒的原料。糜子黄酒酒色金黄，比大米酿的黄酒要重，甜中带苦，酒香中会有焦香气息（芝麻香型白酒为了增加其焦香风格，有的也要添加糜子原料）。此酒以小麦制曲，延安的吴旗、志丹诸县均有生产。

九

总体上看，陕西的现代酒业是低迷的，拥"四大名酒"名头的西凤酒没有发挥像茅台、泸州老窖、汾酒那样的领头作用，国内市场占有率偏低，附加值偏低，带动力弱，其独有的"凤香型"不仅国内没有追随者，就连省内也没有多少追随者，甚至连酒企自己都把持不定，因此，没有在凤翔柳林镇一带形成如贵州茅台镇或四川泸州、宜宾那样小酒厂林立的产业聚集效应。陕西省内各地，虽拥有丰富多样的气候条件和各具特色的农作物，也有基于自然地理条件而出现的酒种类（如陕北糜子黄酒、陕南的谢村黄酒），但由于都不具有全国性的声誉和影响，不仅知名度低，酒企本身的发展也比较艰难。陕西省内的白酒企业缺乏坚持自己独特风格的定力，盲目跟风，浓香型流行时就跟浓香型，酱香型流行时就搞酱香型，难以形成持久的品牌影响力。陕西有良好的自然地理条件和悠久的历史文化积淀，因经济轴心的偏移，至今还没有形成酒业的有效增长资源，这是陕西酒业目前的困境，也是其未来发展的良好机遇。

注释：
①⑤李刚，李丹．陕西酿酒工业的历史变迁．西北大学学报（自然科学版），2010（5）．
②张吉焕．太白酒文化探源．酿酒科技，2003（1）．
③⑥王文清．汾酒源流·麵水清香．太原：山西经济出版社，2017．
④黄健．试析川盐运道上西秦会馆（陕西庙）的分布及规模．川盐文化圈研究——川盐古道与区域发展学术研讨会论文集．北京：文物出版社，2016．
⑦⑨徐少华．西凤酒论．酿酒，1993（3）（4）（5）．
⑧丁济民．西凤酒的历史与企业文化．酒史与酒文化研究，2012（1）．

东北的悲怆

好粮好水无好酒

东北原野风光
照片拍摄于东北辽宁到长春的高速公路上，靠山屯一带。东北土地肥沃，是产粮重地，也是全国酒用高粱的生产基地。
摄影：李寻

一

东北现在是全国酒用高粱、玉米的生产基地，全国各个酿酒大省，包括四川、安徽、江苏、山东、贵州、甘肃等，都要从东北购买高粱、玉米作为酿酒的原料。东北的水质也很好，无论是其山泉水还是河水，均可称之为甘泉如醴。

东北自清代便有酿酒业，在辽宁省锦州市凌川酒厂，人们发现了清代道光二十五年（1845）的四个庞大木质酒海和其中的原酒，这种酒海内壁表层采用桑皮宣纸，加鹿血、蛋清、蜂蜡、石灰等几种物质调和裱糊而成，这说明在清代，随着内地人进入东北地区，酿酒技术也逐渐传过去了。研究汾酒史的学者们也曾指出，在东北的哈尔滨、齐齐哈尔地区，历史上的晋商就已把白酒的技术带过去了，那一带的某些酿酒厂便据此将自己的历史追溯至清代，比如大庆老窖酒业，就说在晚清时他们那里便已有烧锅存在（当时还没有大庆这个地名）。

东北本地酿的酒，其实口感还是不错的，有自己的特点。当地小烧锅酿的酒，有用高粱做原料的，也有用玉米做原料的，口感均绵柔顺滑，且偏甜，虽然那种土酒的香气不高，但喝后体感不错，特别是玉米酒。一位朋友十几年前曾在东北某煤矿开小型的酿酒作坊，酿出的酒主要卖给煤矿工人，当时一斤酒卖两三元钱，一开始，他是用高粱酿酒，并不受当地人的欢迎，后来就全改为用玉米做原料，当地人反而觉得酿出的酒好喝了，因为玉米酿出的酒口感偏甜。但是，如果将玉米放在高粱酒里做部分原料，一部分酿酒专家，尤其是在南方浓香型酒地区的酿酒者们总认为玉米有一股杂味，觉得这种杂味会影响酒的风味口感。从原理上讲，玉米的胚芽里含有脂肪，脂肪容易产生高级醇，这对酒质有所影响，所以，一般用玉米酿酒要把玉米的胚芽除去。就个人的感受而言，纯粹用玉米酿的酒口感很不错，如果将其与清香大曲酒或浓香大曲酒相比，玉米酒有一种独特的烤烟叶的香味。美国威士忌主要是用玉米做原料酿造的，也是自成一派，据说在美国本土的销量比苏格兰大麦芽酿的威士忌还大。

从历史传统、原料、水质等条件来看，东北是可以酿出好酒来的，但为什么东北没有全国名酒（指的是历届全国评酒会评出的"名酒"）呢？这是一个让人觉得困惑的问题，好粮好水，酿出来的酒也是好酒，但为什么就没有名酒？

二

一些酿酒专家认为，东北没有名酒的一个重要的原因是受当地气候条件的影响，气温太低，冬季时间太长，不适宜酿酒。气温低确实是个事实，但这个因素并不是绝对的，跟东北地区处在同样纬度的，有俄罗斯的西伯利亚，那里比东北还要冷，但照样可以酿出上等的伏特加；苏格兰的纬度也和东北地区差不多，也能生产出优质的威士忌。也就是说，在这个地理位置上，温度不是酿不出好酒的原因，处在同样纬度的俄罗斯西伯利亚和英国苏格兰，酿出了举世闻名的伏特加和威士忌，说明这样的气候条件照样可以酿出好酒，只是所产酒的风格不同。依照中国白酒的风格标准来讲，在东北地区，可能酿不出来四川那样的浓香型酒（如五粮液或泸州老窖），酿不出山西的汾酒，也酿不出江淮地区浓香型中的古井贡酒或洋河大曲，更酿不出酱香型的茅台酒（当然，从外地买回原酒勾兑的不算）。东北之所以没有名酒，是没有生产出符合这些香型标准的名酒，但它完全可以顺应自己的气候条件和粮食基础以及当地的口味，酿造出独具当地特色风味的好酒。如果以其当地风味为标准的话，东北地区酿的酒也应该能成为全国名酒。

三

认真分析起来，东北没有出现名酒的原因主要有以下几个方面：

第一，东北的酒在风味上没有树立起自己独立的标准。开篇讲过，东北的玉米小烧很有特点，风格独特，是一种不错的酒，高粱小烧也不错，都是当地的土烧锅酿出来的酒，但是如果将这种当地产的烧酒作为一种文化风格跟国内的浓香型、清香型中的名牌酒去PK的话，似乎东北酒业的生产者还没建立起这种文化上的自信，全国其他地区的消费者一时间也无法产生认同。由于在风味上，东北酒没有建立起这种"我就是这样子"的概念，没有说"我们东北就是生产这种玉米酒（或高粱酒）"，将其当作一个特色产品深入做下去，没有这种文化的自信和推动，它就没有成为国内名酒的可能。在定制口味的话语权上，东北放弃了自己的话语权，把这种权利交给了四川的浓香型酒、贵州茅台的酱香型酒等。所以，现在东北做的酒基本都是仿造，要么仿造浓香型酒，要么仿造酱香型酒，比如东北的名酒玉泉酒就是浓兼酱型酒，据说采用了茅台酒的工艺，还从茅台聘请技术人员，甚至从茅台引进大曲，按照茅台酒的方法来酿造；又如大庆老窖为浓香型，仿五粮液，是从四川学的工艺。这条路永远走不通，为什么？因为在东北这样的低气温地区，学茅台的高温渥堆发酵工艺是做不到位的，也没有那么长的生产周期，而且周围也不可能有茅台或五粮液酿造所需要的微生物菌群环境，很难酿出与茅台、五粮液一模一样的酒。由于在文化价值上没有自信，总是跟着别人走，造成了东北地区白酒如今的境况。

黑龙江省玉泉酒业的玉泉方瓶酒

第二，与国家所倡导的节粮政策有关。东北是产粮基地，在计划经济时期，酿酒生产考虑的一个主要原则就是要节约粮食，直到现在也是这样，在大的集中产粮区尤其要推广节粮技术。所以，计划经济时期，各种新工艺白酒技术在东北的推广力度是最大的，如液态法发酵技术，实际上就是食用酒精技术，还有麸曲酒技术，等等。目前黑龙江最有名的酒中，玉泉酒酒瓶上明确标注有液态发酵，其他没标明的恐怕大部分也是液态法或固液法的酒。

黑龙江省富裕老窖酒业有限公司的富裕老窖酒

尽管政府十分推崇和支持发展生产麸曲酒、液态酒和固液搭配酒这些节粮技术，在政策上一直有倾斜，自从麸曲技术出现后，1963年第二届全国评酒会上有4种麸曲酒获奖，1979年第三届全国评酒会上有6种麸曲酒获奖，1984年第四届有8种获奖，1989年第五届有17种获奖，占获奖总数的32%，却没有一种麸曲酒获得金奖和国家名酒称号。同时，除了南方的米香型白酒，也没有液态法白酒获奖，获得金奖和国家名酒称号的全是固态发酵的大曲酒。也就是说，在审美口感和风味标准上，人们还是以固态大曲酒为最上、最优的，由于

黑龙江省大庆老窖酒业公司的百年大庆老窖酒（百年献礼版）

吉林省酒文化博物馆

吉林省酒文化博物馆位于吉林省长春市亚泰大街南段，这是中国首家民办酒文化博物馆，其收藏有自20世纪60年代至今所产的世界各地的酒近6000种。博物馆的"镇馆之宝"，是一瓶价值超百万元人民币的极品茅台。博物馆共分为现代名酒展馆、珍藏级中外名酒展馆、优质珍酒馆等十大功能区。

摄影：李寻

计划经济时期政策上的要求，让生产什么样的酒只能生产什么样的酒，这是没有办法改变的。政策导致东北酒业整体上形成以麸曲酒、液态法白酒为主体的生产格局。

第三，与东北的地域文化所产生的影响有关。市场经济之后，没有计划经济的约束，各地可以自己酿造自己的酒了，可东北为什么没有顺势而上发展出具有自己文化特色和地域风格的酒呢？这可能是由于当地人经商的思维还不够灵活开放而导致的。一个地方的思路开放不开放，确实与人的主观思想密切相关，以晋商崛起为例，为什么晋商只在山西崛起，而且只在晋中、晋南那一小部分地方崛起呢？离得很近的河南为什么没有商帮兴起？明清时，全国号称有十大商帮，其实也就发轫于十个地方，但能遍布全国，这是由兴起这些商帮的小区域文化所决定的。东北长期受计划经济影响，直到现在还是重工业基地，目前国有经济所占的比例仍非常大，这里的人对市场经济的意识一直就不强，没有结合本地的粮、水和气候条件顺势而为发展出独具地方特色的酒的意识。东北的酒一直在模仿，当地的土烧酒都是小规模，稍微有点儿规模的酒业要么是仿川酒，要么是仿贵州酒，甚至直接买四川原酒灌装。东北产的浓香型大曲酒与四川产的浓香型大曲酒相比，口感是有差异的，相对来说东北的浓香型酒口感偏硬，不太好喝。要说好喝，东北本地的麸曲酒其实比浓香型酒好，比如玉泉方瓶、富裕老窖等，喝后的体感反而比那些从四川拉回原酒勾兑的要好些。

东北是片富饶的土地，为全国的酒厂生产高粱、玉米，东北有优质的水资源，有粗犷豪放的文化，我们相信，他们早晚会酿出独属自己风格的好酒来。

吉林省查干湖风光
摄影：李寻

新疆艾丁湖

拍摄于 2012 年 7 月。艾丁湖在维吾尔语中的意思是"月光湖"。位于吐鲁番市高昌区南 50 公里的恰特卡勒乡境内。艾丁湖低于海平面约 155 米，是中国海拔最低的地方，也是世界上除死海外离地球中心最近的地方。艾丁湖是一个内陆咸水湖，湖水矿化度极高，湖区气候极其干旱，湖区景观极度荒凉，地表盐壳发育独特，构成了一幅壮观的原始画面。

摄影：李寻

话说边地酒

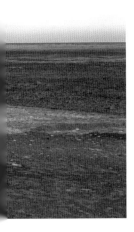

　　边疆，是个逐步变化的概念。中国历史悠久，不同的朝代有不同的边疆。人们对于边疆的观念也是在长期的历史演变过程中慢慢形成且不断变化的，这也是历史层累效应的一种，这些逐步形成的意识导致人们把现在一些已经成为内地的省份依然当作边疆地区来看，比如甘肃、青海、宁夏，这些内陆地区在很多人的文化认同上，就是边地。《中国国家地理》杂志曾出过一期关于青海的专辑，有组文章标题为《对边疆，它像内地；对内地，它像边疆》，反映出人们对这类省份的真实感受，心里总是认为它们就是边疆。此外，还有些省份现在确实还是边疆地区，比如新疆、内蒙古、云南、西藏，因为这些省份与邻国相接，有边境线的存在。

　　被认为是边地且曾经确实是边地的这些地区，甘肃、宁夏、青海、新疆、内蒙古、西藏，在明清时期就已经属于中国的版图，但它们不是王朝的核心文化区，核心区域是在中原、江南一带。在这些地方，酒对其渗透是有一个过程的，在它们起初作为边疆地区的时候，那里的酒确实是作为边疆酒而出现的，但后来某些地区已经成为内地了，人们仍没有把这些地方的酒当成内地酒来看，依然将他们视作边疆酒。这种观念折射出内地文明向边地传播的过程，也反映出内地文明与边地的土著文明交融结合后出现的一些新的特色。

　　下面，我们按省份逐个来介绍当地的一些酒。

甘 肃

甘肃酒的总产量在全国各省市白酒产量排行榜上较为靠后，2016年时列为第24位，年产量46294千升，虽然其总产量不大，品牌却非常多，省内每个地区基本都有当地知名的品牌。

甘肃的白酒也是历史层累起来的，有的白酒企业可以追溯到明清时期，如甘肃天水市的酒历史可追溯至清代，且与晋商密切相关。清代在天水，有晋商开的元兴恒商号专门经销汾酒，有"通行市卖之酒，俱来自山西，名曰汾酒"，且"因来路甚遥，价亦昂贵"的记载。更多的酒厂是中华人民共和国成立后才新建立起来的，单厂产量都不太大，但品牌众多。

甘肃白酒除少量为酱香型酒外，主要为浓香型酒。不知是因为气候还是工艺上的原因，甘肃酒的口味都比较凝重，后味偏苦涩，这几乎成为甘肃酒的一个特色了。

平凉有崆峒酒。崆峒酒是平凉市新世纪柳湖春酒业有限公司的品牌，旗下浓香型酒选用高粱、玉米、小麦、豌豆为原料，以中、高温制曲，风味属甘肃风格，是种还不错的酒，其酱香型酒系列，据说是仿茅台工艺酿成，跟茅台酒的差别还是较为明显的，不过喝起来倒也还算清纯、绵甜顺柔。

陇南的名酒有陇南春酒和金徽酒，金徽酒股份有限公司地处陇南徽县，其前身系甘肃陇南春酒厂，是国内建厂较早的中华老字号白酒酿造企业之一。据地方志记载，明清时期这里就是闻名遐迩的"西部酒乡"。2016年金徽酒已在上海证券交易所挂牌上市。陇南地处白龙江流域、秦岭南麓，毗邻四川，气候与川北一带如绵竹的气候比较接近，生产的酒属于浓香型大曲白酒，经过泥窖发酵，窖香浓郁、绵甜醇厚。他们有句广告词颇有趣：没有泥味！

河西走廊一带的酒泉、武威、张掖等地，酒泉有汉武御酒，由甘肃酒泉汉武酒业有限责任公司生产，公司原为甘肃酒泉市酒厂，现已为民营企业，是酒泉地区最大的白酒酿造企业，初创于20世纪80年代，"酒泉""汉武御"系列白酒先后获得巴拿马国际食品展览会金奖及国优、部优、省优称号。

武威有皇台酒，皇台酒又称凉州皇台酒，曾被誉为"南有茅台，北有皇台"，以高粱为原料，以大曲为糖化发酵剂，人工老窖，双轮底工艺，经长期发酵自然老熟而成，属浓香型白酒。皇台酒因皇娘台的地名而得名，皇娘台今在甘肃武威城西2.5公里处。张掖还有滨河粮液，其厂家甘肃滨河食品工业(集团)有限责任公司成立于1984年，核心产业是白酒和葡萄酒，集团在甘肃张掖、四川蒲江和贵州茅台镇均建有原酒酿造基地，能够生产浓、酱、清等不同香型酒，其中以九粮为基础的"九轮发酵工艺"的若干关键工艺已申报或获得国家专利，滨河牌系列白酒为甘肃省"名牌产品"和"陇货精品"。

现在，甘肃市场上占有率较高的白酒实际上是古河州酒，它是甘肃省临夏市的古河州酒业有限责任公司生产的主打品牌，该酒厂是20世纪90年代时收购当地一家国营酒厂改建而成的，古河州白酒旗下有古河州中华牡丹、古河州一品酒、古河州刘家峡等多个白酒品种，其高端系列酒的价格大约是三四百元，如中华牡丹系列。在天水、平凉、兰州等地的市场上，古河州酒的销量都不错，其中低端系列产品价格不到百元，在当地夜市的烧烤摊上尤其受欢迎。古河州白酒的风格属浓香型，为大麦、小麦制曲，主要原料有高粱、糯米、大麦、小麦等，明显受到川派浓香型白酒的影响。我们也曾在甘肃一些县城的小夜市摊上喝过不少次几十元钱一瓶的古河州酒，感觉较为清爽，入口柔顺，但高端系列的倒是没太喝过。临夏回族自治州地处青藏高原和黄土高原的交界处，其平均海拔为2000米左右，临夏市是临夏回族自治州的州政府所在地，出临夏市向南不到100公里，海拔便急剧升高，到了甘南藏族自治州，海拔就升至三四千米了。临夏州是农业文明向牧业文明过渡的边缘地带，也是进入藏区的最后一站，从历史上看，它是茶马古道的必经之路，历史悠久、文化灿烂，所以这里的酒文化底蕴也是比较深的，此地产的酒在甘肃酒的品种中是非常有文化想象空间的一种酒。临夏州的旅游资源也十分丰富，其境内的和政县，有一个可以说是中国最好的古生物化石群基地，基地内有最丰富的铲齿象化石、最大的三趾马化石和独一无二的和政羊化石，非常壮观。那次去参观和政古动物化石博物馆回来时，我们夜晚入住在临夏市的一家酒店，当时并不知道古河州酒厂在哪儿，第二天早晨出酒店门时，意外地发现酒店对面便是古河州酒厂，也是有缘。

西汉酒泉胜迹的霍去病出征匈奴大型群雕

酒泉胜迹位于酒泉市肃州区城东 1.9 公里处，是河西走廊唯一保存完整的一座汉式园林。景区中立有霍去病出征匈奴的大型群雕，在阳光之下，雄壮生动，气度不凡。群雕有"出征""鏖战""庆功"三组场景，准确而艺术地再现了霍将军河西大捷的历史功绩和酒泉的来历。

摄影：李寻

西汉酒泉胜迹内的酒泉

史传公元前 121 年，霍去病西征匈奴，大获全胜，汉武帝赏赐御酒，霍去病以功在全军，人多酒少，遂倾酒于泉中，与将士共饮，故此地有"酒泉"之名。今泉犹在，位于西汉酒泉胜迹景区内，相传就是霍去病当年倾酒之处。酒泉目前真有酒，名叫"汉武御酒"。

摄影：李寻

甘肃酒泉汉武酒业有限责任公司的酒泉酒文化博览园
摄影：李寻

甘肃临夏古河州酒业有限责任公司
摄影：李寻

甘肃陇南徽县金徽酒股份有限公司
摄影：李寻

宁 夏

宁夏白酒的历史也不算短，据道光年间续修的《中卫县志》记载，在清代宁夏中卫县，酿酒饮酒风俗淳厚，而且在祭祀时必用酒，其酒具考究，酒礼甚严。中卫酒也为戎马倥偬的将士们平添一派边塞雄风，县志中收录的明人万世德的《入塞曲》云"醉来马上看吴钩，曾识光芒射斗牛，两行青山千树竹，不妨开径置糟丘"，生动地抒发了醉赴沙场、气冲霄汉的壮志豪情。

据董积玉编著的《百年香山酒史》（香山指张金山为董事长的宁夏香山酒业有限公司）记述：清咸丰八年（1858），甘肃省在中卫设立官盐局，转运内蒙古察汗池食盐，骆驼队将察汗池的食盐运至中卫，返回时驮运白酒及日用生活品，盐则由中卫运往固原、平凉等地。盐运业促进了中卫经济的进一步发展，商铺鳞次栉比，运盐道路车水马龙，一片兴旺景象。中卫人刘成业的父亲（其名字已无从可考）面对盐运业兴起的繁荣市场，看到了巨大的商机，在中卫县城东关买下了一块面积约15亩的地皮，兴建了一座集酿造白酒、制作水烟与客栈于一体的商号"义隆源"，现在还存有可储酒5000公斤的酒海一个，可见当时产量之大。1951年，公私合营后改为四合荣烧坊，1956年，四合荣烧坊并入中卫县粮食加工厂，为便于管理，地方国营粮食加工厂将四合荣烧坊的酿酒设备搬至中卫县的山陕会馆，建造窖池9个。1960年后，对外称宁夏中卫酒厂，1999年工厂改制为民营企业，即为宁夏香山酒业有限公司。此书还记载，从晚清到民国年间，中卫有多家烧坊酿制白酒，如中卫县城郑家烧坊，其主人郑良才原籍甘肃省兰州市，迁居中卫后，于1905年买下了闵家烧坊，酿制白酒，旧地在今中山街中山桥西北侧。

董先生此书为宁夏香山酒业有限公司的厂史，但考证严谨，从其记述中可以看到以下重要线索：

（1）宁夏中卫的酿酒业与运盐业息息相关，若不是咸丰八年在此设立官盐局，就不会有中卫经济的快速发展，也就不会有十多家白酒烧坊的出现。

（2）创办酒坊的刘姓老板，是中卫本地人，不是山陕盐商，尽管当地有山陕会馆，而且后来中卫酒厂的厂址也迁至原山陕会馆所在地，但原来的义隆源烧坊并不在该会馆。

（3）从清代到民国，中卫县有多家烧坊，其间易手者亦不少，如郑家收购闵家烧坊就是一例，郑良才是兰州人，但当地既有山陕会馆，山西和陕西商人在中卫投资开酒坊也有可能，但从工艺技术上来看，义隆源和郑家烧坊的酿酒工艺并不是来自山西汾酒，资本上也没有山陕商人的影子。

以上史料表明，盐运业是当地白酒业兴起的基础，其白酒业的工艺技术不是来自汾酒，资本也不是来自山陕商人，烧坊间的易主表明存在着资本间的流动。宁夏中卫白酒业的起源可以表明，中国白酒是多地独立起源的，各地商人都有过投资，而且经过多次易手。

香山酒业有限公司后来向四川宜宾五粮液公司学习，引入五粮液的生产工艺，生产各种品牌的浓香型白酒，有"香山春酒""塞上江南""黄河谣"等，最有影响的品牌是"宁夏红枸杞酒"。

现在，宁夏比较出名的酒有老银川、贺兰雪、宁夏红、宁垦大曲。老银川是宁夏银川昊王酒业集团有限公司首推品种，昊王酒业前身为银川市酒厂，至今已有近60年的白酒酿造历史。"宁夏红"枸杞果酒系列产品利用宁夏枸杞这种自然资源开辟了一个新的途径，由此给地方经济带来可观的效益。宁垦大曲是宁夏农垦集团酿造生产的一款酒，宁夏农垦创建于1950年，现已形成了酿造、畜牧水产、果蔬三大农产品加工产业集群，打造出"西夏王""沙湖""贺兰山"等自治区葡萄酒名牌。

宁夏的酒风格各异，绵柔甜润、甘洌醇厚，陈香与甜润浑然一体。在这些酒中，笔者评价最高的当属贺兰雪，这是宁夏固原地区所产的一种酒。2010年，笔者曾到宁夏去追踪西夏与宋朝所发生的三场战役的遗迹，宁夏地方文史志学者徐兴亚老师（著有《西海固史》）为我们做向导，途中一起吃饭，喝到了贺兰雪酒，当时酒入喉时颇感柔顺，确有春雪消融般的感觉，后来回到西安，便再也买不到这种酒了，深感遗憾。

西夏王陵

又称西夏帝陵、西夏皇陵，是西夏历代帝王陵以及皇家陵墓。王陵位于宁夏银川市西，西傍贺兰山，东临银川平原，海拔1130～1200米，是中国现存规模最大、地面遗址最完整的帝王陵园之一，也是现存规模最大的一处西夏文化遗址。

摄影：李寻

青 海

现在青海所产最著名的酒是青稞酒。青海地广人稀，人口不过近六百万，牧区没有酿酒传统。历史最悠久的青海酒是互助土族自治县威远镇的青稞酒，过去的主要产品是互助大曲酒，现在，青海互助青稞酒股份有限公司是全国最大的青稞酒生产企业，主营互助、天佑德、八大作坊、永庆和、世义德等多个系列的青稞酒，号称"中国青稞酒之源"。

喝惯了内地白酒的人初次喝青稞酒，一定会感受到它如天外飞仙一般与众不同的味道，完全的异域风味，独具特色。青稞酒是以青稞为原料，采用"清蒸清烧四次清"传统工艺，原料清蒸，辅料清蒸，清糟发酵，清蒸流酒。主流观点将其划归为清香型酒，但实际上青稞清香型与汾酒等以高粱为原料的传统清香型酒差别还是比较大的，专业评价中，汾酒的香气中水果香气比较重，乙酸乙酯为主，中味有一点儿如面粉发酵的香气，而青稞酒没有那么强的果香气，有品酒家将其香气评价为"带有一种抹茶的香气"。

有历史资料记载，青稞酒与汾酒一脉相承，青稞酒的工艺是山西晋商明清时期带过去的，最早可追溯至明洪武年间西北地区著名的天佑德酒坊，后经互助土族人民不断改进酿酒工艺而最终形成青稞酒。

与汾酒的"清蒸清烧二次清"工艺相比，青稞酒的工艺自成一派，具体说来，青稞清香酒采用的"清蒸四次清"，其用曲是中低温曲和中高温曲的混合曲，中低温曲名为"槐瓤曲"，中高温曲名为"白霜满天星曲"。所谓"清蒸四次清"工艺，就是四次发酵、四次蒸酒，实施的是"养大糙、保二糙、挤三糙、追四糙"的工艺原则，其中，大糙、二糙发酵时间为25天，三糙、四糙发酵时间为15天。除此之外，青稞酒使用的窖池也不同于汾酒的地缸，而是花岗岩制成的条石窖壁池，用松木铺底，窖面松木盖板。花岗岩条石窖利于清洁，毕竟清香酒工艺讲究窖池干净，除此之外，花岗岩利于传导热量，有助于窖内保持相对较低的发酵温度。当然，青海高纬度、高海拔的特点，使得这里气候较为寒冷，这也是创造低温发酵的一个条件。在青稞酒窖池中，垫底的松木下有个排水槽，能够及时排出发酵过程中产生的沤水，保证蒸出的酒品质地干净。由于发酵工艺完全不同于传统的"清蒸二次清"，才使得青稞酒具有独特的香气和口感。

值得称赞的是，多年来，青海的青稞酒一直顽强地坚持着自己的风格，虽然这种风格现在也发展出了新的增长点，比如将青稞酒放置于橡木桶盛存

青海互助青稞酒股份有限公司
摄影：荆志伟

后再装瓶销售等。但是，其不同于中原内地酒的特点一直存在，这是内地的文化流传至河湟谷地之后，跟当地文化结合而形成的一种酒。前面我们说过，四川、贵州等很多地方在历史上都有自己的本地酿酒产业，山西商人只是带了资本或客户等资源，而青海原本没有酿酒业，互助县的青稞酒很可能就是山西商人直接带去酿造技术才产生的，但是他们不可能带去足够多的中原高粱，所以就适应当地物产的情况，用青稞为原料而酿酒，才有了这种独特的香型。

对于青稞酒，我并不陌生，可以说是喝着青稞酒长大的，在心底把它当作中国最好的白酒之一，经常拿青稞酒来招待外地的朋友，也曾专门去酒厂参观。当地环境古朴，酒厂门口的门市部用加油枪一样的酒枪卖散酒，激出的酒雾很高，令我没出门就有股醉意。

青海湖风光
摄影：金代江

西 藏

2000年以前，笔者没有听说西藏地区有酿酒产业，但现在西藏也有青稞酒，推测是近一二十年间才新建的酒厂所产的，如西藏藏缘实业（集团）有限公司生产的藏窖坊系列青稞酒、藏缘青稞酒等。笔者喝过两种西藏的青稞酒，说是青稞酒，喝上去感觉却是四川风味的浓香型酒。我不太清楚这些酒的来龙去脉，到底是在西藏酿造的，还是在四川酿造后直接贴上了西藏的牌子。西藏的青稞酒没有什么特色，单从喝的角度来讲，我甚至几乎区分不出浓香型的青稞酒和高粱酒的区别。

布达拉宫
布达拉宫坐落于中国西藏自治区的首府拉萨市区西北的玛布日山上，是世界上海拔最高，集宫殿、城堡和寺院于一体的宏伟建筑，也是西藏最庞大、最完整的古代宫堡建筑群。
摄影：陕黑云

新　疆

　　新疆的酒有两期渊源。第一期，某些酒厂的历史可追溯至清代时期。有文献记载，在清朝时就有晋商将酿酒技术带到了新疆，清代中期，山西人张氏在新疆奇台北斗宫开了杏林泉酒作坊等三家酒坊，生意兴隆，酒好，远近闻名，"杏林泉"被尊为奇台酿酒的首坊，吸引了大批山西商人云集奇台北斗宫，他们攀亲结友，短时期内形成了一个办烧酒作坊的高潮，先后开张的有得胜昌、万裕隆、永兴泉、义兴和、宝兴泉、大醴泉等酒坊，这样，北斗宫巷就形成了以山西人为主体、以酿酒为龙头的工商业集中地。清代光绪十五年（1889），烧酒作坊已发展到13家，光绪末年，古城奇台年外销烧酒500余驼件，约合11万公斤。经历了风风雨雨，如今，奇台县的酒业被整合为新疆第一窖古城酒业有限公司，生产"新疆第一窖""古城老窖"等产品。此外，伊宁新疆伊犁河酒业有限责任公司的伊犁河酒也可追溯至清代。据伊犁史记载，公司前身系清朝"公庆和"老酒坊，始建于清朝嘉庆年间，此酒曾用于为民族英雄林则徐来到伊犁接风洗尘，乃至成为林公宴请和馈赠宾客的佳酿，也是收复新疆伊犁的左宗棠将军犒劳三军的琼浆玉液，曾使得三军士气大涨，所向无敌。

　　新疆酒的第二期渊源是中华人民共和国成立后由新疆生产建设兵团所组建的酒厂。据说，生产建设兵团每个师的师部附近几乎都有些小酒厂，后来比较出名的酒是伊力老窖和肖尔布拉克。伊力老窖是新疆伊力特实业股份有限公司的产品，公司前身为10团酿酒厂，后又更名为新疆伊犁酿酒总厂，位于伊犁哈萨克自治州新源县肖尔布拉克境内，1999年，伊力特已上市。肖尔布拉克酒业是在1956年建立的新源县巩乃斯酒厂和1988年成立的肖尔布拉克三分厂的基础上组建而成的，原是新疆伊犁酿酒总厂的一个车间，后来被民营企业收购，现在发展为以浓香型白酒酿造和销售为主的大型民营股份制企业。

　　新疆的白酒基本上都属浓香型酒，而且工艺大多来自五粮液的酿造技术，这种情况应该是20世纪60年代后慢慢形成的。当地传说"文化大革命"时期，五粮液酒厂的一些技术权威被批斗，新疆生产建设兵团的一些四川籍干部就借机回到四川，假称要批斗这些技术人员，把他们带到了新疆，之后便保护起来，并在兵团建了酒厂，所以，新疆以兵团为起源的酒的风格都是四川酒的风格。这个传说不一定完全可靠，但可能确实有一部分兵团酒与五粮液酒厂有这样或那样的渊源。

虽然新疆酒的主体风格是浓香型，但在具体生产过程中，各酒厂会因地制宜地做一些技术改进，比如有些新疆酒的人工老熟技术就是用陶罐发酵，在露天存放，利用新疆日夜温差大的自然条件，使酒的老熟过程变快，据说这样的技术能提高约一倍的老熟速度。肖尔布拉克酒厂在做浓香型酒的同时也在学习酿造酱香型的白酒——"疆茅""新酱"，但这些酒的风格底子还是浓香型。

凡是品尝过新疆白酒的人都会发现，新疆的浓香型酒与四川的浓香型酒还是不一样的，比如肖尔布拉克酒，闻着感觉香气干爽，没有四川的酒那么水灵，而且口感偏硬，很像新疆一种叫作"五道黑"的鱼，与四川的淡水鱼相比，五道黑鱼的肉质很硬，大不一样。这种独特的风味让我们每回喝到新疆肖尔布拉克酒时，就会想起干爽空旷的蓝天、一望无垠的戈壁，有明显的边地风格。我们希望，新疆的酒能继续保持这种风格，也希望每个地方的酒都有每个地方的风格，这样，我们每到一个地方，一喝这个地方的酒就能感受到当地的气息，离开那个地方时带些当地的酒回家，每当再次喝起时，也总能想到那时那地的感觉。

新疆盘橐城遗址
盘橐城位于今新疆喀什东南的吐曼河边，这里是汉代疏勒国的宫城，班超曾在这里驻守了十七年，平定了莎车、姑墨等国，后来又进一步平定了西域北道，为统一多民族国家的形成做出了巨大的贡献。
摄影：楚乔

新疆巴里坤草原水草丰茂
摄影：李寻

内 蒙 古

内蒙古本地的特色酒是马奶酒，当地很多酒厂都生产，但消费受众多是本地人，在外地马奶酒并不流行。

白酒方面，内蒙古东部有宁城老窖。宁城老窖酒是内蒙古顺鑫宁城老窖酒业有限公司的产品，1979—1988年先后五次被评为内蒙古自治区优质产品，1989年荣获第五届全国评酒会"国家优质酒"称号及银质奖。宁城，辽代时为中京大定府，酿酒历史悠久，据说明清时就有"造酒、制曲"的风俗。1958年在原烧锅旧址建成八里罕酒厂，1978年投产麸曲酒，以地命名。宁城老窖酒选用本地优质高粱为原料，以河内白曲制成麸曲、多种生香酵母为糖化发酵剂，采用人工泥窖发酵，具有麸曲浓香型酒的特点。

内蒙古西部的包头，与山西有着莫大的关联，因为此地有晋商一大商号"复盛公"，据称"复盛公"商号创业的年代比包头城还要早。内蒙古包头市的白酒也与晋商相关，晋商走西口的典型代表是乔家，包头白酒最早就是由山西乔家经营的老字号"复盛西"在包头开设酒坊发展起来的。

笔者喝过内蒙古西部一种名为"阿拉善"的白酒，该酒是阿拉善驼乡酒业有限责任公司生产的，到一个地方喝一种当地的酒，这是我们这些年来行走在祖国各地的一个习惯，虽然现在白酒市场很混乱，很多地方酒厂自己并不生产酒，而是从四川等地进酒来灌装，但我们还是希望在一个地方能喝到当地风味的酒。驼乡酒业有限责任公司的前身是阿拉善左旗酒厂，距今有三十多年的历史，几十年来历经沉浮，2004年经过改组、转制，成了现在的驼乡酒业公司，产品除阿拉善系列白酒之外，主要生产各种露酒，如冬虫夏草酒、苁蓉保健酒等。

阿拉善酒喷香高，是典型的浓香型酒，口感纯净甘爽、清淡顺滑，我们在野外工作，劳动强度比较大，体力有些透支，不敢喝太高度的酒，该酒40°，度数及其清淡口感正好。阿拉善酒的主体风格，很像川派浓香酒，从它的价位、度数来看，应该是新工艺酒。驼乡酒业在阿拉善有没有发酵装置，我们不清楚，它是怎么生产酒的，是不是从四川进原酒灌装

内蒙古阿拉善酒

的，我们同样不清楚，但就酒论酒，阿拉善酒喝着还可以，是中规中矩的一款酒。

阿拉善酒，虽中规中矩，但由于它和我本人的工作经历有关，所以以后有机会我们还会经常选这款酒喝，并不是因为它品质有多好，比起五粮液来，它的品质肯定要差，但它对于我们正在从事的油气勘探事业来讲，具有非常重要的纪念意义，以后我们再到阿拉善，还会喝阿拉善酒，也只会喝阿拉善酒。

内蒙古阿拉善地区待开发的油田
向远处望去，地平线呈现出明显的弧度，在这里，你能看到：地球是圆的。在眼前这片辽阔荒凉的土地下，一个庞大的油田正满怀磅礴而出的激情，等待着人们将其解放出来。
摄影：李寻

云 南

原来，我以为云南并不产酒，后来，从资深酒客要云先生所著的《酒行天下》一书中，了解到云南产很多种酒。2017年我去云南时，见到过当地卖的一些小曲酒，但没敢尝试，因为这些酒价格过于便宜，才几元钱一瓶，我不能确定这些酒是因为用酒精勾兑的还是另有其他什么原因，会卖出如此低的价格。

云南小曲酒杨林肥酒

后来，又读到著名酿酒专家余乾伟先生所著《传统白酒酿造技术》一书，他在介绍传统工艺酒时，说到了云南小曲酒，说其在清香型酒中还是一个独立香型的酒，很有特点，产量很大，一年的总产量约有三十多万吨。按照中国传统白酒的风格标准，云南的酒与其他省份的相比，品质是比较差的。我向余乾伟先生请教"酒的酿造有没有地理条件的限制"时曾讨论过云南酒的品质这一问题。余乾伟先生是

云南醉明月酒

四川省食品发酵工业研究设计院的正高级工程师，专门做酒厂建设与设计方面的研究工作，他指出，地理条件是对酒的酿造有一定限制，并举了一个例子说明：四川南部西昌和攀枝花地区也曾经想在当地建酒厂，请了设计院的人来设计，研究人员在当地做过研究实验后发现，那个地区就是酿不出像四川泸州、宜宾一带的酒，这就是由气候条件决定的，西昌和攀枝花地区海拔太高，气候干燥，温差也大。他还指出，云南和四川西昌、攀枝花地区的情况比较接近，尽管纬度偏南，温度适宜，但是海拔高，气候干燥，微生物菌群与泸州、宜宾以及四川盆地一带都不一样，所以不适合做大曲酒，或者说是做不出来。从四川西昌、攀枝花到云南一线地区，可以视作大曲酒（包括大曲浓香型酒和大曲酱香型酒）在地理上的南部边界，这是越不过去的一个地理边界。

从自然发酵的角度来看，这个实例是自然地理条件对酒的品质有所约束

云南石林
云南处于云贵高原上，属喀斯特地貌，虽然气候温暖，但海拔普遍偏高，空气干燥，酿酒专家们认为不宜酿酒微生物活动，故无酿出好酒的自然地理条件。
摄影：李寻

的一个很好的证明和体现。据要云先生的《酒行天下》记载，云南昭通的水富县（今为地级市）产一种"醉明月"的浓香型白酒，颇有川酒之风。这个水富县紧邻五粮液酒的产地四川宜宾，原来是四川的一部分，20世纪70年代搞三线工程建设时，四川要建钢厂，选址在攀枝花，当时攀枝花在行政区划上属云南永仁，而云南要建天然气化工厂，也没有合适的地点，于是作为交换，云南将攀枝花划给四川，四川则将水富县划给云南，各得其所，云南因此得到了一个地理和气候条件与宜宾相同、适宜出产浓香型白酒的地方。如果说云南水富县的浓香型白酒尚不错的话，它其实依然没有突破余乾伟先生划出的自然地理边界，只是改变了行政边界而已。

云南本地的小曲清香型酒，我并没有喝过，因此不好评论。这些年，云南也在发展自己的新酒，比如他们也做青稞酒，还做葡萄酒，包装精美，但在市场上没有产生大的影响，这可能也跟余乾伟先生所说的当地不太适合发展酿酒业有关。依我的感觉，云南当地产的酒也是一种边地酒，有它自己独特的风格，以前对云南当地酒多有失敬，以后有机会到云南，还是要多品尝一下云南的酒，再做分析。

云南大理洱海
暮色中的洱海充满了沧桑感。该照片拍摄于 2011 年，当时我们正奔赴探访忽必烈斡腹之路的路途中，今日再看往日照片，如品存放了多年的老酒，滋味丰富。
摄影：高远

名酒为何都在偏远的小镇上？

①北京怀柔区城关镇，红星酒厂

②汤沟酒厂所在的江苏连云港灌南县汤沟镇上的汤沟大桥

③沱牌舍得酒业所在的四川射洪县沱牌镇（原柳树镇）

④四川省泸州市黄舣镇基酒基地

⑤玉冰烧酒业所在的广东佛山石湾镇

⑥西凤酒厂所在的陕西凤翔柳林镇上种的柳树

⑦山西汾阳市杏花村，汾酒厂

⑧今世缘酒业所在的江苏涟水县高沟镇

⑨茅台酒业所在的贵州遵义仁怀市茅台镇

⑩宝丰酒业所在的河南平顶山市宝丰县

⑪江苏宿迁洋河镇，洋河酒厂，陶缸储酒库

一

笔者第一次参观的酒厂是陕西省宝鸡市凤翔县柳林镇的西凤酒厂，那是我们有意识地关注酒厂和酒文化的开始，距今已有十多年。此后，我们走过的全国酒厂大大小小已有近百个，慢慢发现，所有的酒厂，尤其是名酒厂，绝大多数位于偏远的小镇上，情况稍好一些的，也不过是在地级市，位于省会城市的极少。

让我们历数一下位于偏远小镇的名酒厂：

贵州茅台酒厂，位于贵州省仁怀市茅台镇，小镇距仁怀市二三十公里，有悠久的酿酒传统，风物怡人，令人流连忘返。

贵州习水县习水镇的习酒厂，位于深山中的赤水河畔，与对岸的四川古蔺县二郎镇的四川郎酒厂隔河相望。

陕西西凤酒厂，位于陕西省宝鸡市凤翔县的柳林镇上，距离凤翔县城10公里左右。小镇名字引人遐想，让人以为镇上杨柳依依，绿云环绕，去后发现除了一些刚栽的柳树苗外，并没有想象中的成片柳林，只能想象古代这里曾经是一个柳荫如织的地方。

山西汾酒厂，位于山西省汾阳市杏花村。流传甚广的诗句"借问酒家何处有，牧童遥指杏花村"令"杏花村"一名诗意盎然，未去之前，已引发了我诸多美好的想象。第一次去，是在十多年前的冬春之交，汾酒厂的周围和村子里并没有杏花，反而暴土扬长，黄尘遮天，起风之后，黄沙漫漫，有如塞外，倒也别有风味。或许在古代这里曾处处杏花绽放，名美，景也美。

四川剑南春酒厂，位于四川省绵竹市老县城，据说叫作剑南古镇。

四川沱牌舍得酒厂，位于四川省遂宁市射洪县沱牌镇，以前叫作柳树镇，距射洪县城二十多公里，或许古代也是一个杨柳遍地的地方。

安徽古井贡酒厂，位于安徽亳州市古井镇，距离亳州市25公里左右，原名减店镇。

江苏的名酒都在小镇上。洋河酒厂位于江苏省宿迁市洋河镇，近傍洪泽湖；双沟酒厂位于江苏省宿迁市泗洪县双沟镇，也在洪泽湖边；汤沟酒厂距洪泽湖稍远一点儿，位于江苏省连云港市灌南县汤沟镇；高沟酒厂位于江苏省淮安市涟水县高沟镇。这些小镇现在规模都比较大，遍布酒厂，几公里外就能闻到酒糟的气味。

青海互助青稞酒厂，位于青海省西宁市一百公里之外的互助土族自治县

参观西凤酒厂曲房
西凤酒厂讲解员向李寻介绍其制曲工艺与特点。下面像砖头一样的东西就是大曲曲块。
摄影：楚乔

的威远镇，靠近县城。这个镇名听上去就有边塞的肃杀感，当地属于黄土高原地貌，古朴苍凉。

甘肃金徽酒厂，位于甘肃省陇南市嘉陵江畔、秦岭深处的伏家镇，远离徽县县城，两地相去17公里左右，群山环抱。

河南宝丰酒厂，位于河南省平顶山市宝丰县，宝丰酒厂倒是位于县城城关镇，不过相对河南比较繁华的县城，宝丰酒厂的位置也比较偏僻。

北京二锅头有两个酒厂，牛栏山二锅头酒厂位于北京市顺义区牛栏山镇上，红星二锅头酒厂在北京市怀柔区边界的铁路旁，现在去了，也感觉满目荒凉。

再大一点儿的地级城市中也有酒厂，泸州老窖酒厂位于四川省泸州市的老城区，不过新厂区搬到了泸州市的黄舣镇上。五粮液酒厂位于四川省宜宾市，宜宾是五粮液的酿酒基地，厂区离主城区有一段距离，整个五粮液酒厂相当于一个独立的城区，厂区有自己专用的出租车。

位于省会城市的酒厂，就是水井坊博物馆，位于四川省成都市锦江区水井街，以前是全兴酒厂的老厂区。全兴酒厂没搬走之前，顺着繁华的锦江区春熙路前行不久就能闻到酒糟味，顺着酒糟味望去就能看见以前的老酒厂。现在，全兴酒厂搬到了成都市三环以外的金牛区，原来的厂址被英国帝亚吉欧集团收购，将老车间保护起来做成旅游景点，供游客参观，同时还在保护区内生产高端白酒水井坊。这是目前仅见的位于省会城市中，兼遗址保护区和生产基地于一体的酿酒博物馆。

那些在小镇上的酒厂很多都开办了工业旅游项目，小镇多具有古代遗韵，是旅游佳地，只是交通都不太方便，比如茅台镇早些年还没有开通飞机航线，坐公共汽车去贵州茅台酒厂就非常麻烦，自己开车去才方便些。

为什么这些酒厂几乎全部都在位置偏远、交通不便的小镇上？我们起初以为是白酒生产工艺决定的，传统白酒属于开放式发酵，自然接种，双边发酵，依赖于自然环境产生的微生物菌群，需要干净的天然水源、清新无污染的空气和有利于微生物菌群聚集与活动的生态环境，遵循这些原则，才把酒厂设置在偏远但环境好的地方。但是走的地方多了，思考的问题也多了之后，慢慢发现，其背后另有隐情。

二

这些酒厂所在的古镇、古县城，包括那些地级城市，是自古就有的，这些酒厂所生产的名酒也是早已有之，至少清代就有了。这一现象的发现让我们开始思考一个问题：明清时期，酒坊选址有何规律？那时酒厂设计不像现在，有工业设计规范之类的要求，我们只能根据古代酒坊的实际分布情况来推断原因，总结出当时酒坊分布的几个规律：

第一，古代酒坊多位于交通要道、商业集散地。现在这些酒厂所处的小镇主要分布在两大区域：一是分布在古运河上的运输中转点，如从淮安到宿迁这一带，延绵数十公里，经淮河、入运河，过交汇口，是自然河流进入人工水道的中转段，沿线有许多水运、陆运转换的交通枢纽。南方运往北方的货物，至此段由陆运改为水运，舟马络绎，商旅云集，沿线形成了很多繁华的市镇。二是分布在古盐道上，上文提到过的四川、贵州酒厂的所在地，如剑南古镇、泸州、宜宾、茅台镇，还有茅台镇附近的鸭溪、毕节，全是古盐道的重要集散点，古时酒坊就密集分布在这些地方。陕西凤翔的柳林镇古时是入川的要道，当时从陕入川要经宝鸡的陈仓古道，这是关中平原入川的第一站，商旅进山入川之前会先在这里歇脚修整。金徽酒所在的陇南伏家镇，是陇南入川的交通要道，当时客商集中在此地休息、打尖儿、补充给养，这给当地带来了商机，此地的经济逐渐繁荣起来。以上这些说明，古代的酒坊一定是建在商业繁华的交通要道上。

第二，前店后厂的经营模式。古代没有酒厂，只有酒坊的概念，运河一带把酒坊叫槽坊，往北一些的河北把酒坊叫烧锅，四川和贵州叫烧坊。这些酒坊的营业模式基本上是前店后厂，前面门店卖酒，后面是酿酒车间，车间里有发酵池和蒸馏装置等，这种模式非常普遍，在北京也是如此，有文献

四川省绵竹市剑南春天益老号

剑南春"天益老号"酿酒作坊，是位于绵竹市剑南老街上的古代酿酒作坊原址，是剑南春酒坊遗址中的活文物，为剑南春酒厂传统作坊区所在；被列为全国重点文物保护单位，并入选《中国世界文化遗产预备名单》和 2004 年度"中国十大考古新发现"，是仍在使用的活文物原址。

摄影：李寻

记载，民国时期北京的"大酒缸"就是后面酿酒，前面卖酒。过去没有瓶装酒，顾客们多上门打散酒喝，远途运输也就是用大坛装上了事。前店后厂这种模式在很晚近的时候依然存在。2008年到2010年间，我们去青海的威远镇，那时的互助青稞酒厂还有前店后厂的遗风。厂门口有门市部，既出售瓶装酒，也可以打散酒。有人来打酒，卖酒的工作人员就用加油枪一样的工具灌满盛酒的塑料桶，灌酒的喷枪喷出来的酒雾很大，我们在那儿待了不到半小时，酒还没买到，就被酒雾熏得有醉意了。直到现在，一些酒厂还保留着前店后厂的遗风，河南宝丰酒厂、甘肃酒泉汉武御酒厂等，在厂门口都有卖酒（其中都有散酒）的门市部。很多酒厂的博物馆里也卖酒，如古井贡酒厂、玉冰烧酒厂等。大的酒厂就不同了，贵州茅台酒厂就不在厂门口卖酒。

第三，远离政治统治中心。古代县衙或者府衙聚集在城内，这是城市的政治中心，附近一般不建酒厂。据陈学增先生说，清代时北京城前门以内是不让建酒坊的，直到民国初年，袁世凯当总统之后才允许在前门内建酒厂。从现在酒厂的实际分布来看，江苏淮安运河河道漕运总督府和盐运总督府周围没有酒厂，酒厂在远离它们的小镇上。可能在古代，政治中心就是单纯的政治中心，不允许沾染太多的商业气息。

探究整个经济发展的脉络后发现：今天的酒厂之所以会出现在偏僻的小镇上，实际上是经济洪流改道后留下的痕迹，今日看来荒凉偏僻之地曾经却是繁华之地。明清时期，古运河漕运经济和古盐道运输带动了沿线地区的经济发展，由此形成了很多繁华的小镇。据说，当年在洋河镇的鼎盛时期，镇上有两百多家槽坊，以一个槽坊年产十几吨酒来算，一个小镇有两千多吨的产量，规模已算不小。山西汾阳的杏花村，据说清代中期就有200多家酒坊，杏花村算是个小地方，有200家酒坊，今天看来也是相当繁华。茅台镇位置偏僻，在明清时期也大概有十来家烧坊，大大小小的都有，在那么偏僻的盐道上，已经算是相对繁华的居民点了。

后来经济洪流改道，漕运和盐运不再是经济主流，那些商旅的中转节点随着运河漕运经济和古盐道运输的衰落而逐渐被遗忘，又没有其他工业补替，基础交通也跟不上变化的节奏，慢慢地就成了今天的荒凉偏僻之地。现在这些地方的情况稍微好转，但也没有完全改变，现今要去某些酒厂，除非自驾游，否则还是很不方便。

梳理当年的经济主流我们发现，古代酒坊选址并不是选择荒凉的地方，或者环境好的地方，而是选择人烟稠密、商旅云集、八方辐辏之地，只是后来经济主流发生变化,当地繁荣不再,但是酿酒的手艺和老窖池等遗产,使当地的酿酒业在工业时代顽强地保存下来,构成了当下中国白酒分布的底图。

三

后来的历史产生了层累效应。工业文明开始之后,城市的规模急剧扩大,城市规划和产业规划的概念随之产生。与此同时,人们开始有意识地分析空气、环境条件对微生物菌群活动的影响,而大城市建酒厂的弊端也显露出来。人们集中居住的主城区没有合适的作业环境、发酵环境,建设生产企业显然不合适,所以新的酒厂一般不建在大城市里,老酒厂扩建也都在城外选址。工业时代的这种规划强化了农业文明遗留下来的酿酒格局,使酒厂继续在偏远地区存在,老酒厂还在原址上发展,新酒厂却选择在偏远的地区建立。

酒厂位于偏远地区,还拥有劳动力方面的优势。这些酒厂所在的地方位置偏僻,交通不便,对外交流相对较少,产业相对单一,本地人较少外出,比较能吃苦耐劳。而酿酒,特别是传统酿酒是重体力劳动,尽管现在操作工艺进行了很多机械化改进,但是主要的生产操作,尤其是讲究品质的纯粮固态酒,还是要靠人工操作。从事重体力劳动的工人在大城市不太好找,成本也高,相对而言,偏远地区的劳动力供给比较充足,这是现在酿酒企业多选在偏远地区的一个重要原因。

洋河酒厂内的泉泰槽坊
洋河酒厂位于江苏省宿迁市洋河镇,据酒厂的导游介绍,明清时期,洋河镇上有两百多家槽坊(酒坊)。
摄影:李寻

在行走的过程中，我们和很多一线的酿酒师和酿酒工人打过交道，他们质朴、少言、踏实、耐劳，他们朴实无华的气质赋予了酒诚实的灵魂，当我们在小镇上一边喝着原浆酒，一边和这些酿酒人打交道时，真切地感受到了中国白酒那种古朴美的存在。酒评家三圣小庙说："从古至今，仅凭酿酒能捞到金的少之又少，仅仅是安身立命而已，能通达起来的总是那些会卖酒的，做酒的永远跟在卖酒的后面当苦力。这其实不奇怪，整天琢磨工艺的技术派，哪有时间摸索人情世故呢？酿酒的永远隐藏在卖酒的身后，我们能看到他的影子，总也找不到他的人，而其实就算有一天见到了，千言万语也无从谈起，习惯于劳作的他们哪有风花雪月和你谈啊！酒于他只是工作，反正也不愁卖，反正也发不了大财，谈什么呢？！"他眼中的酿酒工人和我看到的一样质朴真实。

随着时代潮流的变化，酒厂面临着一线员工紧缺的问题，越来越多的年轻人不愿干繁重的体力活。在四川、江苏的酒厂我经常听到这样的话：相比做酿酒工人，年轻人更热衷于学品酒，将来好做品酒师、做营销，可以体面、轻松地生活在大城市里。酒厂一线重体力劳动职工普遍年纪偏大，均在四五十岁以上，二十多岁的年轻人比较少。酒厂也在积极寻求对策，比如提高酒厂自动化生产水平，发展智能酿酒概念。著名白酒专家李家民先生在沱牌酒厂就发明了酿酒机器人，用来减轻工人的劳动强度，改善作业环境。相信在未来这些问题一定会找到新的解决之道。

隔水相望的两个美酒小镇
站在四川古蔺县二郎镇山上（正在建设的郎酒庄园附近）鸟瞰，脚下是郎酒厂的储酒罐，远处山崖台地上有高烟囱的厂房是贵州省习水县习水镇的习酒厂，崖下是奔流着的赤水河。二郎镇和习酒镇均是古盐道上重要的白酒集散地。
摄影：李寻

茅台镇的调酒师在展示各个轮次的酒
摄影：李寻

什么是好酒？标准好乱！

两套评价体系的冲突

一

什么是好酒，什么又是劣酒？

在古代，或者说是在现代科学没有传入中国之前，关于好酒和劣酒的标准要简单得多，身体感受就是唯一的判断标准，好喝不好喝，是不是自己喜欢的香味，喝完酒后，有没有上头、口干，第二天起来身体舒服不舒服，等等。自己喜欢喝，喝后感觉身体舒适的酒就是好酒，这种判断酒优劣的标准基本上等同于现在所说的风味和体感标准。

现代科学传入中国以后，中国评价白酒优劣的标准发生了变化，出现了两类标准：一类是科学的标准，也被称作是物理和化学指标，简称理化指标；另一类还是传统的风味和体感标准。

这两类标准从某种程度上来讲，是互不兼容甚至互相矛盾的，按照科学的标准来说是好酒，从风味、体感上来说，未必是好酒，甚至可能是比较差的酒。

为什么会这样呢？

中国白酒起源于金代，距今已有七八百年的历史，在很长一段时间里，中国白酒酿造没有所谓的科学基础，只是一种古老的技艺。19世纪中期现代科学才传入中国，与白酒相关的科学传入就更晚了，白酒的科学基础，主要是微生物学和物理学、化学，中国将微生物学、物理学和化学应用到白酒分析与生产中，是1910年以后的事情，到现在，满打满算也就一百多年的时间。

中华人民共和国成立前，部分科学前辈对白酒做了初步的科学研究工作，但没有成体系、成规模。中华人民共和国成立后，国家组织力量对白酒进行了系统的科学研究。中华人民共和国成立初期，我国的现代工业模式和管理，走的都是苏式道路，在科学方面，无论是思想理念，还是知识体系、教育模式，都受到苏联风格的强烈影响。具体到白酒，当时引进的科学技术是苏联的，帮中国对白酒进行科学研究与管理的都是苏联专家，北京酿酒厂和茅台酒厂都有苏联专家参与工作的记录。

受苏联科技的影响，最直接的表现就是让中国白酒对标苏联的伏特加。伏特加就是液态发酵的食用酒精，它前期采用精馏技术，后期还有过滤和提纯技术，其原则是把发酵生产的酒精中除乙醇以外的一切复杂成分全去掉，以获得最纯净的酒精，这个原则成为我国白酒在物理和化学上的基本原则，直到现在，很多讲中国白酒生产工艺的工具书中（如沈怡方先生主编的《白酒生产技术全书》），谈到所谓的国外烈性酒标准，其实只是指伏特加，进而把接近无酸无酯的伏特加酒的标准，当作中国白酒努力追求的科学标准（但实际上国外白酒有很多种，威士忌和白兰地就不同于伏特加的低酯低酸）。

按这种标准执行的话，白酒中的微量成分，比如高级醇、醛类等，含量越少越好。微量成分越少的酒，按照伏特加的标准来看，就越是好酒、越是健康的酒。但中国传统白酒的风味口感、体感，除乙醇外，主要源自其中的酸、酯、醇、醛等物质，没了这些物质，酒既不香又不好喝，喝之后身体的舒适度也不好。后来人们认识到，高酸高酯但又要达到酸酯的平衡协调是中国白酒的一大特征，然而在科学上又不能否认白酒中的部分微量成分对人体有害，由此就出现了国家标准中的矛盾现象。

中国现行白酒国家标准实际上是双重标准：一个标准是科学标准，即理化指标，就是将白酒中的有害成分如甲醇、乙醛等控制在国家规定的一个安全范围之内。按理化指标来看，中国白酒仍无法达到伏特加的标准，但这是与风味标准妥协后的最低限度的卫生标准。

另一方面，目前中国白酒中的优级酒、一级酒、二级酒，其实是按照风味口感等主观标准评出来的。按照中国白酒的国家标准，比如高度清香型白酒（酒精度41%～68%），优级酒的要求是清香纯正，具有乙酸乙酯为主体的优雅、谐调的复合香气，口味上酒体柔和协调，绵甜爽净，余味悠长；一级酒的要求是清香纯正，具有乙酸乙酯为主体的复合香气，口味上酒体较柔和协调，绵甜爽净，有余味。又比如高度浓香型白酒，优级酒的要求是具有浓郁的己酸乙酯为主体的复合香气，口味上酒体醇和谐调、绵甜爽净、余味悠长；一级酒的要求是具有较浓郁的己酸乙酯为主体的复合香气，口味上酒体较醇和谐调、绵甜爽净、余味较长。

尽管自古代起，人们就一直把酒后是否舒服作为评价酒好坏的标准，但在五次全国评酒会上，并没有把身体感受作为评酒标准，体感标准是近些年才提出的，具体来说就是不上头、不口干，喝后第二天身体舒服。这些标准在古代人们就已在运用，但将其应用于白酒的科学化研究，是近十几年的事情。

具体到市场上，评价好酒劣酒的标准，从技术化的角度来讲，现在公认的就是纯粮固态发酵的酒就是好酒，也就是俗称的"粮食酒"。这个标准表面上看是以原料和工艺作为标准，实际上是对风味、体感这类自古就已存在的标准的妥协，因为只有纯粮固态发酵的酒才能产生那种风味和体感。但这种标准与理化指标有时是矛盾的，纯粮固态发酵的白酒中有害物质未必就少，它只是香气好、口感好而已，从科学指标来看，还是以伏特加所代表的"纯净的酒"更好。

当然，到了普通消费者那里，好酒劣酒的标准从来就很简单，和古代是一样的：价钱贵的酒就是好酒，有钱人、达官显贵喝的酒就是好酒。

二

中国白酒之所以出现上述互相矛盾的双重标准，和科学在我国是舶来品有关。现代科学传入之前，我们的先祖只知道酿酒，不知何为微生物学，对微生物和人体所发生的各种复杂反应认识不清楚。近代以来，我国科学界对于物理学和化学的理解也是跟在西方人后面亦步亦趋，人家给一套观念，我们就接受一套，然后照做。由于我国科学家在微生物学、物理学和化学上很少有自己独立的创见，就导致了按照所谓科学标准生产的好酒和按照传统方法生产的好酒，是两个互相矛盾的概念。我们认为，在这种矛盾中，并不是中国传统白酒不好，而是我们对中国传统白酒缺少独立的、有创见性的科学认识，从基础科学上对中国白酒这种已经存在了七八百年的嗜好性饮料，缺少独立的科学理论和研究。

三

上面讲明白了好酒、劣酒的标准是什么，从中可以看出古代和现代，标准是不一样的。在古代，说价钱贵的、达官显贵喝的酒就是好酒，基本没有问题，因为那时没有液态酒，也没有固液酒，都是纯粮固态酒，造劣酒的无非是多添些水，酒的品质和价钱、体感及口感是一致的。但在现代社会，现代科学技术应用到白酒领域之后，出现了液态酒和固液酒，酒的品质和价钱等就不一定能对应上了。

所谓液态酒就是培养基是液态的发酵酒，也就是食用酒精。食用酒精也有优质酒精和劣质酒精之分，二者的区别在于原料、工艺的不同，优质酒精以粮食为原料，劣质酒精以薯干、木薯、糖蜜等为原料，薯干中果胶质较多，生成的甲醇多。国家标准（GB 10343—2008）对食用酒精中的有害成分甲醇含量的控制十分严格，规定特级酒精中的甲醇含量要小于或等于2mg/L，优级酒精中的甲醇含量要小于或等于50mg/L，普通级酒精中的甲醇含量要小于或等于150mg/L。劣质酒精的生产工艺简单、成本低，优质酒精需要更多的分馏过滤装置，成本高。但对蒸馏酒的要求则低得多，国家标准GB 2757—2012规定：粮谷类蒸馏酒甲醇含量要低于或等于0.6g/L，其他类小于或等于2.0g/L。如果仅从甲醇含量这一个指标来看，最差的普通食用酒精150mg/L（相当于0.15g/L）也比蒸馏酒更卫生。卫生标准的降低，实际上是对风味口感做出的妥协。同样，GB 2757国家标准的修订本身就体现了让步、妥协的过程，GB 2757—2012较之GB 2757—81，卫生标准放宽了很多，GB 2757—81规定，粮谷类蒸馏酒甲醇含量要低于或等于0.4g/L，其他类小于或等于1.2g/L。卫生指标的降低，暗示着固态法蒸馏白酒的风味标准占了优势地位。

卫生指标与市场销量恰成反比，以更高卫生指标生产的食用酒精勾兑出的液态法白酒，价格远低于卫生指标低的固态法白酒。

与固态酒相比，液态酒成本低、出酒多，酒界素有这样的说法：固态酒是三斤粮出一斤酒，液态酒是一斤粮出三斤酒，甚至更多。西方的分析化学应用于白酒生产之后，人们知道了令酒呈香呈味的微量成分是什么，从而发展出了一整套的现代勾兑技术。古代的酒也讲勾兑，但和现代勾兑技术不一样，那时只是不同轮次或不同陈储时间的酒之间的勾兑，不会将某种微量成分比如乙酸乙酯、乳酸乙酯提取出来，再添加到食用酒精里，更何况古代也没有食用酒精。

现在，为了使食用酒精具有优质白酒即固态酒的风味，会采用两种勾兑方法，第一种方法是添加人工制造的香精，所谓"三精一水"（酒精、糖精、香精加水），勾兑是也。想要浓香型的酒，就往酒精里添加己酸乙酯；想要清香型的酒，就添加乙酸乙酯；想要酱香型的酒，就将己酸乙酯和乙酸乙酯以及醛类匹配好再添加到酒精里。添加了这些香精之后，就可以冒充固态酒来卖。

第二种方法是拿一部分固态酒和一部分液态酒进行勾兑，用这种方法勾兑出来的酒简称"固液酒"，俗称"二名酒"（国家标准规定，只有固态酒超过30%，才能称之为固液法白酒）。"三精一水"勾兑出来的酒，微量成分毕竟单一，只有十几种而已（而传统的固态酒里的微量成分有几百种之多），用这种方法勾兑出来的酒后味短，不够丰富，容易被消费者喝出来。而用30%的固态酒和70%的液态酒勾兑出来的酒，微量成分更加丰富，酒味更加协调，如果勾兑水平高，能最大限度地接近固态酒，消费者很难分辨出来。但它的成本比纯粮固态酒低得多，按现在的市场价，液态酒（食用酒精）一吨才5000～6000元，而纯粮固态酒一吨至少能卖到十万元甚至二三十万元。这么大的利润空间，引无数生产商以次充好，以液态酒冒充固态酒销售。

在市场上，除少数大酒厂之外，大多数酒厂生产的液态酒并没有在酒标上标明它们采用的是液态法，都按固态酒在卖。现在市场上很多号称"大曲"的酒，如绵竹大曲、沱牌大曲等，就是用食用酒精勾兑的液态法白酒，根本已经不用大曲来做糖化剂和发酵剂，但还用着"大曲"之名，明显名不副实，但它们也不在酒标上做说明，依旧鱼目混珠，在市场上销售。

因此，现在说市场上什么是好酒，得非常谨慎，仅仅凭着价格、广告来判断的方法已经失效，甚至连白酒专家都很难分辨清楚，更别说普通消费者了。

四

和世界上其他蒸馏酒相比，中国白酒酸高酯高，除了酸酯之外，中国白酒中的杂醇油和羰基化合物（醛和酮）也比较高。中国白酒是世界上成分最复杂的蒸馏酒，正是这种成分的复杂性，才造成了中国白酒香味和口感的复杂性，中国白酒是世界上口感风味最丰富多样的酒，因而也是最能容纳人类丰富文化情感的酒。

和中国白酒相比，其他类型的蒸馏酒低酸低酯，伏特加甚至接近无酸无酯，只是纯粹的乙醇。受现代科学的影响，很多中国白酒科学家认为，饮用杂质最少的伏特加，虽易上头，但比较干净、卫生，对人体的伤害也最少。[①]在中国白酒中，清香型的汾酒相对来说微量成分最少，所以，秦含章先生建议周总理多喝汾酒，因为它更清纯。

但是，研究也发现了一些奇怪的现象："清纯"的酒有时更易上头，而"不干净"的、"杂质"多的中国白酒饮后反而没有上头的现象。茅台酒就是高酸高酯高微量成分的代表，它的羰基化合物是白酒中最高的，达到431.1mg/100mL，其次为浓香型，为200mg/100mL，清香型的汾酒为

161.2mg/100mL，米香型的三花酒只有3.8mg/100mL。②很多人发现，饮用茅台酒几乎不上头，三花酒和汾酒上头的概率要远高于茅台，最清纯的"伏特加"有时更易上头。

关于这种现象，有多种解释。一种说法是"当白酒中的高级醇、羰基化合物含量一定时，其他成分（酸、酯、各种微量元素）越丰富，比例越协调，越能提高饮用舒适度的效果。产生这种效果的关键是减缓了酒精、高级醇、羰基化合物的吸收速度，而加快已吸收这些物质的分解和速度，使这些物质在人体血液中特别是脑组织中不过多的积累"。③

另一种说法是"酯类对神经系统的抑制和麻醉作用较强，同时具有镇静止痛的作用，从而减轻饮酒者的头痛感"。④

这些解释都有一定的道理，但也都存在问题。首先，羰基化合物主要是乙醛、糠醛，酒的主要成分是乙醇，乙醇在体内的代谢是先转化为乙醛，再转化为乙酸，在转化为乙醛的过程中，要夺去人体内大量的氧，会导致大脑供氧不足，人醉后站立不稳、步履艰难的原因就在于此。而羰基化合物中的醛类对人类来说，是乙醇之外的一种增量的乙醛，乙醛的总量是增加的，怎么可能加速这些物质的分解速度呢？其次，就算酯类有一时的镇静止痛作用，但药劲儿过去之后，醛类、杂醇油（高级醇）还在人体内，其毒副作用不会消失，就算暂时没有"上头"的现象，天长日久，那些比乙醇毒性高许多倍的羰基化合物也会导致人体慢性中毒，那应该有流行病的统计学特征出现才是。可事实是，在饮用蒸馏酒的各国人口中均没有发现这种慢性中毒的趋势，没有数据显示饮用中国白酒的人就比饮用伏特加的人更容易醛中毒，或饮用茅台酒的人就比饮用汾酒的人更易醛中毒。

我们认为，现代科学对白酒中的复杂成分进入人体后的生理化学反应尚未认识充分，实际上对于饮酒体感与现在认识到的物质成分的关系还没有充分准确的认识。人体是最好的传感器，它本身有没有不舒适感一定是有原因的（很多分析仪器都检测不出的酒中的微量成分，人体的味觉、嗅觉却能感受得到），低酸低酯的酒有时易"上头"，一定还有另外的原因，并不只是没有其他的酸酯抑制乙醇的吸收或酯类的止痛作用暂时缓解乙醇的作用所致。也可能是如此丰富的酸、酯、高级醇、羰基化合物（醛）进入胃之后，在体内微生物的作用下，先行水解为乙酸或二氧化碳和水，导致进入小肠之前，高级醇或醛甚至乙醇本身已经大量地减少，或转化为其他无毒的分子结构，这才导致人体舒适性的增强，且没有慢性中毒的症状发生。

以上的看法只是笔者的猜测，有待进一步的科学研究证明。

五

饮酒，在某种程度上也是一种药理、毒理及生理试验，而且是数千年来亿万人的人体实验，比用小白鼠做动物实验的效果可靠多了。在现阶段，人们的科学认识解释不清楚，清纯的伏特加为什么比不那么清纯的白酒更易上头，更大的可能是由于人们的科学认识程度还不够，也正因为这样，才出现了理化指标与感官指标不一致的现象，才有上头的酒精比不上头的白酒对人体的健康损害更小的观点。不是酒有问题，是人类的科学认识还不足。

从国外伏特加的发展来看，可能也有一部分优质的伏特加改变了生产工艺，如法国的灰雁伏特加、俄国的高端品牌猛犸象伏特加、贝卢卡（白鲸）伏特加，这些酒加冰块后出现絮状物，类似中国传统白酒加水变浑浊及在温度降低时析出絮状物的情况，这说明国外也放弃了低酯低酸的技术标准，有意识地在蒸馏酒中保留了高级脂肪酸。

酒的酿造工艺远早于现代科学，在没有按现代科学手段搞清其原理与成分前，人类已经喝了数千年的酒。现代科学出现后，对酒的微观成分有了深入的认识，对减少酒中的有害成分起了巨大的促进作用，提高了酒的安全水平，但是，也有许多杯弓蛇影的虚惊，如中国黄酒"EC门"风波。由于这件事具有很强的标志意义，故详细摘引如下：

> 2012年6月15日早上，香港消费者委员会会刊《选择》月刊刊登消息称，消委会通过对7类黄酒、绍兴酒、糯米酒及梅酒等共计34款酒精饮品的测试发现，包括古越龙山三年陈酿绍兴加饭酒、古越龙山正宗绍兴陈年花雕（5年）和塔牌八年陈绍兴加饭酒等三款绍兴酒样本氨基甲酸乙酯的含量，分别为0.2mg/kg至0.26mg/kg不等，其中古越龙山正宗绍兴陈年花雕（5年）的含量最高。
>
> 氨基甲酸乙酯，英文名称Ethyl Carbamate，简称EC，是一种可能致癌的物质，是食物在发酵或贮存过程中天然产生的物质，普遍存在于发酵食品和酒精饮品中。
>
> 消息同时承认，香港并无法律规定食物和饮品的EC最高限量，也无相关的国际标准。不过，个别国家如加拿大则制定了某些酒精

饮品的EC最高限量。

消委会提醒消费者，EC对于酒精饮品饮用量高的人，有潜在健康风险。此外，酒精饮品中含有的乙醇，已被国际癌症研究机构确认为"令人类患癌的物质"，故并没有所谓"安全"水平，卫生署一般建议经常饮酒的人，应控制自己的饮用量，以尽量减低酒精对身体的伤害。

负责本次检测的香港消委会，成立于1974年，由政府拨款独立运作，不接受任何商业赞助和广告。因此消委会经常对不同品牌、商品进行调查并公布结论，可信度相当高。

15日下午14点多，财经网在内地首先转发香港《选择》月刊的消息，报道《古越龙山两款酒被指可能致癌》，该文引起了各大网站的转载和跟进报道。

截至当日收盘，古越龙山的股价大跌4.2%。

当天晚上，古越龙山发布四点声明：

（1）黄酒是一种传统食品，有数千年历史，适量常饮对人体健康有益，至今没有发现因饮用黄酒致癌的案例发生。

（2）EC普遍存在于各种酒类及其他发酵食品中，是在自然发酵过程中产生的，并非人为添加。

（3）目前国际上对食品及酒类中直接的EC含量控制规定的较少，其中欧盟对水果白兰地的EC含量标准为0.4mg/kg，法国和瑞士的规定上限为1.0mg/kg，目前我国对酒类的EC尚无标准要求。

（4）国际卫生组织对EC的评价为2A级。

最后不忘提醒一句，古越龙山历来视食品安全为企业之生命，所生产的产品安全可靠，请消费者放心饮用。但黄酒作为含酒精的饮用产品，倡导适量饮用。

但是，16日香港媒体上关于酒类含EC涉癌的报道正在发酵，新闻报道全面开花。各大主流媒体纷纷报道34款酒含致癌物，并点名古越龙山正宗绍兴陈年花雕含量最高，分析认为EC可以导致各种癌。消委会同时呼吁市民少喝，避免影响健康。香港舆论出现一边倒倾向。

21日，《人民日报》以"'黄酒风波'虚惊一场"为题发表文章认为：EC在发酵类食物中普遍存在，正常饮食摄入不会有害健康。

6月15日之后，古越龙山股票连续阴跌，7个交易日蒸发了近11亿元的市值。

EC到底是什么？

EC是酵母代谢产生的微量有害组分，它是由氨甲酰化合物与醇反应生成的，具有致癌作用，已引起国际酿酒界的关注，在酒类生产中也开始对它的含量加以严格限制。

黄酒中90%的EC是由尿素和乙醇反应生成的。EC的生成量与尿素的浓度、乙醇含量、反应温度和时间有关，尿素浓度高、反应温度高、反应时间长及pH呈中性都会使EC的含量增加。

黄酒酿造时，原料、辅料和水会带入部分尿素，但主要还是发酵中由酵母代谢产生。酵母在生产繁殖和进行酒精发酵时，除了合成自身菌体需要的尿素外，还把大量的尿素分泌到体外，使酒醪中的尿素含量增加，酵母细胞内的精氨酸酶的活性也会随之提高，加速了尿素的生产。黄酒中的尿素主要由精氨酸分解而来。

发酵中，一部分尿素开始与乙醇作用生产EC，当黄酒压滤后，煎酒灭菌和贮酒陈酿时，EC的形成量会大幅度地增加。

煎酒温度高，能使酒的稳定性提高，但尿素会加速形成EC。煎酒温度越高，煎酒时间越长，形成的EC越多。同时，由于煎酒温度升高，酒精成分挥发损耗加大，糖和氨基化合物反应生成的色素物质增多，焦糖含量上升，酒色加深。因此，在保证杀灭微生物的前提下，适当降低煎酒温度，可使黄酒的营养成分不致破坏过多，有害副产物也可减少。

新酒成分分子排列紊乱，酒精分子活度较大，很不稳定，因此口味粗糙欠柔和，香气不足缺乏谐调，必须经过贮存促使黄酒老熟，即陈酿。普通黄酒一般陈酿1年，优质黄酒陈酿3至5年。

贮存时，酒液中的尿素和乙醇继续反应生成EC。成品酒的尿素含量越多，贮存温度越高，贮存时间越长，形成的EC则越多。因此，黄酒要掌握适宜的贮存期，贮存时间不宜过长，否则，酒的损耗加大，酒味变淡、色泽过深，焦糖的苦味增加，黄酒过熟，质量降低；而不是像某些酒厂吹嘘的那样，老酒越老越好越值钱。

日本已研制出用酸性尿酶消除葡萄酒中EC的简易方法：将5mg酸性尿酶粉末加入含有35ppm尿素的酒中，先在15℃条件下保持2

天，后在30℃条件下保持14小时，这样可使酒中尿素的含量几乎降至零，而且酒在贮存期也不再产生EC；控制酵母菌发酵整个过程的无杂菌污染也是至关重要的，因为多数乳酸菌杆菌、乳酸球菌同样具有分解精氨酸、分泌瓜氨酸的能力。[⑤]

现在，时间已经过去六年了，人们已经忘记了这件事，黄酒该卖照卖，喝酒的人该喝照喝，但当时引起的轩然大波给生产厂家造成了巨大的损失，也给社会公众带来了巨大的恐慌。

仔细分析一下关于这个事件的过程记录，有以下几点值得深入思考：

（1）EC这种物质几乎在所有的发酵物中都存在，如酱、醋、酱油、酒等，而且存在了几千年，当时没有科学手段去了解分析这种物质，也就没有所谓的"卫生标准"，而一旦有人拿此说事，就立刻会引起公众恐慌，给企业带来重大损失。我国事先没有关于这个指标的标准，但欧洲白兰地酒有这个标准，尽管我国黄酒中的EC含量远低于欧洲标准，但公众认为：你们酒厂早就知道有这种物质的存在，而且在监控它，努力降低其含量，为什么不告诉公众？为什么不推动国家相关标准出台，增加这个指标的检查？所以，他们认为酒厂故意隐瞒事实、欺骗消费者，因此导致大范围的不信任。而此后引用的日本方面消除EC的方法，又暗示人家的科学技术先进，能消除这种有毒物质。

这一事件说明，我国的酒企业没有掌握科学话语权的主动性，一些科学常识为什么不主动公布，主动消除一切潜在的风险？为什么不实事求是地把现在科学上取得的认识成果和自己的科学判断及时表达出来？说明我国的酒企尚缺乏在科学时代主动回应挑战的能力。

（2）这个事件显示出另外一种貌似科学的愚昧。相关科学研究指出，EC有致癌作用，仿佛言之凿凿，但没有任何人问：EC是怎么致癌的？其致癌的机制是什么？能致什么癌？病理、毒理、生理学的证明过程是怎样的？有多少临床医学的病例？更没有人深问：癌症是什么？人类医学现在知道癌症形成的原因了吗？据我所知，医学上对癌症的形成原因尚没有确定可靠的科学认识。癌症是什么原因尚不知道，就断言某种物质能致癌，在科学逻辑上能够成立吗？

（3）不知是媒体导向的问题，还是人类认识上先天的弱点所致，这个报道中最有杀伤力的东西反而被"忽视"或"掩盖"了，那就是乙醇。人们关注的焦点集中于"EC"这个实际上含量极少、几乎与健康毫无关系的、自己原来一无所知、拗口难记的"毒物",似乎只要有了像日本那样先进的去除EC的技术,问题就可以一劳永逸地解决了;似乎没有人注意到,香港消费者委员会的文章中,也提到了"乙醇"已被国际癌症机构确认为"令人类患癌的物质"。2018年10月,国际著名医学杂志《柳叶刀》就发表了一篇文章,声称只要饮酒就会损害健康,没有最低安全饮用量。乙醇是酒最基本的成分,在酒中的含量最大,它若能致癌,那远远比其他任何微量成分作用大,远远不是EC所能比的。可是,人们为什么不对乙醇致癌感到恐慌呢?也许是因为如果再搞一个什么新科技把乙醇也提取出去,那还有酒吗?不就是喝水了吗?大概人们都知道这种后果,所以,对最大量的能致癌的乙醇视而不见,对至少从剂量上看并不能致癌的EC却大呼小叫。这一事件反映出人类想喝酒又怕致癌,在喝酒和致癌之间,最终选择了能致癌的乙醇来喝,然后找一个在剂量上比乙醇小得多的EC进行挞伐,好像就能把癌症赶跑似的。企图享乐的欲望,自我欺骗的脆弱,盲从蒙昧的强大力量,在此都淋漓尽致地表现出来了。

说说我们的认识结论:

(1)酒远远诞生于现代科学之前,现代科学的出现使人们知道了酒中的一部分微量成分及其对人体的作用,一些确实被证明有害的物质被当作控制指标提出来,这是科学进步带来的对人体健康方面的益处,是值得鼓励的。

(2)由于科学是不断发展的认识过程,未来还一定会发现酒中又有这种或那种有害成分,比如大部分酒中均含有糠醛,糠醛有剧毒,难免有朝一日有人会以此说事,那时难免会引发一阵子市场波动。当然,也不断有人会发现酒中有以前没有发现的有益健康的成分,比如茅台酒的硫蛋白能治疗肝病,比如洋河的微分子健康酒等。还有人指出,白酒中有多种微量成份与中药中的有效成分一样,有保健作用等,以此作为促销噱头。

我们想说的是,这些尚在探索中的科学认识,只不过是有意无意地成了商家市场竞争的营销手段,在科学上没有确定性。

(3)科学上既要注重微观证据,也要注重宏观证据,一定剂量的甲醇、甲醛,甚至乙醇能使人致病,甚至致死,这是有充分的微观科学证据的,是经过验证的科学真理,必须尊重,必须尊重各种相关指标。

但是,在宏观上,人类酿了几千年的酒,喝了几千年的酒,亿万人的人体试验这种宏观数据表明，适度适量的酒并没有那么大的毒副作用，犯不上为一些尚无确定证据的微观数据而恐慌。酒是可以喝的，只要不超过乙醇的致病量，就是健康的。

（4）面对科学问题，一定要贯穿彻底的科学精神，要全面追问各个相关环节，不能把一些并没有经科学证实的观点当作确定的真理对待，如某某物质致癌的报道，基本上都是危言耸听，人类连癌症的基本机理尚不清楚，怎么能知道是什么物质致的癌？

科学是不断发展的，今天确定的真理明天就可能是谬误，人类对酒的科学认识还有很多未解之谜，可探索的领域十分深远，现有对酒的科学认识也许二十年后就会全部被刷新，当然，这不妨碍人们现在喝想喝的酒。

注释：

① 刘玉明，王福庆，彭建国. 漫谈饮酒"上头". 酿酒，1995（1）.

② 张安宁，张建华. 白酒生产与勾兑教程. 北京：科学出版社，2010.

③ 林华. 中国白酒饮用舒适度探讨. 中国高新技术企业，2010（33）.

④ 童国强，杨强，乐细选. 白酒饮用舒适度的影响因素及应对措施. 酿酒科技，2011（8）.

⑤ 陆仲阳. 倾斜的声誉——中国名酒公关启示录. 北京：中国轻工业出版社，2014.

TIPS 1 如何选款好酒喝？

一

好酒、差酒是有差别的，官方的说法中就有优质白酒和普通白酒之分，各个酒厂也有一级酒、二级酒、三级酒之分……好酒、差酒之间的区别当然有具体的指标，但是那些指标过于专业、过于复杂，而且对普通消费者来说，根本无法操作，不实用。这里只是想谈一谈每个普通消费者都能实际操作和使用的判别好酒与差酒的方法。

二

其实，选好酒的办法很简单，就是选价钱贵的酒，而且，要选择大品牌中价钱贵的酒，比如飞天茅台、正品的五粮液、国窖1573、舍得酒、汾酒20年、汾酒30年、西凤酒海原浆等。"一分价钱一分货"是永恒的经济法则。这些酒或者是市场上最贵的酒（如飞天茅台53°，2017年官价1499元/瓶，五粮液官价也要1100元/瓶），或者是同品牌中最贵的酒，比如汾酒30年（俗称大蓝花，市价650元，比一般的十年老白汾140元要贵500元左右）。

诚然，贵的不一定是好的，但酒业是个竞争激烈的行业，那些品质一般、虚高定价的酒逐渐会被淘汰、边缘化，最后能留下的大品牌酒、高价酒也确实是高品质的酒、好喝的酒。买得贵，就是买得对。

三

既然标准这么简单，还啰唆这么多废话干什么？直接奔贵的买不就行了。

问题在于：没钱！

每个人都想喝好酒，但并不是每个人都有钱，而且一旦好上这口儿，就不是喝一瓶两瓶，少说一年也得喝个十来瓶，有统计显示，90%购买飞天茅台的人都舍不得自己喝，而是送人。

正因为没有足够的钱想喝什么就买什么，所以才出现了各种踌躇、比较、说道云云……正如谁都知道奔驰是好车，但买不起，只好在大众、本田、丰田、沃尔沃中去寻找所谓的最高性价比了。

而且选酒也不一定全是自己喝，更多的是送人或请客，不同的用途，选一款好酒的标准也是不同的。

四

对于买酒自己喝的人，选择一款好酒的标准如下：

1.选择市场上销售额排名前十的大品牌酒（是销售额，不是销售量）。

2.选择大品牌酒中公认的主流品种，如飞天茅台53°、五粮液52°等。15年、30年的飞天茅台固然更好，但实在太贵了，如果是自己喝，没必要花那个钱。

3.各大品牌的高端产品，品质其实都差不多，那就按自己的口感和偏好去选自己喜欢的好了。

4.一定要喝上一次各品牌中最好的酒，宁肯少喝几瓶，也一定要省下钱来买瓶那个品牌中最贵的酒尝一尝，这样会让你知道好酒的标准是什么。

5.平常喝酒多的话，那就只能喝自己能买得起的酒了。

从2018年的价格水平来看，每瓶市价300元以上的酒都算得上是可以喝的酒，市价500元以上的酒自然是好酒，市价300~500元之间的酒龙蛇混杂，有些好、有些差，要花些功夫分析鉴别。市价100元以下，基本上没有好酒。（价格是随着经济发展变化的，2012年，100元/瓶以上的酒基本上都算好酒。）

五

市场竞争使得不同品牌之间出现了较大的价格差距，茅台一骑绝尘，其他品牌远落在其后。其实，就品质来讲，五粮液、国窖1573、舍得酒、汾酒的高端产品不比茅台差，形成价格差距主要是市场、社会文化方面的原因，因此，如果是自己喝，选择那些销售额和利润率排名较靠后的品牌的高端酒，是性价比最高的选择，毕竟买一瓶飞天茅台的价钱可以买三瓶汾酒30年。

六

有没有一些销量没有进入前十名、甚至籍籍无名的小酒厂（如贵州茅台镇上、江苏洋河镇上的那些小酒厂）能生产出和一线品牌一样好的酒呢？

当然能！但是，对普通消费者来说，要找到这些小酒厂，或者在网上找到这些小酒厂所生产的高品质酒，是不太容易的。资深酒客可以通过去厂里定制酒或多方比较找到这类好酒，但是，这些酒其实也不便宜，比如真正可以和飞天茅台相媲美的茅台镇酒至少也得在300元以上，好一点儿的得五六百元一瓶。对一般只认牌子喝酒的酒客，在五六百元的茅台镇酒与五六百元的品牌酒如汾酒、古井贡、舍得酒、洋河梦之蓝间，可能大部分会选择品牌酒。不过对资深酒客来讲，那些产品质量稳定的小品牌酒是性价比最高的选择。

<h1 style="text-align:center">七</h1>

不同品牌、不同香型的同档次白酒之间，更多的是风格上的差异，不是品质上的差异，但是强大的品牌效应、人情世故市场的刚性制约无形中也会形成强大的心理暗示，有时会让人不敢坚信自己的味觉和嗅觉，真就觉得只有飞天茅台酒最好，喝别的酒怎么都觉得不如茅台。没办法，人就是这么容易放弃自我的判断。能坚持自我的人，需要独立的力量。

TIPS 2　白酒的组成成分

　　白酒中的主要成分是乙醇和水，约占总量的98%以上。但决定白酒香型风味和质量的却是许多呈香呈味的有机化合物。自1960年色谱技术应用到白酒香气成分剖析中以来，根据各有关科研单位报道的研究成果，在各种香型白酒中至今已发现香气成分有342种之多，根据其化学分类，可分为以下几种。

1. 酸类

　　白酒中的酸一般指的是有机酸，化学上称羧酸。其特征是分子中含有羧基，除甲酸外，它们的分子可用通式R—COOH来表示。

　　（1）酸类是形成香味的主要物质，它与其他呈香呈味物质共同形成白酒特有的气味。酸类还是形成酯类的前体物质，没有酸，一般就不会形成酯。酸也可以构成其他香味物质。

　　有机酸含量的多少是酒质好坏的一个标志，在一定范围内，有机酸含量高，酒质好；反之则酒质差。含酸量少的白酒，酒味寡淡，香味短，使酒缺乏固有的风格；如酸味过大，则酒味粗糙，出现邪杂味，降低酒的质量。适量的酸在酒中能起到缓冲作用，可消除饮酒后上头和口味不协调等现象。酸还能赋予酒一定的甜味感，但酸过量的酒，甜味也会减少，也影响口味。一般优质白酒酸的含量较高，约高于普通白酒1倍，超过普通液态白酒2倍。

　　白酒中的酸类分挥发酸和不挥发酸两类。

　　挥发酸有甲酸、乙酸、丙酸、丁酸、己酸、辛酸等。挥发酸从丙酸开始有异臭出现，丁酸过浓呈汗臭味，而戊酸、己酸、庚酸有强烈的汗臭味，但这种气味随着碳原子数的增加又会逐渐减弱，辛酸的臭味很小，反而呈弱香味。8个碳原子以上的酸类，其酸气较淡，并且微有脂肪气味。

　　不挥发酸有乳酸、苹果酸、葡萄碳酸、酒石酸、柠檬酸、琥珀酸等。这些不挥发酸在酒中起调味解暴作用，只要含量比例得当，就能使人饮后感到清爽利口，醇和绵软，但含量过高，则酸味重、刺鼻。

　　有机酸具有烃基（—CH_3或—CH_2CH_3）和羧基（—COOH），因而能和很多成分亲合，如酸和醇的亲和性强，有形成酯的可能，有利于增加酒香，起着缓冲及平衡作用，使酒质调和。碳原子数少的有机酸，含量少可以助香，是重要的助香物质。碳原子较多，或不挥发性的酸，在酒中起调味解暴作用，是重要的调味物质。

（2）酸与酒质的关系。

酒中各种有机酸含量的多少和适当的比例关系，是构成各名优白酒的风格和香型的重要组成成分。

在各名酒中，总酸含量以酱香型（茅台酒）为最高，达294.5mg/100mL，郎酒也在174.09mg/100mL。构成总酸的主要成分是乙酸、乳酸、己酸、丁酸和氨基酸，它们之和为277.7mg/100mL，占总酸的94.3%，茅台酒特别突出的是氨基酸含量较高，为18.9mg/100mL，为其他各酒之冠，也是酱香型酸类物质的特征，但以乙酸、乳酸所占相对密度最大。浓香型酒以泸州特曲、五粮液为代表，含酸总量在200mg/100mL左右，构成总酸的主要成分为己酸、乙酸、乳酸、丁酸，它们之和分别为196.9mg/100mL和179.3mg/100mL，占总酸94%和93.72%。此两种酒的特点是己酸的含量为其他香型之冠，分别占总酸的39.52%和35.44%；其次为乙酸，分别占总酸的30.69%和23.21%。清香型（汾酒）含酸量较低，仅128mg/100mL，以乙酸、乳酸为主，其中乙酸占总酸的73.48%，乙酸所占该酒的百分比为其他香型之首，也是汾酒独特之处。米香型（三花酒）含酸量低，为120.3mg/100mL，以乳酸、乙酸为主，其中乳酸占总酸81.38%，乳酸占总酸的百分比为其他各酒之最；而且其他有机酸物质数量少，含量也少，除乳酸、乙酸外，仅占总酸约1%，是米香型酒的特征。其他香型的董酒含酸量较多，为219.4mg/mL，以乙酸、丁酸、己酸、丙酸为主，此四酸之和占总酸的93.07%，以绝对值来说，乙酸119.4mg/100mL，丁酸49.1mg/100mL，丙酸14.5mg/100mL，在各香型酒中含量最多；以相对值来说，丁酸占总酸22.38%，丙酸占总酸6.61%，也是分别占各香型酒该酸百分比之冠，这些特征是构成董酒香味与众不同的原因。

乙酸、乳酸、己酸在各种香型酒的总酸中占的数量最多，百分比也大，是各种酒重要的有机酸，但它们在各香型酒中所表现出来的含量及构成总酸的比例方面都有着明显的区别及特征，并与"酯"的含量相对应。我们可以将乙酸、乳酸、己酸，看成是构成白酒有机酸的"骨架"，同样是决定酒的香型、风格的基础要素之一。普通白酒含酸量较少，在45～100mg/100mL；液态法白酒含酸量更少，在22～60mg/100mL。普通白酒和液态法白酒中酸的品种也少，这一点，在勾兑调味时要引起注意。

酒中含酸量，乙酸、乳酸、己酸、丁酸均以稍高为好，但乳酸不宜过高，否则会带来涩味。

（3）酒中酸类的来源。

在发酵过程中，尤其是固态法白酒的酿造过程中，伴随着酒精发酵的过程，必然会产生各种有机酸，它们主要来源于微生物的代谢作用；其次，是乙醇和乙醛可以氧化为乙酸；在微生物和媒介的帮助下，低级的酸也可逐步合成为较高级酸；蛋白质、脂肪也能分解为氨基酸和脂肪酸。

2. 酯类

酯类是有机酸与醇作用脱去水分子而生成的。酯类的分子可用通式R—COO—R来表示。

（1）呈香显味作用。

酯类多数是具有芳香气味的挥发性化合物，是白酒香气香味的主要组成成分。酯类的单体香味成分，以其结构式中含碳原子数的多少，而呈现出强弱不同的气味，含1～2个碳的香气弱，且持续时间短；含3～5个碳的具有脂肪臭，酒中含量不宜过多；6～12个碳的香气浓，持续时间较长；13个碳以上的酯类几乎没有香气。

浓香型白酒中主要酯类为己酸乙酯、乳酸乙酯、乙酸乙酯，三者之和可占白酒总酯含量的85%以上，故称为三大酯。三大酯含量的变化，对白酒风味有决定性的影响。另外，还有一种呈香成分是丁酸乙酯，是酒中老窖香气组成成分之一，但含量不能多，否则会带来脂肪臭味。

（2）酯与酒质的关系。

各种酯的含量多少和比例关系是构成各种名酒的风格和香型的主要因素。各种香型白酒中总酯总量差别较大，浓香型最高达600mg/100mL，其次递减为清香型、酱香型、其他香型，最低为米香型，约120mg/100mL。

从色谱分析的数据可以看出，在白酒香味成分中，含量较高的有乙酸乙酯、乳酸乙酯、己酸乙酯、丁酸乙酯等，另外还有含量虽少，但香味较好的乙酸异戊酯、戊酸乙酯等。

酯类在酒中含量，因种类、香型不同而有显著差异。名优白酒含酯量比较高，为200～600mg/100mL，一般大曲酒为200～300mg/100mL，普通白酒为100mg/100mL左右，液态法白酒为30～40mg/100mL。

几种主要酯在不同香型白酒中的量比关系一般如下：

己酸乙酯是浓香型白酒的主体香气成分，其含量在浓香型白酒中一般为200mg/100mL以上，居各微量成分之首，占该香型酒总酯含量的40%左右，随着己酸乙酯含量的逐渐下降，浓香型酒的质量逐渐变差。己酸乙酯含量特别高的酒（例如：双轮底酒、窖底香酒）可做调味酒，具有浓郁、爽口、回甜、味长等典型特点。其他香型的董酒己酸乙酯的含量百分比虽为54.58%，但其绝对数不如浓香型的高，只有171.5mg/100mL，酱香型的己酸乙酯含量较低，占总酯的11%，清香型的更少，低到1%以下，例如汾酒只有0.38%，若己酸乙酯含量＞1%，清香型酒便有破格之势。米香型己酸乙酯基本上不含有。从以上分析可以看出己酸乙酯的含量在各香型曲酒中差异悬殊，它的多少对香型的区分及风格的差异起着重要的作用。

乙酸乙酯在清香型酒中含量最高，达305.9mg/100mL，占汾酒总酯的53.15%，是清香型酒的特征，以它为主体构成该酒的香型和风格。其次是酱香型、浓香型，这些酒含乙酸乙酯在100～170mg/100mL，占各自总酯的20.38%，米香型含乙酸乙酯较低，只有20mg/100mL，占总酯的17%，最低为其他香型的董酒，乙酸乙酯为26mg/100mL，占总酯的8%。乙酸乙酯在一般白酒中的含量为50mg/100mL，液态法白酒只含有30mg/100mL左右。

乳酸乙酯在五大香型白酒中的地位，较为复杂，主要有三大特点：

第一，五种香型含乳酸乙酯的量相差不悬殊，区间值一般不会超过2倍。以清香型的汾酒含量为最高，达261.6mg/100mL，其他香型则多在100～200mg/100mL，只有凤香型的西凤酒含乳酸乙酯较低，但占该酒总酯的百分比也在22%，与其他香型也差不多。

第二，在浓香型酒中，乳酸乙酯必须小于己酸乙酯，否则会影响风格，这是造成浓香型酒不能爽口回甜的主要原因；在酱香型中，乳酸乙酯必须大于己酸乙酯，却小于乙酸乙酯；在清香型酒中，乳酸乙酯虽然远远地大于己酸乙酯，但也小于乙酸乙酯，其间的差距较大者为好；米香型的三花酒，乳酸乙酯含量与一般香型差不多，约100mg/100mL，但此酒含酯品种甚少，乳酸乙酯竟占总酯的82.64%，这是米香型酒突出之处；董香型的董酒，乳酸乙酯小于己酸乙酯，而大于乙酸乙酯，这是与其他香型不同之处。

第三，乳酸乙酯在白酒中含量较多，是白酒中重要的呈香成分，由于它的不挥发性并具有羟基和羧基，能和多种成分发生亲合作用。它与己酸乙酯共同形成老白干酒的典型风味，与乙酸乙酯组合形成清香型酒的特殊香味。同时乳酸乙酯和乙酸乙酯含量的多少，被认为是区别优质酒与普通白酒的重要特征。

乳酸乙酯的含量，在优质白酒中为100～200mg/100mL，一般白酒为50mg/100mL左右，液态法白酒只有20mg/100mL。乳酸乙酯对保持酒体的完整性作用很大，过少，则酒体不完整；过多，会造成主体香不突出。

丁酸乙酯在酒中的含量，比上述三种酯都少，在浓香型、酱香型、其他香型中含量在13～27mg/100mL，清香型的汾酒、米香型的三花酒，基本上未检出有丁酸乙酯。丁酸乙酯的特殊功能，对形成浓香型酒的风味具有重要作用，它的含量为己酸乙酯的1/15～1/10，在这个范围内常使酒香浓郁，酒体丰满。若丁酸乙酯过小，香味喷不起来，过大则产生臭味。

以浓香型酒的四种主要酯的量比关系而论，应该是己酸乙酯＞乳酸乙酯＞乙酸乙酯＞丁酸乙酯，这样的酒质较好。若乳酸乙酯占主要地位，则酒呈苦涩味。

戊酸乙酯在酒中含量甚少，在浓香型、酱香型、兼香型中存在，含量在3.5～6mg/100mL之间，在清香型的汾酒、米香型的三花酒中还未检出；乙酸异戊酯，只有浓香型、酱香型酒含有，为2.5～4.7mg/100mL。在感官品评时，它们具有幽雅的香气，对浓香型酒的"窖香浓郁"有着微妙的作用。庚酸乙酯、辛酸乙酯等酯类只在某些香型酒中存在，它们可以在己酸乙酯、乳酸乙酯、乙酸乙酯为骨架形成的酒体的基础上，起衬托补充作用，使酒体更加丰满细腻，风格突出。

（3）酒中酯类的来源。

酯类一般是在发酵后期生成的，由酸和醇作用生成，也有由微生物（如生香酵母）作用而形成的。酒在贮存老熟过程中，通过缓慢的酯化作用，也可以形成一部分酯类。

3. 醇类

在化学上，凡是有羟基（—OH）的都叫醇。这里探讨的是酒中除乙醇以外的一部分醇类对酒质的影响。醇的分类方法较多，按照醇分子中所含羟基的数目可分为一元醇、二元醇、三元醇等。二元或三元以上的醇统称为多元醇。根据分子中所含羟基的饱和与不饱和又可分为饱和醇与不饱和醇两类。

白酒中的微量成分以饱和一元醇为最多。一些相对分子质量比乙醇大的，即碳链中碳原子数＞2的带有羟基的醇类，称为高级醇，又称杂醇油。

（1）呈香显味作用。

醇类在白酒中有着重要的地位，它们是酒中醇甜和助香的主要物质，也是形成香味物质的前驱体。

白酒中的醇类，除以乙醇为主外，还有甲醇、丙醇、仲丁醇、异丁醇、正丁醇、异戊醇、正戊醇、己醇、庚醇、辛醇、丙三醇、2，3-丁二醇等。通常讲的高级醇主要为异戊醇、异丁醇、正丁醇、正丙醇，其次是仲丁醇和正戊醇。

白酒中含有少量的高级醇可赋予酒特殊的香味，并起衬托酯香的作用，使香气更完满。这些高级醇在白酒中既是芳香成分，又是呈味物质，大多数似酒精气味，持续时间长，有后劲，对白酒风味有一定作用。

高级醇在口味上弊多利少，味道并不好，除了异戊醇微甜外，其余的醇都有苦味，有的苦味重且长。因此它们的含量，必须控制在一定范围内，含量过少会失去传统的白酒风格；过多则会导致辛辣苦涩，给酒带来不良影响，容易上头，容易醉。高级醇含量高的酒，常常带来使人难以忍受的苦涩怪味，即所谓"杂醇油味"。

适量的高级醇是白酒中不可缺少的香气和口味成分。如果酒基处理得十分干净，即根本没有或十分缺少高级醇，白酒的味道将十分淡薄。如果在稀释的酒精中加入0.03%的高级醇，白酒便产生一定的香味，因此它们又是一种在构成白酒的香味成分和风格上起着重要作用的物质。关键是它们的含量必须适当，不能太多。同时，高级醇与酸、酯的比例，以及高级醇中各品种之间的比例，对于白酒风味也有重要影响。如果醇、酯比例高，则高级醇的杂醇油味就显得讨厌；而醇、酯比例适中，即使高级醇含量稍高一些，也仍然可以让人接受。根据经验，白酒中的醇酯比例应<1；醇：酯：酸=1.5：2：1，这样的比例较为适宜。如果高级醇高于酯，则会出现液态法白酒那种较浓的杂醇油的苦涩味道。反之，高级醇低于酯，则酒的味道就趋于缓和，苦涩味减少。

高级醇中品种之间的量比关系，主要的是异戊醇与异丁醇之比，一般来说比值大（即异丁醇含量少）的酒质好些，多数名酒中两者的比值在2～5之间。液态法白酒与固态法白酒之间的重要差异，就在于异戊醇与异丁醇的比值小。如一般液态法白酒含异戊醇常为130mg/100mL，异丁醇常为60mg/100mL，其比仅为2：1，而且两者含量特别多，约高于名优白酒3倍，因而导致液态法白酒质量低下，故一般酒中的异戊醇与异丁醇的比值应为2～5为宜。

酒中除了上述的高级醇外，还有多元醇。多元醇甜而稍带苦味，在酒中很稳定，使酒入口甜，落口绵。如丙三醇（甘油）具有甜味，使酒带有自然感，适量添加，使酒有柔和、浓厚之感。丁四醇（赤藓醇）甜度大于蔗糖2倍；戊五醇（阿拉伯糖醇）也是甜味物质；己六醇（甘露醇）有很强的甜味，可以使酒具有水果的甜味；还有2，3-丁二醇、环己醇均是白酒甜味物质。这些多元醇均为黏稠液体，都能给白酒带来丰满的醇厚感。

醇类中的β-苯乙醇，是构成白酒风格香味的必要成分，给酒带来类似玫瑰的香味，持久性强，但过量时可带来苦涩味。

在勾兑调味中，可根据基础酒质情况，常常添加少量的丙三醇、2，3-丁二醇，也可用异戊醇、异丁醇、正丁醇和己醇等来改善酒质和增加自然感。

（2）醇与酒质的关系。

醇类在白酒中的含量，无论从总醇量来看，还是从各种醇类的量来看，不同的酒，其含量差距不大，尚未见其规律性；而这些差别又是造成各种酒不同口味的原因之一。

名优曲酒中总醇含量大都在100mg～200mg/100mL，其中以董香型的董酒醇含量最高，达385.1mg/100mL，其次为酱香型茅台酒、米香型的三花酒、凤香型的西凤酒，最低为浓香型和清香型酒，含醇总量都在100mg/100mL左右。

从醇类各品种在白酒中的量比关系来分析：异戊醇是醇类在酒中含量最多的醇，名优曲酒一般含35～90mg/100mL，占各自总醇量的25%～56%，其中米香型的三花酒含异戊醇最高，达96mg/100mL，占总醇量的56.74%。其顺序往往是米香型＞其他香型＞清香型＞酱香型＞浓香型。异戊醇在白酒中往往超标，所以调味时用白酒做基础酒时不必加异戊醇；对于酒精脱臭的酒，在不超标的情况下，添加适量的异戊醇也是允许的，但要注意与异丁醇的比例关系。

异丁醇在曲酒中含量不多，名优曲酒一般含10～46mg/100mL，占各自总醇量的9%～27%，其中以三花酒含异丁醇最高，达46mg/100mL，占总醇量的27.3%，其他各香型酒的含量都相差不多。异丁醇的作用在于与异戊醇协调，保持恰当的比值。如三花酒含异戊醇、异丁醇都比较高，但它们之间量比关系协调，仍有令人愉快的感觉。

一般情况下，蒸馏酒中异戊醇与异丁醇的比值基本保持在2.5～3.5，同一香型不同质量的酒中此比值如此，甚至不同香型的酒中，此比值也大体如此，这说明引起酒质变化的原因不是异戊醇与异丁醇的比值，而是它们的绝对含量，即好酒中异戊醇与异丁醇含量较低，而质量差的酒中，两种醇的含量都较高。

正丙醇在曲酒中的含量不多，各酒含量差距也小，名优曲酒中一般含10～28mg/100mL，占各自总醇量的8%～12%。正丙醇的香味界限值较大（2mg/100mL），所以它对酒的香味影响不大，调味或配制酒中是不应添加此成分的。

（3）醇类在酒中的来源。

白酒在发酵过程中微生物作用于糖、果胶质、氨基酸等可生成一定量的醇，酸也可以还原为相应的醇。

4. 醛酮类

在这里我们所要探讨的主要是酒中的醛，其次是少数与醛具有共同的结构特征、都含有羰基、性质上有许多相似的酮。醛的通式为R—COH，酮的通式为R—CO—R。醛和酮按所含烃基的饱和或不饱和，分为饱和醛及酮或不饱和醛及酮。饱和醛及酮具有相同分子式$C_nH_{2n}O$。

（1）呈香显味作用。

白酒中的羰基化合物种类较多，各具有不同的香气和口味，对形成酒的主体香味有一定的作用。

甲醛：在常温时是气体，具有难闻的气味，剧毒，是一种消毒剂，易溶于水，酒中含量甚微。

乙醛：是极易挥发的无色液体，能溶于水、乙醇及乙醚中。由发酵制得的酒精溶液中含有少量的乙醛，这是由乙醇氧化而来的。具有刺激气味，似果香，带甜、带涩、冲辣，酒中的燥辣味与乙醛含量成正比，因其沸点低，易挥发，有助于白酒的放香，少量的乙醛是白酒有益的香气成分。乙醛富有亲合性，可以和乙醇缩合，贮存时间越长，乙醛和乙醇缩合的量就越多，形成乙缩醛的量是乙醛的2.7倍，乙醛刺激性就大大减少。

乙缩醛：是由2分子乙醇和1分子乙醛缩合而成，它本身具有令人愉快的清香味，似果香，味带甜，是白酒老熟的重要指标，为名优曲酒含醛量最高的品种，有的高达100mg/100mL以上，是曲酒主要香味成分之一。

酒中醛类品种中含量甚微而香味较好的，还有异戊醛、糠醛等。茅台酒中就含有较高的糠醛。但糠醛含量过高时，呈现极重的焦苦味，而使人反感，对人体也有害。有的厂家在进行液态法白酒调香时，还添加极微量的糠醛，对解决液态法白酒的酒精味能起较大作用，但含量不得超过国家颁布的

"食品卫生标准"。

有时在白酒生产中出现不正常现象时，常会产生丙烯醛，丙烯醛不但辣得刺眼，并有持续性的苦味，为辣味之王，对人体危害极大。

酒中的醛类含量应适当，才能对酒的口味有好处。如果过量，则使白酒有强烈的刺激味和辛辣味，饮用这种酒后会引起头晕；经常饮用含游离状态乙醛的酒，饮后嗓子发干，并能养成"酒瘾"。醛类是酒中辛辣味的主要来源，只要有微量的乙醛，它便与乙醇及酒中的挥发酸，形成不良气味，使酒有辣味。酒作为一种有刺激性的嗜好品，适当的辣使酒有劲头，是必要的，但过分辣就有伤酒的风味，对人的健康不利，因此酒中羰基化合物含量不宜过高。

（2）各种羰基化合物含量与酒质的关系。

醛类在曲酒中是重要的，许多醛具有特殊的香味。由于醛类富有亲和性，易和水结合生成水合物，和醇产生缩醛，形成柔和的香味。它还能引起发酵过程及贮存过程中酒的各种化学反应，很多有益的化合物的生成需要醛的参与。总之，醛类在酒中是非常活跃的，它起着促媒和助香的作用。但是酒中醛的含量过多会给酒带来辛辣味。由于醛和酮的沸点较相应的醇的沸点低，所以容易挥发掉。

各名优曲酒中含羰基化合物总量差距悬殊，以酱香型的茅台酒含量最高，达431.1mg/100mL，其次为浓香型酒含醛总量为200mg/100mL左右，清香型的汾酒为161.2mg/100mL，其他香型酒为140～150mg/100mL，含醛总量最低者为米香型的三花酒，只有3.8mg/100mL。这些差距悬殊的量，是形成白酒香型和风格的重要因素之一。

从各种羰基化合物对酒质的影响来分析：

乙缩醛是醛类在一般曲酒中含量最多的一种，除三花酒外，大多数含乙缩醛50～120mg/100mL，占各自醛酮总量的28%～57%。其中浓香型的泸州老窖特曲和酱香型的茅台酒含量为最高，分别为122.1mg/100mL和121.4mg/100mL，占各自总量的57.84%和28.16%，其他各香型酒含量多在50～88mg/100mL，差距较小。而液态法白酒所含乙缩醛的量在5～30mg/100mL，仅占名优酒的10%～30%，其是酒质不佳的因素之一。

乙醛是醛类在酒中含量较多的品种之一，除三花酒外，各名优酒含乙醛的量差距不大，多数在20～55mg/100mL，其中以酱香的茅台酒为最多，含55mg/100mL，其次递减为浓香型、其他香型、清香型，米香型的三花酒含量最少，为3.5mg/100mL，也是米香型酒香与众不同的地方。

糠醛的味道并不美好，但在酱香型茅台酒中含量特别高，达29.4mg/100mL，大约为其他名酒含量的10倍，它构成茅台酒焦香成分，是茅台酒与其他名酒香味不同的原因之一。

（3）醛类在酒中的来源。

酒中的醛类主要由醇的氧化及酸的还原产生，也有因微生物利用糖类代谢生成醛类的。

5.酚类

酚类是羟基跟苯环直接相连的芳香族环烃的羟基衍生物。

（1）呈香显味作用。

酚类化合物在曲酒中含量很少，但呈香作用很大，它在百万分之一，甚至千万分之一的情况下，就能使人感到强烈的香气。在各香型酒中，酱香型酒中酚类化合物含量最高，较为突出，是形成其酱香的主要物质之一。在酚类中目前发现与酒类相关的物质主要有以下几种：

其一是4-乙基愈疮木酚。学名邻-羟基苯乙醚，具有酿造酱油特有的香味，它在千万分之一时，人们就能感到强烈的香味，其含量稀薄时更接近于酿造酱油的香味，这是酱香型酒风格的源泉。

其二是酪醇。学名对羟基苯乙醇，具有愉快的芳香味，也是一种重要的呈味物质，但在酒中含量稍高时，饮之有微苦味。

其三是香草醛。又称香茅醛和香兰素，学名2-甲氧基-羟基苯甲醛。有香草豆的特殊香气，具有世界性嗜好的一种非常愉快的清香味，在酒中还发出芳香的甘味。

其四是阿魏酸。它具有轻微的香味和辛味，可以转变成香草醛、香草酸和4-乙基愈疮木酚。

其五是香草酸。它的香味不及香草醛，但香味柔和，是很好的助香剂。

其六是丁香酸。是一种呈味物质，其香型与香草酸相似，并较其浓些。

（2）酚类与酒质的关系。

从目前已检测出来的名曲酒中酚类化合物的量比关系来看，以酱香型的茅台酒含量最高、较突出，是形成它的特殊香型的主要呈味物质；泸州老窖特曲、五粮液酒以及其他的浓香型名曲酒中也含有一定量的酚类化合物，只是不及茅台酒高；清香型的汾酒除含有4-乙基愈疮木酚外，其他的几乎没有；董香型董酒含酚量极微。如果酒中含酚类化合物高，则产生涩味。

（3）酚类在酒中的来源。

酒中的酚类化合物主要来源于蛋白质（氨基酸），多在麦曲中生成，然后带入酒中，或在麦曲中形成中间产物，再经发酵而成。木质素、单宁等也能生成酚类化合物，它们之间还能互相转化而形成多种芳香族化合物。

6. α-联酮类

与白酒相关的α-联酮类化合物主要有双乙酰、3-羟基丁酮和2，3-丁二醇。在一定范围内，α-联酮类物质在酒中含量越多，酒质越好，对促进优质白酒进口喷香、醇甜、后味绵长起一定的作用。

双乙酰又名丁二酮，纯双乙酰为黄色油状液体，稀溶液具有令人喜爱的香味，类似蜂蜜的香甜，在名优白酒中的含量为20～110mg/100mL，可增加进口喷香，使酒风味优良。

乙偶姻，学名3-羟基丁酮，有刺激性，在酒中含量适中有增香和改善味觉的作用，在名优白酒中含量为4～180mg/100mL。

2，3-丁二醇具有甜味，在名优白酒中的含量为5～60mg/100mL，可使酒后味调和，呈甜带绵。

正在发酵的糖液中，乙醛只要经过简单的缩合就可生成乙偶姻；在发酵和贮存过程中，乙醛和乙酸相作用，经过缩合而形成双乙酰；乙酸经过还原作用，也可以生成2，3-丁二醇。

（本Tips摘自张安宁、张建华主编《白酒生产与勾兑教程》，科学出版社2010年版）

中国白酒中的有害物质

众所周知，中国白酒最早的记录出现在明代李时珍的《本草纲目》中，《本草纲目》是什么？是一部伟大的药典。也就是说，早在明代，中国的医学界是将白酒当作一种药品来看待的。有道是"是药三分毒"，用现代科学技术手段分析后会发现，中国白酒几乎没有任何营养成分（这是2010年以前的主流认识，2010年以后，逐渐有学者根据最新的分析技术，声称白酒中也有很多健康微量成分，这个问题还在探讨中），除了水之外，就是各种有害物质。在这些有害物质中，甲醇、杂醇油等微量成分已经广为人知，但常被人们忽视的是，白酒的主体成分乙醇，其实也是一种有害物质，只是其毒性比别的有毒物质如甲醇等弱而已。我们就从乙醇讲起。

1. 乙醇

乙醇是白酒中最主要的成分，它有毒，只不过毒性稍小而已，饮用过量就会发生酒精中毒。医学研究指出，人饮用纯酒精75～80mL即引起中毒（相当于50°酒150～160mL，三两左右），致死量为250～500mL或5～8g/kg体重（相当于50°的白酒1斤～2斤左右）。[①]

2. 甲醇

甲醇在酒中的卫生指标（GB 2757—2012）要求的含量：以粮谷类为原料者，不得超过0.6g/L；以其他产品为原料者，不得超过2g/L。

酒中的甲醇来源于含果胶质多的原料，如薯干、柿、枣等，它们中含有很多的果胶、木质素、半纤维等物质，经水解及发酵后能分解甲烷基而产生甲醇。

纯粹的甲醇为无色液体，沸点64.7度，它能无限地溶于酒精和水中。甲醇有酒精一样的外观，类似酒精一样的气味，比酒精好上口，不如酒精刺激性大。但甲醇不像酒精那样喝下去以后会氧化变成二氧化碳被排出，而是在体内积蓄，对中枢神经有抑制作用，尤其对视网膜神经的损害难以恢复；甲醇在人体内代谢产生的氧化物为甲酸和甲醛，毒性更大，甲酸比甲醇的毒性大6倍，甲醛的毒性比甲醇大30倍。甲醇的毒性很大，饮用10mL就能使人眼睛失明，30mL就会死亡。甲醇氧化的速度为25mL/kg/h，故饮用少量的甲醇也会引起慢性中毒，如头晕、头痛、视力模糊和耳鸣，甚至双目失明；最重的急性中毒，出现恶心、胃痛、呕吐、剧烈头疼、呼吸困难、昏迷麻痹而死。

为了保证成品酒中甲醇不超过卫生标准的规定，可采取以下一些措施：

（1）选择质量好的原料。腐败的薯干及野生植物，果胶含量较高不能用。

（2）控制蒸煮压力不要过高。如果是采用间歇蒸煮，则可以考虑用放乏汽的操作方法，以排出醪液中的甲醇。

（3）在酒精—水溶液中，甲醇的精馏系数随酒精含量的增高而增大。所以甲醇在酒精浓度高时，有易于分离的特点，可以通过增加塔板数或提高回流比的方法提高酒精浓度，把甲醇从酒精中分离出来。在固态法酿酒蒸馏过程中，甲醇既可以是头级杂质，也可以是尾级杂质，所以采取截头去尾的方法，可以略为降低甲醇的含量。

3. 杂醇油

杂醇油，卫生标准（GB 2757—81）要求的酒中含量（以异丁醇与异戊醇计）不得超过0.2g/100mL。

杂醇油是一类高沸点的混合物，是淡黄色至棕褐色的透明液体，具有特殊的强烈的刺激性臭味，在白酒中如含量过高，对人体有毒害作用，它的中毒和麻醉作用能使神经系统充血，使人头痛，其毒性随分子量增大而加剧。它在体内氧化速度慢，停留时间长，其中以异丁醇和异戊醇的毒性较大。

杂醇油是原料中的蛋白质、氨基酸和糖类分解而成的高级醇类，它是酒中香味成分之一，但含量过高，对人体有毒害作用。

如何降低白酒中的杂醇油含量，使之符合卫生标准是酿酒行业不容忽视的重要问题。可从工艺和蒸馏方面采取措施：

（1）杂醇油中的主要成分的挥发系数随酒精浓度而变化，再加上挥发系数也不一致，故在蒸馏塔加料块上2～6块，以液相即可抽取杂醇油。

（2）固态法白酒蒸馏时，如使用锥形云盘作甑盖，可在云盘出口处装一挡板，以降低成品酒中杂醇油含量。在蒸馏过程中杂醇油不可能大部分集聚于酒头，只是在酒头中含量稍高，并随着蒸馏的继续微有下降，之后又趋于稳定，所以采用截头去尾的措施降低成品酒中的杂醇油含量效果是不明显的。

（3）杂醇油是在酵母繁殖过程中大量生成的，醪液中越是贫氮，杂醇油的生成量就越多。适当加大酵母接种量，减少酵母在发酵过程中的增殖倍数，少消耗一些氨基酸，也是减少杂醇油生成的途径。

（4）固态法酿酒，首先要注意曲子的质量。为了减少杂醇油生成，使用每批新曲时，必须经过检验，如蛋白酶活力高，可与其他曲子混合使用，同时要根据不同季节，变更用曲量（冷季0.3%～0.4%，热季0.2%～0.3%，指小曲酒），其次要做到较缓慢发酵，目的是减少酵母的增殖倍数。

4. 氰化物

氰化物，卫生标准要求酒中含量：以木薯为原料者，不得超过5mg/L，以代用品为原料者，不得超过2mg/L（以HCN计）。

氰化物有剧毒，中毒时轻者流涎、呕吐、腹泻、气促，严重时则呼吸困难、全身抽搐、昏迷，在数分钟至两小时内死亡。故卫生标准中规定了它在白酒中的限量。

白酒中的氰化物主要来自原料，以木薯、野生植物酿制的酒，氰化物含量较高，而一般谷物原料酿制的酒，氰化物含量都极微。木薯是酒精工业的良好原料，它的品种较多，一般可以分为两类（苦味和甜味），生产用的木薯是块根。根的外表含氢氰酸（苦味木薯含量较多），但它易于挥发，蒸煮时尽量多排气，使它随乏汽排出，也可用水充分浸泡原料，使氰化物大部分溶出。还有预先在原料中加入2%左右的黑曲，保持10%左右的水分，在50度左右搅拌均匀，堆积保温12h，然后清蒸45min，排除氢氰酸。

5. 铅

铅，卫生标准要求酒中含量不得超过1mg/L（以Pb计）。铅是一种毒性很强的金属，含量0.04g即能引起急性中毒，20g可致死。

一般说来，铅通过酒进入人体引起急性中毒的事是比较少的。由食物引起的铅中毒，主要是慢性中毒，因为铅有积蓄作用，如每人每天摄取10mg，短时间就能引起中毒。可出现头痛、头昏、记忆力减退、睡眠不好、手的握力减弱、贫血、腹胀和便秘等症状。目前规定24h内，进入人体的铅，最高允许量为0.2～0.25mg，而人们生活中接触的范围很广，通过呼吸、饮水及其他食物，铅都可以进入人体。在我们吃的水果、蔬菜、粮食以及各种动物性食品中，都可能含有一定的铅，因此在制定白酒的卫生标准时，考虑了铅通过各种途径进入人体的因素。

白酒中的铅主要是由蒸馏器、冷凝器、导管和贮酒容器中的铅经溶蚀而来，这些设备的铅含量越高，酒的酒度越高，则设备的铅溶蚀度越大。醋酸在白酒中可生成可溶性醋酸铅而溶于酒，其反应式如下：

$$PbO+2CH_3COOH \rightarrow (CH_3COO)_2Pb+H_2O$$

预防酒中含铅超标的措施：

（1）改进生产设备：冷凝器、蒸馏器、导管、贮运酒容器等尽量采用不锈钢或铝制品。

（2）生产技术方面：采取低温入池发酵，定温蒸馏，保持适宜冷凝温度，定期刷洗蒸馏冷却器，保持各个生产环节的清洁卫生，尽量减少产酸细菌的滋长，因为酒中酸度越高，越有利于产生铅蚀作用。

若白酒中的铅含量超标，可用化学药物法和生物化学法来降低酒中铅的含量。

6. 锰

锰，在卫生标准要求酒中含量不得超过2mg/L（以Mn计）。

锰是人体正常代谢必需的微量元素，但过量的锰进入机体可引起中毒。在锰的化合物中，锰的原子价愈低，毒性愈大，Mn^{2+}比Mn^{3+}毒性大2.5～3倍，Mn^{4+}（MnO_2）比Mn^{6+}（MnO_3）毒性大3～3.5倍。锰的慢性中毒的特点是中枢神经系统功能紊乱，表现出头晕、记忆力减退、嗜睡和精神萎靡等症状。有的是头痛、头晕和口内有金属味。

白酒中的锰，主要来源是用高锰酸钾处理酒而带入的，高锰酸钾是一种强的氧化剂，紫褐色。

锰酸根离子在碱性或中性溶液中，失去电子，锰的原子价由7价降于4价，放出氧变为二氧化锰。这个反应在白酒（或酒精）中进行，就会使酒中的醛类物质得到氧化而变为有机酸。

为了保证白酒中的锰含量不超标，在操作上必须注意以下两点：

（1）不同原料酿制的白酒（或酒精），所含杂质成分各异，其所需高锰酸钾的用量，必须在处理前预先测定。高锰酸钾用量过多将会使醇部分氧化为醛。高锰酸钾用量测定方法是取50～100mL酒样，用0.1mol/L KMnO₄碱性氧化溶液进行滴定，按滴定的结果计算出高锰酸钾的用量。一般氢氧化钠的用量为高锰酸钾的2倍。处理后的酒必须再蒸馏，以除去酒中的锰离子。此法一般不宜采用，而用炭处理则可提高酒精质量。

（2）液态法白酒在酒精精馏的过程中，可连续均匀地向精馏塔内滴加高锰酸钾碱性溶液，在塔内氧化，提高酒精质量。碱性高锰酸钾溶液（1kgKMnO$_4$加2kgNaOH和15kg左右的软水）加入后（应加在精馏塔上至下第13～15层的液相内），其化学反应可在以下的数十层塔板内不断进行，而且温度较高，反应较彻底，一般成品层在4～6层，所以锰离子无法冲上去。添加速度要均匀一致，加入的量最好与上升酒气中的醛类物质形成平衡反应为好，不能时大时小。当停塔或不取成品时，应关闭流加阀门，同时要防止加量过多，引起酒精氧化。[2]

如果以酒精对人体的危害程度为1，则其他杂质分别为：丙醇3.5、异戊醇19、异丁醇8、乙醛10、糠醛82。[3]

注释：

①张道明，王泰龄，汪正辉. 酒精性疾病的防治. 北京：科学普及出版社，2009.

②周筱春，王仪信. 白酒中有害成分的性状和毒性剖析. 江西食品工业，2007（1）.

③沈怡方. 白酒生产技术全书. 北京：中国轻工业出版社，2007.

TIPS 4 没有健康的白酒，只有健康的喝法

白酒中没有营养物质，都是有毒的物质，所以，有些厂家生产的所谓"健康型白酒"，在科学上根本无法成立，就算是其他毒性比乙醇大的物质都被抽提出去了，总要留下乙醇吧，而乙醇，只要喝过量，就会造成酒精中毒。平常所说的酒醉，就是急性酒精中毒。急性酒精中毒的表现因人而异，中毒症状出现的迟早也各不相同，与饮酒量、血中的酒精浓度及个人耐受性密切相关。急性酒精中毒一般分为三个时期：

1.兴奋期：当体内每100mL血液中的酒精含量达到50mg时，会有头痛、头昏、乏力、自我控制力减退或丧失、欣快感、言语增多、口若悬河、夸夸其谈，甚至粗鲁无礼、打人毁物、喜怒无常等表现，易感情用事，颜面潮红或苍白，呼出带酒气味。在此期绝大多数人都自认为没有醉，继续举杯，不知节制。

2.共济失调期：当体内每100mL血液中的酒精含量达150mg时，可出现动作不协调、动作笨拙、步态蹒跚、语无伦次、躁动、恶心、呕吐及困倦感等表现。

3.昏睡（或昏迷）期：当体内每100mL血液中的酒精含量达250mg时，表现为昏睡、面色苍白、皮肤湿冷、口唇微紫。超过400mg时可出现深度昏迷症状，表现为瞳孔散大、心跳加快、血压下降、呼吸表浅、大小便失去控制，严重者可死亡。

每100mL血液中含20～30mg酒精为酒后驾车，每100mL血液中含80mg酒精为醉驾。

白酒中均是毒物并不意味着它就是坏东西，"是药三分毒"，没毒就不是药了。中国最早记述白酒的文献是大医学家李时珍的《本草纲目》，他是把白酒当作药物记录下来的，"烧酒，其味辛泄，升阳发热，其性燥热，胜湿祛寒，故能怫郁而消沉积，通膈噎而散痰饮，治泄疟而止冷痛也"。中医认为，白酒有"畅和诸经，杀百邪恶毒气，止膝疼痛"等功能，[①]所以中医中有"酒为百药之长"的说法。

从酒的治疗作用来讲，"喝出健康来"这句话是可以成立的。酒是药物，药物只有在人生病时才能发挥作用，人们用酒治好了病，也就是恢复了健康。

但大多数人喝酒不是为了治病，而是找乐子，求个"爽"字。白酒也正是因为其酒精度大于发酵酒，带来的快乐感更快、更强烈、更直接，而受到更广泛的喜爱。从心理学的角度看，饮酒能缓解紧张、放松神经，具有明显的减轻压力的功能，还能使神经兴奋、大脑思维活跃，在一定程度上，有利于维护人的心理健康。心理健康了，生理上自然也健康了。

医生们给出的饮酒安全标准是50°左右白酒每日不要超过一两（50mL），黄酒和葡萄酒不要超过二两（100mL）。一般来说，喝酒10年以上，连续每天喝50°的白酒三两，或12糖度的啤酒三瓶，就有可能患酒精性脂肪肝。[2]

研究还指出：酒精对肝损害的轻重，与饮酒量多少呈正相关；在固定少量饮酒的前提下，跟饮酒的年数不相关。即饮酒量越多，对肝损伤越严重。但若是少量饮，如每天二两白酒喝10年、20年与40年的病理改变均较轻，所以一次多量地饮酒，比常年少量地饮酒更易致病。[3]

根据现在的医学认识，每天喝上一至二两50°的白酒，是可以接受的，但一次性喝下超过三两的50°白酒，就可能有损健康了。

我非常同意酒友三圣小庙的建议：少喝点儿，喝好点儿。[4]

少喝点儿，是一次少喝点儿，每天不要超过二两50°左右的白酒，基本上可以达到微醺的状态，又不损害健康；喝好点儿，是尽量选择好点儿的酒喝，好酒首先有毒物质少，对健康的损害小，同时口感风味也好，有助于心情舒畅，真正享受饮酒的乐趣。

注释：

①陆仲阳. 倾斜的声誉——中国名酒公关启示录. 北京：中国轻工业出版社，2014.

②③张道明，王泰龄，汪正辉. 酒精性疾病的防治. 北京：科学普及出版社，2009.

④三圣小庙. 酒畔文谭——你熟悉却又陌生的酒. 合肥：安徽师范大学出版社，2015.

口味的奥秘

宿迁骆马湖，烟波渔歌
　　"回首烟波里，渔歌过远村。"江南访酒，行至宿迁骆马湖，宿迁当地有洋河、双沟等名酒，湖中鲜鱼，正好下酒，一方美食和一方美酒之间有着天然的联系，相得益彰，正如眼前照片，诗画古意和人间烟火浑然一体，只可意会，不可言传。
摄影：李寻

一

在揭示口味的奥秘之前，首先得区分两个概念：风味和口味。二者并非一回事情。所谓风味，是指酒本身所具有的物理、化学属性，拿微量成分来说，乙酸乙酯含量高，就是清香型的酒，己酸乙酯含量高，就是浓香型的酒，这是酒本身的物质属性；而人能不能喝出这个属性，或者喜不喜欢它，就是口味。简言之，口味是人对酒的某种风味的一种主观偏好，是从人的主观方面出发的一个定义。

本章我们要揭示口味的三个奥秘：

第一个奥秘：人的口味是会变的。举个例子，四川人喜欢吃麻辣的，江苏人喜欢吃清淡的和甜的，而一个江苏人到了四川，适应了那里的生活，变得喜欢吃麻辣的，这就叫口味发生了变化。

第二个奥秘：很多人以为自己的口味是自己决定的，其实如果我们客观地、认真地去分析每一个环节的话，就会发现，口味不是个人的感觉器官和身体情况决定的，而是由社会文化环境来决定的。

第三个奥秘：酒的风味是随着人们口味的变化而变化的。人们喜欢什么样口味的酒，生产商就会根据具体情况调整酒的风味。风味变化的驱动力源自口味的变化，口味的变化又是由社会环境的变化来驱动的。

为什么强调区分风味和口味这两个不同的概念呢？因为在实际生活中，人们常常将二者混淆，人们在谈论一款酒是好酒还是劣酒的时候，考虑的只是这款酒本身的风味是怎么样的，本身是好还是坏，没有把自己的主观判断、自己喜好的变化这个因素考虑进去。所谓好酒或劣酒，常常指向的是酒本身，生产厂家也就从酒本身的风味属性方面来做营销，而绝大多数消费者缺乏自我反省意识，常常把自己口味的变化当作是酒的风味的变化。

二

现实生活中，如果你对一个人说是人的口味的变化决定了酒的风味的变化，他未必会承认，因此下面我们就拿出一些口味变化的证据来加以说明。

第一个变化：白酒取代了黄酒。1949年以前，中国上流社会的高档酒是黄酒，白酒除汾酒之外，其他酒难登大雅之堂。1949年后，白酒完全取代了黄酒，原来喝黄酒的那些人慢慢适应了喝白酒，新生一代看到上一辈人喝的是白酒，就不太知道黄酒这档子事情了，他们的口味无形中发生了变化。20世纪90年代后，黄酒卷土重来，原来没喝过黄酒和觉得黄酒不好喝的人，又开始接受黄酒。

第二个变化：白酒取代黄酒后，其自身也发生了几次大的变化。其中一个重要变化是浓香型酒取代了清香型酒，在市场上占据了主导地位。曾经，在很长一段时间里，中国好白酒的标准是清香型的汾酒，20世纪六七十年代，全国各地，包括茅台镇都以汾酒为标杆，生产清香型的酒，并以此为荣，比如茅台镇有茅汾、武汉有汉汾，等等，这是汾酒在白酒中占主导地位的余绪。浓香型白酒取代清香型白酒占主导地位，是在20世纪90年代，那时，五粮液强势营销，席卷全国，以其喷香高、口味绵甜、比汾酒的口感更醇厚更丰富而流行大江南北，汾酒就此慢慢失去市场标杆的地位，这时又有人说汾酒喝了上头之类的。浓香型白酒取代清香型白酒的主导地位，其影响十分深远，至今浓香型白酒还占有中国70%的市场份额。

白酒市场最近一次转换就发生在当下，酱香型酒风头正劲，大批媒体及酒界舆论甚至开始以酒的香型区分酒的好坏，声称酱香型酒比浓香型酒好的各种宣传甚嚣尘上。笔者去茅台镇考察，当地就有人夸张地说自己喝不了浓香型酒，一喝就吐。由此，酱香型酒又成了一时之风尚。

在中国传统酒之间，白酒取代黄酒和黄酒的再度回归是宏观变化，而白酒中清香型式微、浓香型热销是微观变化，而较之它们更宏观的变化，是外国酒进入中国所引起的。啤酒刚进入中国时，很多人喝不习惯，有人戏称啤酒是"马尿"，但现在啤酒成了中国最大众化的酒精饮料。又比如中国人以前喝的葡萄酒是甜葡萄酒，不喝干型葡萄酒，干型葡萄酒刚进入中国市场时，由于它是脱糖的，酒精转化率高，喝起来有点儿苦涩，很多人喝时要兑点儿雪碧才行，以怀念原先的甜葡萄酒的口感，但慢慢地，在接受强大的文化暗示之后，人们也就习惯了喝干型葡萄酒。干型葡萄酒是在20世纪90年代才进入中国市场的，现在已成了颇有影响的酒界新势力，传统的中国甜葡萄酒市场则严重萎缩。再比如国外烈性酒（俗称洋酒）。白兰地和威士忌刚进入中国市场时，人们也是喝不习惯，戏称之为"藿香正气水"，但随着江浙、广东沿海等地商人的生意渗透到内地之后，他们把喝洋酒的风尚也一同带了过去，于是喝XO就成了体面、有身份的象征，内地人也逐渐习惯了喝洋酒，现在甚至有人就觉得洋酒好喝，中国白酒反而不好喝。

综上所述，在短短几十年之间，人们喝酒的口味就发生了多次明显的变化，这些变化和酒的品质实际上没有什么关系。而正是因为人们的口味发生了变化，才导致了酒的风味的变化。

三

为什么会发生口味的变化？我们再举汾酒的国宴酒地位被茅台取代的例子来说，能看得更清楚一些。

从清代到民国的一两百年间，汾酒一直是好酒的代名词，乾隆时期举办的千叟宴，宫廷用酒就是汾酒，中华人民共和国开国大典所用的国宴酒也是汾酒。1950年以后，汾酒的国宴酒地位就被茅台取代了，新的口味标准就建立了起来。

晋商的衰落，与汾酒的国宴酒地位被茅台取代是同构的现象，具有象征意义。晋商崛起于明清两代，清代晚期达到辉煌的顶点。晋商崛起，靠的是两宗生意：一是盐业，二是金融业，经营票号。清代晚期他们经营官银汇兑，票号起到了国家银行的作用。这两项业务都是和当时的统治者紧紧捆绑在一起的，当清王朝被推翻后，晋商失去了主要业务，清政府欠晋商票号的七百多万两白银没人还了，新政府又不认这个账，晋商的票号倒闭，晋商衰落。

四

下面我们来分析影响人们口味的几个因素。

第一是酒本身的物质因素，即酒的物理、化学属性。首先得承认，各种酒确实有其独特的口感和香气，比如威士忌追求丝绸般的顺滑、果香气、巧克力香气、泥炭味等；浓香型白酒讲究窖香、陈香；酱香型白酒追求酱香、幽雅细腻；清香型白酒讲究清香纯正、有果香。这些全是酒本身的物质因素。中国白酒是开放式固态发酵，是多种微生物作用的结果，酿制期间有许多不可控因素，风味口感非常复杂，可以说是一酒一香、一酒一味。同一个酒厂，不同时期生产出来的酒，风味和口感都不一样。这种天然的、酒本身所具有的风味，不是经过专业训练的品酒师，很难将它细致区分出来，普通的消费者很难将窖香、陈香分辨出来，也很难将酒的"优雅"和"幽雅"区分出来。

第二是人身体的感受能力。就是说人的感觉器官敏感不敏感，或者偏向于喜欢什么。不同香型的白酒放在那儿，盲评的话，有人喜欢清香，有人喜欢浓香，这是由人的感受能力决定的。有人对甜味敏感，有人对苦味敏感，有人对酸味敏感，这是决定口味的主观因素。

第三是社会文化因素，主要是政治因素和经济因素。每个人的身体感受能力是不一样的，有人敏感，有人迟钝，因而并不是所有的人都适合当品酒师。目前中国的国家一级品酒师大概有数百位，数量非常少，二级品酒师和三级品酒师人数要多一些，但是考核非常严格。这说明大多数人的感觉能力比较弱，并没有区分白酒细微的风味差别的能力，比较容易接受强大的外部心理暗示，这时候，外在的社会文化、政治经济因素就开始起作用了。

外在的社会文化因素怎么起作用呢？拿品酒师来说，三级品酒师喝不出某种酒的好坏或香型类型时，他就只有参照二级品酒师品出来的结果，作为一个标准；二级品酒师品不出来了，就只有参照一级品酒师品出来的标准。

对于普通消费者来说，他们没有品酒师的身体感觉能力，根本喝不出酒的好坏，那么他们听谁的呢？最直接的当然是听品酒师的，品酒师说什么酒好，有什么特点，他们就相信什么。品酒师对消费者的影响是通过广告这个媒介来传递的，品酒师把酒的风味确定好之后，厂家将这些风味术语印制在酒标上，传递给消费者。

还有看价钱的办法。每个厂家都说自己的酒好，到底听谁的呢？只有看价钱了，哪种酒价格高，哪种酒就好。消费者普遍都有这么一个心理：这酒要是不好，怎么可能卖这么贵呢！这时候他们的身体感觉器官完全被置于失效状态或不启动状态，只凭商品的价格高低来判断好坏，一分价钱一分货。

每款饮品的流行，真正起作用的就是社会文化因素和政治经济因素，也就是所谓的潮流、风尚等。人们对自己口味的定义，并不完全是根据自己的身体感觉判断出的，而是外在的文化因素灌输给他们的。我们前面讲过，很多人开始喝洋酒时，因为喝不起所以有抵触行为，后来自己喝得起了，喝习惯了，也就觉得喝洋酒很洋气、很体面优雅、很现代化，这个变化在无形中发生，自己都不清楚是为什么，实则是由社会潮流塑造的。

五

社会潮流是如何塑造一个人的口味的？具体机制是什么？

人喝酒，有喝闷酒的时候，但并不经常，大多时候喝酒，都是在社会环境下喝的，酒是一种社交工具。在社交环境下喝酒，就要考虑到更多的因素，比如档次和面子，还有人情关系的远近。你请一个人喝酒，如果喝得便宜了，他会觉得你不尊重他，心不诚，这时候就要喝档次高一点儿的酒；又比如，酒经常被当作礼品送人，说来说去，当然还是贵的就是好的，大家都知道，送一瓶茅台，和送一瓶西凤酒给人，分量并不一样。

对于被请客吃饭的人来说，他们当然不能直接说自己看重的就是酒的档次，他们用来遮掩的一个说法就是这酒的品质好，或者说我就喜欢这个口味。这时候，酒的品质就成了社会身份的一个道具或者面具，人们实际上可能未必真的喜欢某种酒的口味，他们喜欢，仅仅是因为它贵。说得更透彻一点儿，酒是被人们当作社交价值尺度来看待的，在这个强化的社交价值尺度下，大家就只能说茅台是好酒，五粮液是好酒，二锅头就要差多了。

以上就是社会潮流定义口味的具体机制。既然酒是社交用品，社交的环境，就决定了酒的价值，要把价值（金钱）用一个体面的方式表达出来，找来找去找到了酒的物理属性，就是我爱喝这个酒，这个酒口感好之类的。

这个借口导致了很多研究酒的人误以为酒的风味是由酒的品质和产地决

贵州中心酒业的藏酒洞
陶坛里新酿成的酱香型白酒需要在这里储存三年，然后才能上市销售。
摄影：李寻

定的。其实并非如此。酒的物理、化学属性，包括它的产地，这些因素对口味的影响没那么重要，口味由社会政治经济环境决定，强大的从众心理，会促使绝大多数人按照社会定义的好酒的标准来做出自己的判断。

人们的口味决定酒的风味。虽然酒的风味受自然地理条件的影响，但关于酒的品质的概念或人们对酒的接受与否是由口味决定的，而口味又是由社会政治经济因素决定的，由此形成了酒的阶层分布版图和空间分布版图。20世纪六七十年代，清香型白酒在酒的地理版图中占据主导地位，浓香型白酒和酱香型白酒占的比重小；到了20世纪90年代，浓香型白酒的版图迅速扩大，清香型白酒的版图急剧缩小；到了现在，酱香型白酒的版图急剧扩大，清香型白酒的版图被压制到很小。还有黄酒和白酒之间的地理版图变化，1949年后很长一段时间，黄酒只有在浙江、江苏和福建一带有人喝，现在又开始在全国各地扩张，版图在扩大。以上这些，全是口味变化导致风味变化的结果。这种所谓的文化地理分布，其背后的主要驱动力，是政治和经济因素，它的动力学解释只能由政治和经济的变化来提供。

其实，白酒生产厂家早就知道了口味的奥秘，那些名酒厂、大酒厂，已将消费者口味的研究列入他们的日常工作内容，他们会根据消费者口味的变化，及时调整自家酒的风味。所以，同一品牌的同一种酒，投放在不同地区的酒风味可能不同，不同时期的酒，风味也可能不同。但他们在宣传时，还是强调自家的酒始终就是这么一种稳定的风味，这种宣传适合消费者们简化认知识别的心理需求，有利于提高消费者对品牌的忠诚程度，延长其对品牌的消费忠诚时间。

TIPS 品香尝味的基本原理

自然界的香气类型不可胜数，据说水果的呈香物质有2000多种，白酒的呈香物质也有数百种之多。对于香味，实际上没有描述的办法，只有比较的办法，人们说不出一种香气是什么香味，只能以自己已经熟悉的另一种香气来比较，如说这个酒有苹果的香气，但苹果香气无法描述，只能说苹果香气就是苹果的香气。白酒的香气也一样，如果就酒香来说酒香，只能说清香是清香、浓香是浓香，永远让人不得要领。而如果将这个香型中的某种香味与另一种你已熟悉的香味对应起来，如酱香型的酒就是酱油那种香味，这样就好理解了。记住并区分白酒香型最简单的办法，是找到另一种你熟悉的香味物质来比拟，而不是去强行记住那些根本记不住的国家标准。

不同香型的白酒口感也不一样，它的香气和滋味是一个统一的整体，滋味也是鉴别香型的重要指标。

说到滋味，得简要地说一下人类的味觉：

科学研究发现，人类的基本味觉只有五种：酸、甜、苦、咸、鲜。另外三种人们常当作味觉来说的其实不是味觉：

（1）辣：辣味不是一种味觉，而是一种痛觉，即灼痛感。

（2）麻：麻味不是味觉，不是痛觉，不是触觉，而是一种震动感。2013年英国的科学家发现了其本质，是一种接近于50赫兹的震动。

（3）涩：涩味不是食品的基本味觉，而是食物成分刺激口腔，使蛋白质凝固时而产生的一种收敛感觉，是刺激触觉神经末梢造成的结果。

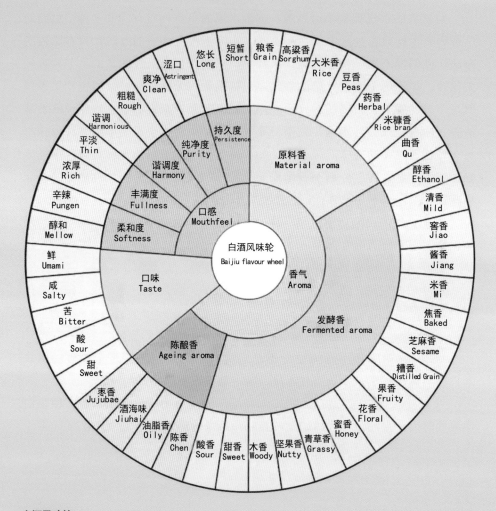

白酒风味轮

酒的自然地理与人文地理

流经贵州茅台镇的赤水河
赤水河又名美酒河，茅台酒厂宣称只有用赤水河的水才能酿出茅台酒，一切位于赤水河流域的酒厂也都这么说，比如郎酒。
摄影：李寻

一

最初接触到"酒的中国地理"这个选题时，和大多数人一样，认同的也是这样的观点：一方水土养一方人，一方人酿一方酒，自然地理条件对酒的风味、品质有着重要影响，甚至是决定性的影响。这种观念之所以被大多数人接受，一方面是因为其符合人们的日常生活经验，另一方面和酒厂的宣传密切相关。中国酒厂炮制了很多地理条件决定酒的品质的神话，比如中国的好酒全是由四川盆地南部、赤水河流域、贵州北部这个所谓的"黄金三角带"酿造的；又比如江淮派酒商们炮制了北纬33°到北纬30°之间是"黄金酿酒带"；等等。这样的神话，不仅酒厂借此来宣传造势，一些白酒专家也推波助澜，将其写入关于白酒的教科书中。

以上种种宣传，灌输给我们一个强大的思维预置模式：酒的文化地理分布和自然地理分布两者之间是重合的，如果我们在自然地理上找到最适合酿酒的地带，将其在地图上圈出来，再把优质酒的实际产地在地图上圈出来，那么所谓最佳酿酒气候带和实际的优质酒分布区是应该重合的。

但事实并不是这么回事，随着研究的深入，我们逐渐发现，这种观念是一个幻觉。在古代农业社会中，这种观念在一定程度上还说得通，但在现代社会，优质酒的实际分布图和所谓的最宜酿酒气候区的分布图，二者基本上对应不上。

不错，中国白酒采取的是开放式的固态发酵工艺，对环境是有一定的依赖性，自然地理条件对它当然有影响，但影响到底是什么，又能达到何种程度，就需要具体分析了。

二

影响白酒风味、品质的因素，具体来说包括原材料、水、温度和湿度、微生物环境、生产设备、工艺以及人的因素等几个方面。

第一，原材料。

中国白酒的主要原料是粮食，包括高粱、大米、小麦、玉米、大麦等。首先，原料决定着酒的品质。用粮食酿的酒一定比用白薯干酿的酒品质好，因为白薯干中果胶质含量较多，会造成成品酒中甲醇含量超标。其次，原料决定着酒的风格。同样是谷物，各种粮食酿出的酒风味口感是不同的，白酒生产中素有"高粱香、玉米甜、小麦冲、大米净、糯米柔"的说法，当多种粮食按不同比例搭配在一起时，就可产生千变万化的风格。一般习惯上，人们把由一种粮食（如高粱）做酒粮酿成的酒称为单粮酒，几种粮食混合在一起酿的酒称为多粮酒。但是，如果考虑到制曲的话，那么几乎所有中国白酒都是多粮酒，北方以高粱为酒粮的白酒多以大麦、豌豆制曲，南方则以小麦制曲，放入酿酒用的高粱中，参与发酵的至少是两种粮食以上。多种原料混合发酵，是中国白酒具有万种风情的基础。

　　不同种类粮食酿的酒的品质、风味是不一样的，高粱作为酿制白酒的主粮是经过数百年经验选择的结果，说明它在品质上最优、风味上也最受欢迎，其他如玉米、青稞等单粮酒，无论从品质还是风味上都不如高粱酒。不同品种的高粱对酒的品质和风味也有影响，据文献记载，20世纪60年代以后推广杂交高粱，杂交高粱中单宁含量比过去的土高粱高，导致用杂交高粱酿出的五粮液酒口感变涩。茅台酒厂一直坚持用本地产的红缨子糯高粱，才能保持其品质和风味，而不敢换用东北高粱。

陕西西凤酒厂里的发酵车间与蒸馏车间
地上堆的是酒醅，以高粱为主，西凤酒用的高粱主要产自东北地区。旁边像大锅一样的东西是酒甑，酒甑需要用天车才能吊到蒸锅上去。
摄影：李寻

第二，水。

水，也是酿酒的原料之一，在现代科技传入之前，中国传统白酒非常强调水的作用，素有"粮为酒之肉、曲为酒之骨、水为酒之血"之说。不同地方的水矿物成分不同，给酒里带来的东西不同，这对酒的品质和口感都有影响。现代科技传入后，因为有了现代过滤技术，可以将水的理化指标控制在相同的水平上，水对酒的品质和风味的影响便有所下降。但仍有很多酒厂宣称他们的酒好是因为当地的水好，比如茅台就说除了赤水河的水，别的水都酿不出茅台酒的风味；洋河酒厂和今世缘酒厂甚至宣称他们酿酒用的水来自受郯庐断裂带影响的深部火山岩储体中的地下水。这些宣传虽略有夸大其词之处，但也不无道理，因为现在的水化指标就那么几项，在标准之外还有很多微量元素不做测定，其参与发酵蒸馏之后对酒的品质和风味一定是有所影响的，只是现在的理化分析还没有精细到对各种微量成分的分析而已。以我们行走数十家酒厂的经验，产好酒的地方必有好水，经过酒厂过滤可以直饮的地下水，真的都比市面上见到的矿泉水好喝。在过去，没有对水的理化控制技术之前，水资源是决定白酒品质和风味的重要基础，中国传统白酒富于地域特色的风味品质很大程度上来自水的不同。

第三，温度和湿度。

中国白酒是开放式发酵，参与酿酒的微生物是从周围空气、土壤和水中来的，不同的温度、湿度决定着微生物的品种和活跃程度，因此对酒的品质和风味都有重要的影响。

不同的气候条件对白酒风味的影响十分明显，在20世纪60年代以前，中国还没有普遍使用食用香精勾兑技术时，各气候带就决定着酒的风味（但食用香精勾兑技术的出现，打破了气候带对酒风味的约束）。如果按香型来分的话，黄河以北地区多是清香型的酒；黄淮一带的中部地区多为兼香型的酒；长江以南则多为浓香型的酒。实际上影响白酒风味的是酿酒厂周围很小范围内的气候环境，至少同一个地区的各个县的酒厂生产出的同一种香型的酒，其香气与口感也是不同的。

但是，白酒界中广为传说的北纬30°～33°是白酒生产的黄金地带的说法恐怕难以成立。因为从全球范围来看，北纬55°的苏格兰出产上好的威士忌酒，北纬15°的古巴生产上好的朗姆酒。在全中国的范围来看，北方的哈尔滨、南方的台湾岛都出产优质白酒。所以说，气候条件影响的主要是酒的风格，不是品质。

第四，生产设备。

中国白酒的生产设备主要分为三大部分：发酵装置（窖池、缸）、蒸馏装置和贮存装置。

发酵装置对酒的品质和风味影响极大。从风味的角度看，清香型的汾酒用陶缸作发酵装置；凤香型的西凤酒用泥窖发酵，但每年都会更新一次窖泥；浓香型的五粮液、泸州老窖用老窖发酵，要修补窖泥，更看重老窖泥的作用；酱香型的茅台酒用条石砌成的窖池发酵。从某种程度上可以说，发酵装置决定了酒体的风格特征。

但并不是所有的酒都是窖池越老越好，五粮液、泸州老窖、洋河等浓香型的酒用老窖池发酵，看重老窖泥的作用，所以大肆宣传老窖的好处，老窖泥都被神秘化，以至让人觉得只有老窖才能酿出好酒，没有老窖，去弄些老窖泥也可以。这是个认识误区。

对于以老窖池为发酵装置的浓香型白酒来说，老窖泥对提高酒的风味特征是有一定作用的（这种作用被习惯地称为"对提高酒的品质有作用"）。但对于其他香型的酒，老窖泥就没什么作用。汾酒投粮发酵前强调一定要将酵缸洗净，如果残留有上次的酒醅，就会对产品的品质有所影响。西凤酒每年都要更新窖泥，也是在排除老窖泥的不利影响。茅台那种条石砌成的窖池对窖泥本身就依赖不多，老窖和新窖又有什么差别呢？

蒸馏器其实对酒的理化指标影响最大，伏特加酒之所以杂质少，主要就是靠复杂的多塔多级蒸馏系统，将各种有害馏分精确地分馏出来，当然还有后续的过滤工艺，进一步提纯。中国白酒使用的是粗馏装置，对于馏分的分离主要靠人工控制，分离精度低。多年来，各酒厂对蒸馏器做了各种改造，但主要的出发点是提高出酒率、提高效益，而不是提高分馏精度，未来中国白酒品质的提高，在蒸馏器方面改进的空间还是比较大的。

白酒的陈贮装置对酒的品质与风格有重要影响。大多数优质白酒以陶缸为陈贮装置，其渗透性合适，最有利于酒的老熟；西凤酒用的荆条酒海、白水杜康酒用的木制酒海也给其酒带来独特的风味；还有一些酒厂用水泥窖池或水泥贴瓷片的窖池，以及不锈钢罐等储酒，现在业界主流看法认为不如陶缸老熟效果好。更有甚者，在水泥窖池内刷涂料，陈贮多年后涂料脱落，进入酒中，严重影响了酒的品质。

传统工艺推崇的陶缸、木制酒海对酒的风味影响十分显著，陈年老酒微黄的颜色可能就来自陶缸中铁离子的浸出。这种影响目前从风味的角度来

汾酒发酵用的地缸
摄影：李寻

水井坊博物馆内目前正在生产使用的窖池
摄影：李寻

茅台镇上的酱香型酒用的条石窖池
摄影：李寻

看，是在提高"酒质"，但从科学的角度来看，可能会有争议。2018年3月中国两会上，全国人大代表、安徽省池州市贵池区梅村镇霄坑村党委书记、村委会主任王建伟提出一份《关于禁止（限制）使用陶瓷作为酒类饮料包装器皿的建议》，提出"出于节省资源和食品安全的考虑，可禁止陶瓷瓶作为白酒包装使用，而统一使用玻璃瓶"。理由之一是陶瓷器皿一旦烧制成型变成包装垃圾后无法进行二次回收再利用，唯一的处理方式只有废弃填埋；理由之二是陶瓷中铅等重金属含量较高，如果用陶瓷器皿作为白酒等酸性食品的包装容器，可能有过量的铅溶出而引起铅中毒。陶器中的金属离子能进入酒中，是事实，目前的研究显示，适量金属离子的溶出，能加快白酒的老熟，但如果酒中金属含量超出一个合理范围，就有可能影响人的健康。如果王建伟代表引用的资料有事实依据，陶瓷器皿中铅超标的话，就可能会影响陶缸作为最佳贮酒容器的地位，至少需要检查一下哪些陶缸有哪些金属离子溶出的情况。

第五，生产工艺。

生产工艺就是生产一种白酒的具体方法、步骤和过程。在中国，不仅不同地区、不同香型的白酒工艺流程不同，就是同一地区、同一香型的不同酒厂，使用的工艺也有细微的不同，从制曲、投料、蒸煮、发酵到蒸馏、陈贮老熟、勾调等各个环节上都有不同。比如汾酒"清蒸清烧二次清"的工艺，传统二锅头的"老五甑"工艺，茅台酒"端午踩曲、重阳下沙、两次投料、九次蒸煮、八次加曲发酵、七次取酒"的工艺等。这些工艺上的特点有的是为了提高出酒率，有的是为了提高酒的品质，有的是为了形成某种风味特征。

在营销宣传上，很多厂家把某些工艺特征神化了，给公众造成的印象是好像只有用这种工艺才能造出好酒，这是商业宣传有意制造的一个认识误区。工艺对白酒品质、风味的影响，要具体问题具体分析，不能简单地将某种工艺视作是分辨好酒劣酒的标志。比如，现在确实有很多酒厂为了提高窖池的生产效率，就采取缩短发酵时间的办法，这种"速成酒"用的糖化剂、发酵剂可能是用工业手段制造的，不是大曲，影响到酒的品质和风味，因此，有的厂家在宣传自家的酒好时，特别强调发酵时间，给公众造成发酵时间越长酒质越好的概念。针对当前中国白酒业的现实，这种观念有其合理性，但从科学的角度来看，发酵时间长短与酒的品质没有必然的联系，汾酒的发酵时间本来就比浓香型的酒短，强行延长发酵时间反而影响酒的品质。

第六，人的因素：价值观、生产管理、市场管理。

上述技术性的条件固然对酒的品质、风味有重要的影响，但最大的影响因素还是人。当前中国白酒市场上劣酒、假酒横行的现象，主要是人的因素造成的，而人的因素首先体现在价值观上。

说起劣酒、假酒，人们首先痛恨的是那些制造、销售劣质酒甚至假酒的厂家和商家，认为是黑心商家的良心缺失才导致劣酒、假酒横行。这个说法初听起来很解气、很符合事实，也符合大多数人的内心想象，但对于解决问题没有什么实际效果。

诚然，那些厂家和商贩都是从少花钱、多赚钱的逐利动机出发制造劣质酒的，但逐利本是人类之天性，也是工商业发展的基本动力，要是没了这个东西，人类文明都不会存在了。

依笔者看来，在白酒领域，不是制造、销售劣质酒的商家的价值观出了问题，他们没问题，他们的头脑和心智都是正常的，而是白酒消费者和政府监管者的价值观出了问题。趋利避害是人类的本能，生产和销售白酒的商家遵从并发挥了他们的本能，无可厚非。问题在于消费者们放弃了自己这种天然的本能，他们视优质白酒正常的生产成本与销售成本于不顾，只图便宜，不惜牺牲自己的健康去买那些劣质酒喝，他们或者存有占便宜的幻想，或者出于安抚自尊心的自我心理欺骗，竟然相信有低于成本的低价优质酒的存在。是消费者捍卫自己切身利益这种价值观的缺失，导致"劣币驱逐良币"的市场乱象的出现。政府监管者如果寄希望于生产商、销售商严格自律，那就危险了，他们永远不会自律，所以才要由政府相关部门来惩罚他们不自律的行为，强迫他们回到不伤害消费者利益这个底线范围之内。当消费者幻想并相信可以花便宜价钱买好酒时，假酒就有市场了（便宜啊！）。当消费者明知道是假酒，却揣着明白装糊涂买下了时，制假、贩假的人就有了发财的机遇。而当监管者不采取措施打击制假、制劣者而寄希望于他们自律时，制假、贩假者就更会加肆无忌惮。这一问题的根本解决只能寄希望于白酒消费者的价值观觉醒，如果他们知道捍卫自己的根本利益，不去买劣质酒，就会要求政府推出能让消费者简单、准确识别质量标准的管理法规，就可以监督生产商和销售商生产和销售合格的产品，不能以次充好，以假乱真。

生产管理混乱会导致品质下滑，市场管理混乱会导致优劣不分，而这一切的根源都在于人心，即人的价值观，指望白酒生产厂家和销售商只生产和销售"良心酒"，既不可能，也无必要，人家对自己的利益负责。问题的关键在于消费者也要对自己的利益负责，少喝或不喝劣质酒，同时政府部门要加强监管，使生产、销售假劣产品的商家受到严惩，这样才能带来白酒行业自身价值观的正常化，实现政府严打假劣产品，商家不造假、售假，消费者不买假的良性市场秩序。

<h1 style="text-align:center">三</h1>

上述条件对酒的风味、品质有一定影响，但我们为什么要说酒的自然地理分布图和文化地理分布图难以重合呢？原因就在于上述条件在现代社会里都发生了变化。

首先来看原材料。过去人们讲"一方水土产一方粮、一方粮酿一方酒"，是可以成立的，因为各地酿酒基本用的都是本地高粱，而现在，全国大概90%的酒厂酿酒用的高粱来自东北和内蒙古，还有一部分来自美国和澳大利亚。四川酒厂普遍用的是东北高粱已是公认的事实，茅台酒厂虽宣称自己用的是本地产的糯高粱，但有资料指出，茅台酒厂也用过四川的糯高粱。在这种现实面前，如果还有人非要说"一方粮食酿一方酒"的话，那全国的白酒就基本上是东北酒了。

原材料的同质化，在古代是没有的，在古代，自然地理条件对酒的风味品质的影响，主要源自粮食的不同，而现在粮食都是统一的了，那么自然约束条件就不存在了。

其次来看水。古代讲"水是酒之血"，凡是有好酒的地方必有好水，包括江水、河水、泉水和井水等，都是当地的自然水或天然水，当然，在酿酒时这些水也会经过一些简单的过滤、澄清手段，但不同于现在的现代化过滤、化验技术，所以，不同的水和不同的粮食结合起来酿出来的酒，确实是各地各有不同。

现在，酿酒用的水全经过了工业化处理，所有酒厂基本上都是抽取地下水，然后再经过过滤、消毒等技术处理。经过工业化过程处理过的水，矿化物、微生物的含量几乎是一个统一的指标，也就是说，它们都是一样的纯净水了。所以，水作为一个地理条件，对酒风味品质的约束作用已急剧下降。

第三来看温度和湿度。中国白酒是开放式发酵，温度和湿度对菌群的获得及酒的发酵工艺、制曲工艺都有影响，在古代影响很大。但是现在，人们可以利用技术条件，使温度和湿度处于一个恒温和恒湿的状态之中，控制是完全没有问题的。所以从某种程度上来说，天然的温度和湿度对酒的风味品质的约束力也在下降。

第四来看微生物的环境。现在很多酒厂宣称要加强原产地保护政策，某种酒，除了该酒厂所在地，在其他地方酿造不出来，原因就在于该地的微生物群和其他地方不一样，比如茅台酒厂就在大力宣扬这一套理论。但其实微生物的菌种是人工可以培养的，其环境也是可以人工控制的，和对温度、湿度的人工控制一样。实际上，在古代，人们已经在控制酿酒的微生物环境了，清代全国酿酒用的很大一部分大曲，是陕西朝邑和山西生产的，其他不少地方就从陕西朝邑和山西买大曲。我们都知道，大曲是酿酒用的主要的菌种，也就是说，陕西朝邑和山西生产的菌种，在四川、江苏、安徽等地都可以继续作为糖化剂和发酵剂使用。或许有人会说，菌种虽然一样，但接种环境不一样，所以还是不同。这个说法固然有一定的道理，但至少可以说明，即使是在古代，酿酒中的主要微生物的来源和环境也是可以控制的，它的约束力并没有某些宣传中所说的那么强大。

现在控制菌群的手段更加多样化。比如要想在北方酿造出和五粮液风味、品质一样的酒，就有以下几个办法：一是直接到四川买老窖窖泥，或者人工培植老窖窖泥；二是将己酸菌或者己酸菌培养液直接加到窖泥或者酒醅里，需要什么菌种，就加入什么菌种；等等。人工窖泥、人工老熟、人造酵母等技术的发展和应用，使得微生物这个自然条件对白酒风味、品质的约束力急剧下降。

第五来看生产设备。相对而言，生产设备最容易控制。中国白酒的现代化，1949年后一直没有停止发展，目前几乎找不到一家酒厂是完全按照传统酒厂那一套方法来进行作业的，各个酒厂的生产设备已基本趋同，都是用行车、抓斗、天然气锅炉等现代化设备来进行作业。博物馆展示的水井坊，剑南春的天益老号，看起来是用古法在酿酒，实际上他们蒸馏用的全是蒸汽，也不再用天锅来做冷凝，而改用现代化的冷凝器。

第六来看生产工艺。生产工艺本来就是人为设计的，过去在自然地理条件封闭的情况下，各地各自发展出了一套有针对性的工艺，形成当地传统。相比之下，现在酒厂的工艺和传统工艺已经不是一回事了，虽然还保留着那种开放式的发酵，还是要受温度、湿度、菌群条件的影响，但大量现代科学技术控制手段的运用，已在很大程度上摆脱了当地自然地理条件的约束，正因为如此，才有各地仿造五粮液酒的情况发生。

生产工艺中，重点要说一说勾兑工艺。随着分析化学的发展、计算机技术的发展和模糊数学等现代科学的运用，使白酒的勾兑水平比原来提高了很多。比如，原来色谱仪只能检测出几十种白酒的微量成分，现在则可以检测出几百种，而计算机则可以对这些成分进行更多的匹配。在勾兑技术发展的推动下，原来必须依赖某种自然地理条件发酵才能呈现的风格特征，现在在任何一个地方就可以很容易地实现。比如固液法勾兑出来的酒，和纯粮固态发酵的酒，差别已经很小了，有时连专业的品酒师都难以分辨出来。

总之一句话：各种风味的酒都可以勾兑出来。勾兑的白酒和天然发酵的白酒有没有差别呢？当然有。我们得承认，自然发酵的酒的香味更加复杂，具有不确定性，在不同时期有不同变化，相对而言，人工勾兑的酒则生硬得多。但这种差别，已经很小了，绝大多数消费者，包括白酒的经销商，根本辨别不出来。从这个工艺环节就可以看出，随着技术水平的发展，原来必须依赖某些地理环境自然发酵才能生成的口感、香味，现在通过勾兑就可以实现。

最后要说一下人的因素。实际上人的因素也是动态发展变化的。计划经济时期，强调技术的交流，各地酒厂之间的技术交流非常充分。市场经济时期，这种交流依旧很充分，比如新疆的一些酒厂，为了酿造出具有川酒风味的浓香型白酒，请了很多四川的专家给他们做技术指导，或者干脆把四川酒厂的一些技术人才直接聘用了过去。

从以上几个方面的分析来看，自然地理条件对酒的风味品质的影响，在现代社会里已经极大弱化了。上一章里我们谈过，人的口味实际上是被社会文化条件培养出来的，官员和富商喝哪种酒，哪种酒就代表着这个时代主流的风味。由于人们的从众心理，各地酒厂的生产也朝着一个公认的好酒的方向去发展，导致自然地理条件对酒的约束越来越弱。

四

目前实际看到的现状就是如此。拿四川酒业的现状来说，现在四川各酒厂什么香型的酒都能生产，各个品牌的酒也都能生产，难道四川这个地方的地理条件是百搭的，适合一切香型的酒吗？那这个自然地理条件还有什么约束力呢？反过来也可以说，各地也能生产四川那种浓香型的酒，等而下之的办法是直接从四川买酒，然后在本地灌瓶包装，或者直接在四川灌瓶，贴上本地的酒标去卖。此类做法使得白酒原产地的观念遭到了前所未有的动摇。

记得最初我们每次旅行，到了一个新的地方，都要喝一点儿本地的酒，努力去寻找那种本地的风味，比如到了泰山，就喝泰山特曲。但后来我们了解到，泰山特曲是在四川生产的，只不过贴了本地的酒标而已，等于我们喝的实际上是川酒，原来对当地酒的判断就属于一种臆想了。同样，我们在北京喝的二锅头，可能是山西生产的，也可能是四川生产的，北京的风味已荡然无存了，想起来不禁意兴阑珊。

中国白酒的这种变化，导致我们根据酒的风味去判断它的地理属性的依据消失了，对地域的认同没有了。当自然地理观念被白酒的生产商和卖酒的经销商彻底粉碎时，酒客们就只能默默喝下这杯闷酒了。

东北吉林查干湖风光

东北有好粮有好水，虽无名酒，但并不是说不能产好酒。以吉林为例，吉林省位于东北地区中部，地处北纬 40° 52′ ～ 46° 18′，属于温带大陆性季风气候，四季分明，雨热同季，春季干燥风大，夏季高温多雨，秋季天高气爽，冬季寒冷漫长。年平均降水量为 400 ～ 600 毫米，但季节和区域差异较大，80% 集中在夏季，以东部降雨量最为丰沛。吉林省各地区都有品牌白酒，如西部白城的洮南香，中部的德惠大曲、榆树钱酒，东部的大泉源酒等。

摄影：李寻

西北河西走廊风光

河西走廊夹在祁连山与合黎山、龙首山等山脉之间，狭长且直，形如走廊，又因地处黄河之西，故被称为"河西走廊"，处于北纬 36°31′ ～ 37°55′ 之间，属大陆性干旱气候，许多地方年降水量不足200 毫米，但祁连山冰雪融水丰富，灌溉农业发达，是西北地区最主要的商品粮食基地和经济作物集中产地。河西走廊亦产好酒，如酒泉的汉武御酒、武威的皇台酒等。

摄影：李寻

陕西渭南黄河风光
黄河流域产好酒，以山西为例，就有汾酒这样的名酒。陕西韩城，与山西隔黄河相望，韩城纬度为北纬35°48'，处于暖温带半干旱区域，属大陆性季风气候，四季分明，气候温和，光照充足，雨量较多，年平均气温13.5℃，年平均降水量559.7毫米。清代，渭南朝邑是全国的制酒大曲产地，渭南地区白水县现在产白水杜康酒。
摄影：李寻

江西九江稻田风光
九江位于北纬 28°47′ ～ 30°06′ 之间，地处亚热带季风气候区，年平均气温 16 ～ 17℃，年降雨量
1300 ～ 1600 毫米，其中 40% 以上集中在第二季度。江西产四特酒和李渡酒等。
摄影：李寻

广州珠江白鹅潭风光
广州的纬度为北纬 22° 26′ ～ 23° 56′，属海洋性亚热带季风气候，以温暖多雨、光热充足、夏季长、霜期短为特征。全年平均气温 20 ～ 22℃，是中国年平均温差最小的大城市之一。一年中最热的月份是 7 月，月平均气温达 28.7℃。最冷月为 1 月，月平均气温为 9 ～ 16℃。全年平均相对湿度 77%，市区年降雨量约为 1720 毫米。与广州相邻的佛山产豉香型名酒玉冰烧、九江双蒸。
摄影：李寻

分崩离析的香型版图

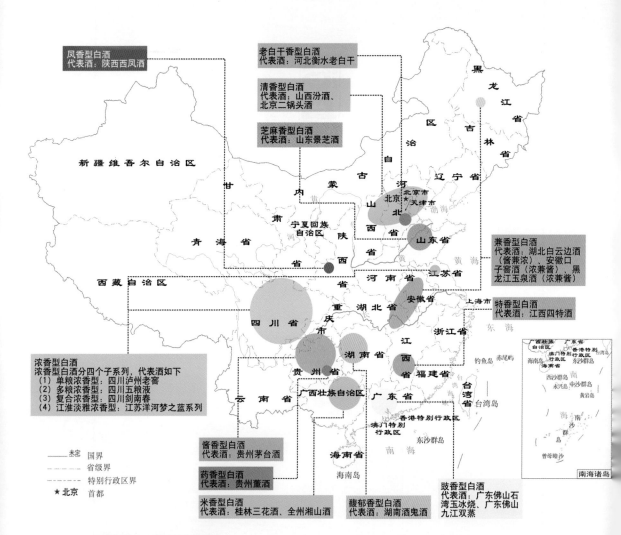

凤香型白酒
代表酒：陕西西凤酒

老白干香型白酒
代表酒：河北衡水老白干

清香型白酒
代表酒：山西汾酒、
北京二锅头酒

芝麻香型白酒
代表酒：山东景芝酒

兼香型白酒
代表酒：湖北白云边酒
（酱兼浓）、安徽口
子窖酒（浓兼酱）、黑
龙江玉泉酒（浓兼酱）

特香型白酒
代表酒：江西四特酒

浓香型白酒
浓香型白酒分四个子系列，代表酒如下
（1）单粮浓香型：四川泸州老窖
（2）多粮浓香型：四川五粮液
（3）复合浓香型：四川剑南春
（4）江淮淡雅浓香型：江苏洋河梦之蓝系列

酱香型白酒
代表酒：贵州茅台酒

药香型白酒
代表酒：贵州董酒

米香型白酒
代表酒：桂林三花酒、全州湘山酒

馥郁香型白酒
代表酒：湖南酒鬼酒

豉香型白酒
代表酒：广东佛山石
湾玉冰烧、广东佛山
九江双蒸

—— 未定 国界
----- 省级界
-·-·- 特别行政区界
★北京 首都

中国白酒十二香型分布概略图

270

一

中国传统白酒本来产于各地，各有特色，没有香型之分。1979年在大连举办了第三届全国评酒会，在大连正式评酒会前的长沙预备会上，品酒专家们首次提出要用香型来进行酒的评比，经过一周时间的讨论，按香型、生产工艺和糖化剂分别拟定了大曲酱香、浓香和清香，麸曲酱香、浓香和清香，米香，其他香型及低度等组分别进行评比。据香型分类的主要起草人辛海庭先生说，香型的提出，是由于将不同香味的酒放在一起评比高低怕有失公允，为了品评方便，故先依照香味大体上划分为五大类型，在同类型的酒中再进行品评，以便于排位，这样更加客观和合理。后来，人们最为重视的是大曲型酒中的酱香型、浓香型、清香型、米香型和其他香型这五种类型。

这种酒类分型有一定的客观依据，那时中国白酒受人工条件的干预还没有现在这么强，这种分类能大致反映出古代受自然地理条件约束下各地白酒风格的差别，比如北方的酒为清香型，南方四川一带产浓香型酒，贵州一带产酱香型酒，再往南，大米为主要农作物的产区就生产以大米为原料的大曲米香型酒。陕西凤翔、湖北中部、江淮地区为秦岭淮河气候带，所产的酒风格介于清香型和浓香型之间，称作其他香型。这种分类标准大致反映出了自然地理气候带和物产的分布情况，有一定的合理性。

之后，香型中又陆续增加了豉香型、特香型、兼香型、芝麻香型、老白干香型等七八种。香型的发展逐渐远远超出了当时提出香型分类的专家的设想，普通消费者对香型的理解就更是偏离了专家们的初衷。原本香型的提出，是为了要在一个香型下评价不同的酒的水平，但普通消费者记不住同一香型中不同酒之间的具体差别，于是干脆就把香型当成评判酒品质好坏的一个标准了：在五粮液流行的时期，就都说浓香型的酒好；在当前茅台流行的阶段，就都说酱香型的酒好。很多做宣传的酒商随之把香型当成酒品质好坏的代名词，还有很多酒厂将独创一个香型作为追求目标，认为这就是自立一派，有独立香型的酒才算是好酒。香型分类的情况越来越混乱，接近分崩离析。

二

香型分类混乱的原因与当初香型分类的初衷是有关系的，香型分类的出发点是把酒按香型类型化后，再在各类型下评比各种酒的优劣，这个基本思路存在很多问题。

首先，描述香型分类的方法本身就不科学。当时在第三届全国评酒会上提出的香型，是没有经过充分研究而仓促提出的标准，浓、清、酱、米香等这几种分法就不是一个统一的科学分类法，浓、清的标准似乎是指同类香味的强弱、浓淡，实际上主要是按喷香的香度、香气的扬程来分的，具体到底是窖香还是果香呢？跟香气的类型没有挂上钩；酱香又像是指某种香味像什么，是属于香味的类型，酱可以跟醋比，是一种有形的物质，浓和清则是同一种物质的强度指标，酱和浓、清不是同一类型的标准；而米又是指原料。所以这样看来，这些香型分类本身的标准就有问题，四种香型之间实际依据的是三类标准。

第二，各个香型实际上没能够反映出其名下各地酒的香气特征。中国传统白酒采用固态开放式发酵的方法，整个工艺过程中没有定量的标准化控制，有很多不确定性。虽然在大环境的自然地理条件下，每个地区有各自的平均温度和湿度，可是任何一个地区每一年同一时期的具体温度是有差别的，昼夜间的温度、湿度也不一样，而且菌群的变化也是无法把握的，这就导致了中国各地传统白酒一地一香的现象，甚至同一个地方不同的酒坊，用同一种原料、同一种工艺酿出的酒的香味也不一样，同一个酒坊今年和明年产的酒也有不同，就是相距仅几十米的两个酒坊之间或同一个师傅不同班次做出的酒也有差别。这种差别有时小，有时很大，有时甚至大到简直就是另外一个香型的酒了。所以，想用一个香型把这种千差万别的、实际是人工没法控制的自然发酵的产物规范约束起来，然后再评价哪一个好哪一个坏，是无法做到的，类型化包容不了复杂多变的自然发酵白酒。

第三，是理论模型的不足。香型只反映了嗅觉上的判断，没有反映出味觉的判断和身体感受上的判断。白酒不仅有香味，还有味觉，比如酸甜苦咸涩等口感；喝了之后上不上头、口干不干、刺不刺喉等属于体感，这些都是香型反映不出来的。退一步讲，即便香型体系能够成立，按照香型等级来分，也只能把酒分出浓一点儿和淡一点儿的，但要加上口感和体感来综合判断一个酒的品质的话，香型体系就远远包容不下了。当初香型分类的主要起草人辛海庭先生后来也一直觉得自己当年起草而沿用至今且仍在广泛蔓延的白酒香型分类体系束缚了白酒的发展和多元化，引为憾事，至死不能释怀，他再三说："白酒在味不在香。""白酒泰斗"周恒刚老先生在临终前也再三说："白酒在味不在香。"初创者都有了这种反思，可见白酒香型从其初始的理论模型来看，确实存在很多先天的不足。

<h1 style="text-align:center">三</h1>

实际上，"香型说"产生之后，白酒业在实践上就开始瓦解这个香型体系了。首先，是当年没有评入八大名酒的西凤酒不满意。西凤酒的生产工艺与汾酒、五粮液、茅台等都不一样，其工艺独特，和汾酒类似的地方是中低温发酵，不同的地方是汾酒以陶缸为发酵容器，西凤酒以泥窖为发酵装置。但西凤酒的泥窖与川派浓香型的老窖又不同，西凤酒每年都要更换新窖泥，储存容器也不是汾酒和泸州老窖等所用的陶缸，而是其特有的荆条酒海，陈存出的西凤酒有独特的海子味香味，这种香气介于浓香型酒和清香型酒之间，在两者中都不入流。在第一、二届全国评酒会上，西凤酒连任国家名酒，可在第三届全国评酒会按香型划分评酒后，便没有被评入八大名酒。于是，西凤酒开始做相关分析研究工作，研究酒中主要香味成分和量比的关系，给自己单独设置了一种香型——凤香型。

以其他香型为标准被列入八大名酒的董酒，后来也自立门派，称为药香型，也叫董香型。在名酒中，董香型实际也就只有董酒一个大厂，其他只有几个小酒厂生产过董香型酒。白云边酒和玉泉酒等搞出个兼香型；湖南的酒鬼酒做出个馥郁香型；江西的四特酒是以大米做原料的大曲酒，给自己定为特香型；山东搞出了芝麻香型酒；广东的玉冰烧和九江双蒸又是豉香型酒。其实，将豉香型作为白酒香型是不合适的，因为它是靠浸泡肥猪肉而产生了含有脂肪香气的腊肉香，这已经不是酿造工艺，而是陈存或浸取工艺了，已接近于露酒，如果将豉香型作为一个白酒香型的话，那浸泡了杨梅、五味子、五加皮的各种酒是不是也都得另算香型呢？将豉香型列为白酒香型的一种，已经让香型按照白酒天然发酵形成的香气而划分的概念瓦解了。还有一种老白干香型，以前河北沧州、安徽合肥曾经用白薯干酿酒，俗称为"老白干酒"，有薯干特有的香气，现在的衡水老白干以高粱为原料，不知他们所说的"老白干香型"和历史上的河北沧州老白干酒是否有关联。

现在的白酒国家标准中，共有十二个香型。酱香型白酒的特点是以高粱、小麦、水等为原料，酱香突出，香气幽雅，空杯留香持久，酒体醇厚、丰满，诸味协调，回味悠长；浓香型白酒的特点是具有浓郁的己酸乙酯为主体的复合香气，酒体醇和协调，绵甜爽净，余味悠长；清香型白酒的特点是以粮谷为原料，清香纯正，具有乙酸乙酯为主体的清雅、协调的复合香气，酒体轻柔协调，绵甜爽净，余味悠长；米香型白酒的特点是以大米为原料，米香纯正，清雅，酒体醇和，绵甜、爽冽，回味怡畅。

　　酱、浓、清、米香型是基本香型，其他八种香型是在这四种基本香型基础上衍化出来的，浓、酱结合衍生兼香型（酱中带浓、浓中带酱），浓、清结合衍生凤香型，浓、清、酱结合衍生出特香型或馥郁香型，以浓香为基础衍生出芝麻香型，以米香为基础衍生出豉香型，以浓、酱、米为基础衍生出药香型，以清香为基础衍生出老白干香型。

　　凤香型白酒国家标准于1994年正式发布，它的特殊之处在于用酒海陈酿，醇香秀雅，具有乙酸乙酯和己酸乙酯为主的复合香气，酒体醇厚丰满，甘润挺爽，诸味协调，尾净悠长。

　　1984年，豉香型首先由米香型中分离出来，确认为属于其他香型。豉香型白酒国家标准于2007年正式发布，其特点为以大米为原料，还需陈肉酝浸，豉香纯正、清雅，口味醇和甘滑，酒体协调，余味净爽。

　　特香型白酒国家标准于2007年正式发布。江西省境内众多大曲白酒均属于特香型，特香型白酒以大米为原料，其香气优雅舒适，诸香协调，具有浓、清、酱三香兼具但均不露头的复合香气，口感柔绵醇和、醇甜，香气协调，余味悠长。

　　芝麻香型白酒国家标准于2007年正式发布，其以高粱、小麦（麸皮）等为原料，芝麻香幽雅纯正，酒体醇和细腻，香味协调，余味悠长。

　　老白干香型主要产于华北、东北一带，以衡水老白干为代表，老白干香型白酒国家标准于2007年正式发布，其特点为醇香清雅，具有乳酸乙酯和乙酸乙酯为主体的自然协调的复合香气，酒体协调，醇厚甘冽，回味悠长。

　　董香型（或药香型）酒类地方标准DB52-T550-2007于2008年正式发布，这也标志着中国白酒史上新香型酒的地位进一步得到确立。"酯香、醇香、百草香"是构成董香型的几个重要方面，以董酒为代表，其酒香气幽雅，董香舒适，口味醇和浓郁，甘爽味长。

　　馥郁香型白酒国家标准于2008年正式发布，以酒鬼酒为代表，特点为馥郁香幽雅，酒体醇厚丰满，绵甜圆润，余味净爽悠长。

　　兼香型广义是指两种或两种以上香型复合、结合而成，目前列入国家标准的是浓酱兼香型白酒。浓酱兼香型白酒国家标准于2009年正式发布，其特点为浓酱协调，优雅馥郁，口味细腻丰满，回味爽净。兼香型起始于20世纪

70年代，一开始存在以白云边为代表的酱中带浓风格和以黑龙江玉泉酒为代表的浓中带酱风格两个流派。

需要说明的是，一种白酒香型的确定，并不只是根据香气、口感特征来确定的，更多地是考虑经济因素。根据有关领导和专家以及国家评酒委员会的建议，行业内提出确立白酒香型的5项基本要求是：

（1）有独特的工艺和独特的风格。

（2）有一定的生产能力。

（3）有较大的生产和销售覆盖面，有较长的生产历史，年销量在5万吨以上。

（4）有较好的经济效益，资金利税率50%以上。

（5）有较完整的研究、检测报告，具有本香型产品的特征香味成分及其主要香味成分量比关系。

新香型白酒的确定流程：有关企业向主管部门提出申请，省级列入科研，提出研究报告，组织白酒行业专家论证同意，再报经国家主管部门组织有关部门（包括标准化部门）论证确认。①

这十二个香型的国标批准之后，国家似乎就再不批新的香型了，但是各个酒厂都在努力创立自己的香型，比如仰韶酒厂称自己的酒为陶香型，邛崃的酒厂想创立邛香型，河南有酒厂创立尧香型，等等。据相关资料反映，除了十二种国标香型外，大概大大小小还有二十多种另立的其他香型。另外，开始有企业根据风味口感命名自家酒的风味类型了，比如洋河大曲称自己为绵柔型，古井贡酒也在试图向绵柔型酒的方向发展。

总的趋势就是，酒的香型会越来越多，每种酒都想设立自己独特的香型。可中国白酒是一酒一香，这样搞下去岂不是香型无数？一旦香型列得数不胜数，那类型化就没有意义了，白酒香型自然就崩溃了，这可能也是为什么国家批准十二个香型之后，就再没有出台新的香型标准的原因。

四

对香型的另一种瓦解来自新工艺白酒。所谓新工艺白酒，就是用食用酒精加香精勾兑出来的白酒，又称液态法白酒。为了达到风味上更像固态发酵酒的效果，又发展出在这种酒中再加一部分固态发酵酒的勾兑方法，称为固液法。这两种白酒都有各自的国家标准。食用酒精勾兑技术的发展，使新工艺白酒几乎可以把任何一种香型的酒勾兑出来，任何一种单项指标，都可以通过人工勾兑的方式达到极致。在评比中，如果就单体香而论，可能食用酒精勾兑出来的液态酒比自然发酵的固态酒指标还要高。原来能够显示自然发酵工艺水平和地域特色的基础已不复存在，勾兑可以把你所有能想到、说出的香型做得更浓、更强，这使得香型的概念和意义越来越弱化。

五

谈一下对白酒香型问题的总结性认识：

（1）最初划分的香型，大致还能体现出中国白酒地理条件和工艺条件的特征，与自然地理的分布能对得上，但后来太多香型的出现与命名，打破了自然地理和酒的文化地理重合的可能性。

（2）白酒香型源于中国古代传统酿酒业的"行话"，而这些"行话"是在口耳相传中约定俗成的一些专业术语，没有精准的科学含义，比如清香、浓香、酱香、窖香、陈香到底是什么香气呢？普通人通常是不知道的，这些词语语义指向也很模糊，比如说清香，到底怎样才是清香呢？没有具体的描述。再比如说窖香，是指发酵池的香味还是酒窖的香味呢？如果指的是发酵池的香味，那可真谈不上香了；如果指的是酒窖的香味，那么不同的酒存在酒窖中的香气又不同。这些词语只可意会不可言传，让消费者无法和日常熟悉的事物联系起来，理解不了其中的含义，只有少数圈内人才能心领神会，悟到其中的玄机。这些词语形成了描述白酒特征的一套"黑话体系"。虽然随着现代分析化学的引入，中国白酒开始用呈香呈味的微量成分来形容酒的风味，比如说清香型白酒有明显的乙酸乙酯的香味，浓香型白酒有明显的己酸乙酯的香味，可是对大众而言，依然是一道难以跨越的门槛，因为非白酒界的专业人士不太有机会闻到单体香的气味，那么怎么能知道什么是乙酸乙酯、什么是己酸乙酯的味道呢？用化学成分来描述酒的香味又成为另一种"黑话"。

西方烈性酒的描述话语是具体可感的，用常见的"焦糖""水果""雪利酒""肉豆蔻""蜜"等事物来描述酒体的香气和口味，普通人一看就明白，这就使得人们能够毫无障碍地了解这些酒的风格特征，并且亲身品尝后加以验证。由此可看出，西方烈性酒的风味描述话语体系是对大众开放的。

中国白酒行业中"黑话"的存在，导致中国普通的白酒消费者就算喝一辈子的酒也无法用准确具体的语言形容出一种酒的特色，始终也把握不了自己喝过的酒的风格。中国白酒工艺是由手工作坊传出来的，口耳相传、言传身授地一代代传承下来，没有专业化、标准化的科学话语体系，在定香型时，传统手工业形成的那套"黑话体系"起了很大作用，但这些行话实际上是没有经过太多理性思考和定义的，反映不出白酒香气的准确特征。现在看来，这个体系已不适应现在白酒的发展，中国白酒要想真正走向现代文明，融入现代世界，需要改造这种话语体系，必须用普通消费者明白易懂的语言来描述酒的风味特征或品质特征，只有这样才能促进中国白酒在现代世界的健康发展。简单来说，就是"终止'黑话'，使用白话"。

（3）中国白酒香型体系的崩溃是必然的，不会维持太久。中国白酒现在已经明确按照工艺来划分为三种类型：食用酒精勾兑的液态法白酒、液态法白酒与固态法白酒勾兑的固液法白酒、纯粮发酵的固态法白酒。按照中国传统白酒的风味标准来衡量，这三种类型的酒之间的等级差别是很明显和清晰的，食用酒精勾兑的液态法白酒为最差的低档酒，固液法白酒是中档酒，纯粮固态发酵的酒是高档酒。液态法白酒中，可以看哪家勾兑的酒比较好；或者哪家勾兑所用的食用酒精品质级别高，优质酒精中还有一级、特级酒精的差别；再或者看勾兑用的香精是天然的还是化工合成的，用这些标准来进一步划分高下。固液法白酒中，可以按固态法白酒的比例来判定是否达到好酒的标准，勾兑所用的固态法白酒占到多少比例算好酒，少于多少比例算是差酒，这样，各个类型下的品质档次就好分了。在固态法白酒里，就不用讲好坏了，只讲风格，哪种风格的酒好，等等。这样来衡量酒的品质，重新建立起一套可以精确计量、量化控制的指标，是未来的发展趋势。

（4）白酒在风味上是没有标准的，中国白酒在传统上就是一酒一香，如果现在我们恢复传统的酿造工艺或者使酿酒更接近传统工艺，白酒还是会回到一酒一香上，特别是固态发酵的酒，这样就能反映出中国白酒更多的文化特性与个性。

（5）应该更强调体感和理化指标的客观性。具体说就是弄明白到底是什么导致我们的身体产生了各种感觉，关于这方面的基础科学研究还需要加强，以发展出更符合实际的客观指标。客观指标进一步发展成为指标体系后，香型可能就会被完全抛弃了。

注释：

①李大和.白酒勾兑技术问答（第二版）.北京：中国轻工业出版社，2015.

TIPS 中国白酒十二香型一点通

中国白酒分为多种香型，有国家标准的香型有十二个，没有国家标准、企业自封的香型不计其数。白酒香型的区别复杂微妙，一般消费者很难辨别。

中国传统白酒本无香型之分，1979年全国第三届评酒会前，在湖南长沙召开评酒预备会议，提出分香型评酒，拟定了浓香、清香、酱香、米香和其他香型的感官评语。香型的提出，是由于不同香味的酒没有办法放在一起评比，香气大的总是盖住香气小的酒，分为五大类是为了品评方便。其他香型的酒都是在这五种香型的酒的基础上衍生出来的。

香型的提出使中国白酒第一次有了一种类型化的标准，似乎更有利于客观评价，但实际上中国白酒真是一酒一香，同是清香型或浓香型的酒，其差别也很大，正因如此，后来才发展出那么多其他的香型。现在已有大的酒厂自己给自己定独特香型的趋势，如河南仰韶酒厂就提出他们酒厂的酒为"陶香型"。

在目前，香型还是有利于初入酒门的酒友分辨酒的风味类型的，但入门之后，须记住"一酒一香一味"的事实，根据自己的喜好选择酒，不必拘泥于其是否类属于某种香型。

1. 清香型白酒

代表酒：山西汾酒、北京二锅头酒

酒曲：低温大曲（汾酒）、麸曲（二锅头）

发酵设备：地缸、砖窖

山西汾酒

香味：汾酒有类似苹果的香气，还有些发面馒头的香气。二锅头和汾酒相比是另一种香气，初闻有股淡淡的中药味，再闻有一丝淡淡的酱菜味。

口感：汾酒，绵甜爽净、柔和谐调、余味悠长；二锅头，清爽干洌、入口略冲。

说明：当时确定清香型这个香型时，是相对于浓香型而言的，所谓"清"不是香味低的意思，而是香味比较单纯，不像浓香型那么丰富、复杂、有层次。

北京二锅头酒

2. 浓香型白酒

浓香型白酒分四个子系列，代表酒如下：

（1）单粮浓香型：四川泸州老窖；

（2）多粮浓香型：四川五粮液；

（3）复合浓香型：四川剑南春；

（4）江淮淡雅浓香型：江苏洋河梦之蓝系列

酒曲：中、高温大曲。

发酵设备：泥窖

香味：浓香型白酒其实也是一酒一香，它的

四川泸州老窖 **四川五粮液**

四川剑南春 **江苏洋河酒**

香味还没有其他任何香味可以比拟，以至厂家自己

评价为"窖香浓郁"。什么是窖香？没进过藏酒窖的人无从把握。最简单的办法是记住上述四种酒中任何一种酒的香味即可，这就是酒香，没有别的香味可以比拟。和清香型白酒的区别是没有那么单纯的水果香气，而是包含水果香的更多香味交织在一起的复杂香气，饮后酒杯很快会有酒糟那种骚味。

口感：绵甜醇厚。

3. 酱香型白酒

代表酒：贵州茅台酒

酒曲：高温大曲

发酵设备：条石窖

香味：酒香中透出优质酱油的那种香味，后味有点儿

贵州茅台酒

糊味。饮后空杯酒香气留存时间长，没有窖泥味，有一种青海、甘肃称为"香豆"的那种香草味。

口感：醇厚黏稠。

4. 米香型白酒

代表酒：桂林三花酒、全州湘山酒

酒曲：小曲

发酵设备：陶缸、不锈钢罐

香味：有类似蜂蜜的香味，故又叫蜜香型，

桂林三花酒 **全州湘山酒**

仔细分辨，又有些玫瑰的香气。

口感：入口绵，寡淡。

5. 凤香型白酒

代表酒：陕西西凤酒

酒曲：中、高温大曲

发酵设备：泥窖

香味：略似浓香型酒，入口有苦杏仁味，厂方称"海子味"，即贮酒酒海所造成的特殊香味。

陕西西凤酒

口感：甘润挺爽，余味较长。"挺"是指喝下去后觉得有香味回返。

6. 兼香型白酒

代表酒：湖北白云边酒（酱兼浓）、安徽口子窖酒（浓兼酱）、黑龙江玉泉酒（浓兼酱）

湖北白云边酒　　安徽口子窖酒　　黑龙江玉泉酒

酒曲：大曲

发酵设备：砖窖、泥窖

香味：兼香型酒初闻都像浓香型酒，细闻能感觉到略有酱油香，无论是前味，还是后味，但其实很淡，有时闻不出来。

口感：和浓香型相比，口感较涩，辣的时间长，这个特征比香味还明显。

7. 特香型白酒

代表酒：江西四特酒

酒曲：大曲

发酵设备：红褚条石窖

香味：很像浓香型白酒，细闻有股菜籽油气味。

口感：入口比兼香型白酒甜，但比浓香型白酒要闷，不透亮。

江西四特酒

8. 药香型白酒

代表酒：贵州董酒

酒曲：大小曲并用

发酵设备：不同窖并用

香味：基础味是浓香型白酒，但有明显的中药味。

口感：绵甜醇厚，基本上就是浓香型白酒的口感。

贵州董酒

9. 豉香型白酒

广东佛山石湾玉冰烧　　　　　　**广东佛山九江双蒸**

代表酒：广东佛山石湾玉冰烧、广东佛山九江双蒸

酒曲：小曲

发酵设备：地缸

香味：类似于米香型酒，中有明显的腌腊肉味、油哈味。

口感：清淡、沉闷。

10. 芝麻香型白酒

山东景芝酒

代表酒：山东景芝酒

酒曲：麸曲为主

发酵设备：砖窖

香味：酒香中有炒芝麻的香气。

口感：入口绵甜，后味略苦。

11. 老白干香型白酒

河北衡水老白干

代表酒：河北衡水老白干

酒曲：中温大曲

发酵设备：地缸

香味：酒香中带有淡淡的大枣甜香。

口感：干爽，粗糙。

12. 馥郁香型白酒

湖南酒鬼酒

代表酒：湖南酒鬼酒

酒曲：小曲、大曲

发酵设备：泥窖

香味：很像浓香型白酒的五粮液，但米酒香气似乎更强，后味有淡淡的焦煳香。

口感：醇厚绵甜，比浓香型白酒粘。

加水检验纯粮固态发酵酒的方法
大多数液态法白酒并不在标签上说明自己是液态法白酒，消费者研究出很多鉴别液态法白酒的方法，图
为加水鉴定法，一般情况下，加水不变混浊的就是液态法白酒，变混浊的就是固态法白酒。
摄影：李寻

新型白酒的台前与幕后

一

所谓的新型白酒就是指以食用酒精为基础酒（又称基酒），经过调配而成的各种白酒。按照生产工艺来划分，白酒有三类国家标准：固态法白酒（如GB/T 10781.1—2006浓香型白酒、GB/T 10781.2—2006清香型白酒、GB/T 26760—2011酱香型白酒等）、液态法白酒（GB/T 20821—2007）和固液法白酒（GB/T 20822—2007）。固态法白酒是以粮食为原料，采用固态或者半固态糖化、发酵、蒸馏，经陈酿、勾兑而成的白酒，未添加食用酒精和非白酒发酵产生的呈香呈味物质。液态法白酒则是指采用液态糖化、发酵、蒸馏出来的基酒（或食用酒精），加入香醅串香或用食品添加剂调香调味，勾调出来的白酒。固液法白酒是用不低于30%的固态法白酒和液态法白酒勾调而成的白酒。液态法白酒和固液法白酒均属于新型白酒。由于固液法白酒的香气和口感跟固态法白酒比较接近，消费者初喝时一般难以区分，所以业界把固液法白酒称为"二名酒"，意指仅次名酒一等。

新型白酒的"新"是相对于传统白酒而言的。在现代的微生物科学和化学分析仪器引进之前，中国白酒一直沿袭着古老的手工酿造技艺，人们并不清楚酿酒的微生物学基础，也不清楚哪些微量成分能够呈香呈味，那个时候也没有固态法、液态法的区分，所有的白酒都是纯粮固态发酵的，根本没有食用酒精一说。

新型白酒的出现有着深刻的历史背景，一是科学背景，二是产业背景。

中华人民共和国成立之初，我国全盘接受苏式科学，白酒科学研究不可避免地受到苏联科学的影响，基于当时的科学认识，我国提出了"卫生"这一白酒发展方向，包括两个内容：降杂质和降度。当时我国参照苏联的伏特加设定烈性酒标准，相关部门要求把白酒中的杂醇油、甲醇等有害成分降到最低。伏特加是一种无酸无酯、无杂醇油、非常洁净的酒，尽管是液态发酵，但去除了全部杂质，从成分上来讲，非常健康、卫生。至于降度，是因为国际上的烈性蒸馏酒基本上都在40度左右，为了和国际标准接轨，要降低白酒的度数，这也是受苏式标准的影响，据说俄罗斯大化学家门捷列夫研究发现，40度的酒口感最好，也最卫生。

我国以苏式科学标准为典范，使用越来越先进的分析化学手段，对白酒中微量成分的组成及其在酒中的作用的认识越来越深入，不但知道了众多酸、酯、醇在酒中呈现什么样的香味或口感特征，还能将这些成分单独提取出来，制成食用香精，勾兑到食用酒精中。这些科学观念和技术手段的共同进步推动了新型白酒的出现。

在科学背景之外，新型白酒的出现还有特定的产业背景。我国是一个农业国家，中华人民共和国成立后，粮食单产水平不高，人民的温饱问题还没有解决。传统白酒对粮食的消耗过大，三斤粮出一斤酒，而液态法白酒一斤粮能出三斤酒，传统白酒的耗粮量差不多是液态法白酒的十倍。那时还没有现在的产业概念，全国粮食处于紧缺状态，节约粮食比发展酿酒工业更重要，于是在政策上就强制发展节粮效果好的新型白酒。

液态法白酒的推广不是一蹴而就的，它有一个渐进的发展过程。起初，为了节约粮食，研究的是麸曲酿酒技术，可以减少酒曲中小麦的消耗。1955年以后，麸曲法开始在全国推广。1987年贵阳会议上正式提出"积极开展液态法白酒科研工作"，尽快实施液态法生产白酒的重大举措，从此以后，液态法白酒大步推进，有了重大的发展。沈怡方先生主编的《白酒生产技术全书》中透露，大概在2000年到2005年之间，我国总产量5万吨以上的大型白酒企业均采用了新型白酒技术路线。而据赖高淮先生《新型白酒勾调技术与生产工艺》一书透露，规划的目标是液态法白酒和固液法白酒占全国白酒总量的95%以上，传统的固态法白酒下降到5%左右。赖高淮先生的书是2003年出版的，如今已经过去十多年，这个目标恐怕早已实现了。

二

既然新型白酒占据了绝大多数的白酒市场份额，按照常理，消费者应该知之甚详，其实不然：其一，绝大多数的酒厂都不标明其产品是液态法白酒还是固液法白酒，原料中有没有食用酒精。极少数大厂家的低端白酒，如牛栏山二锅头、绵竹大曲、沱牌大曲、泸州老窖的泸州二曲，虽然在酒标上注明原料中有食用酒精、高粱、玉米、大米等，说明这些酒是食用酒精勾兑了部分固态法白酒，但是其产品的名称和对应的工艺严重名实不符，比如绵竹大曲、沱牌大曲并不是大曲发酵而成的，跟传统的大曲酒不是一个概念，可它们还是叫"大曲"酒。目前市场价100～500元的中高端白酒，绝大多数厂商都宣称是纯粮固态发酵酒，但其真相并不简单，有资深的白酒界专家明确地说过，酒品质的高低就是固液比的问题。这句话令人"细思恐极"，也就是说所谓"好酒"无非是多加一些固态法白酒，少放一点儿液态法白酒（食用酒精），再深入推断，那么可能所有中端白酒都是固液法白酒，甚至大多数高端酒都加有液态法白酒，也就是食用酒精，无非是比例较小。所有的白酒大厂家对此讳莫如深，从来不说他们采取了新型白酒工艺。

其二，食用酒精生产基地隐藏太深。前文提过，沈怡方先生在书中说过，国内总产量5万吨以上的大型白酒企业均采用了新型白酒技术路线。那么这些酒厂很可能都有食用酒精生产装置，可是我们参观过十几个产量在5万吨以上规模的大酒厂，比如洋河、五粮液、泸州老窖等，这些酒厂对外的工业旅游项目展示的全是传统工艺，没有一个酒厂展示食用酒精生产线。近年来，全国白酒年产量至少有1000万吨，就算80%是液态法白酒，那么需要400万吨以上的食用酒精，只有规模相当大的厂家才能生产出来，可是这些食用酒精生产厂家在哪里？相关的披露资料非常少，白酒厂家也从不透露他们使用的食用酒精的来路。在走访白酒厂的过程中，我们试图寻找哪里有食用酒精生产厂，并计划参观一下，但是线索太少，一直无法实现。认真查阅了相关资料后，我们在1989年12月中国轻工业出版社出版的《酒精工业手册》（1992年7月再版）一书中有了重大发现，该手册不仅详细地介绍了酒精的生产原理和工艺技术，其附录二还罗列了当时国内主

市场上销售的白酒绝大多数是新型白酒
新型白酒大约占据了白酒销售市场95%以上的份额，然而大量的新型白酒依然在冒充纯粮固态白酒销售。
摄影：李寻

要的酒精生产企业的名录，几乎全国各地都有酒精生产企业，该附录长达40多页，本书只罗列几个：北京昌平酿酒厂，年产酒精102万吨；天津酒精厂，年产一、二、三、四级酒精2.5万吨；河北长城酿酒公司酒精厂，年产酒精1.3万吨；大连酿酒厂，年产酒精2万吨；江苏南京酿酒总厂，年产酒精8000吨；江苏大丰县酒厂，年产酒精4000吨；四川资中县银山糖厂，年产酒精7000吨；贵州咸宁县酒精厂，年产酒精2000吨……太多了，不再引述。三十年过去了，这些酒厂、酒精厂、糖厂现在是否存在？现在产量多大？目前没有资料。白酒业的工业旅游搞得红红火火，展示的都是目前实际生产能力很小的传统白酒工艺，而实际产能最大的现代酒精工业，竟没有一家敢大大方方搞个工业旅游项目的（至少现在还没有见到），好像不存在一样。

其三，普通消费者根本搞不清楚酒厂使用的酒精和香精的来源，不清楚这些酒精是工业酒精还是食用酒精，这些香精是从白酒生产的副产品中提炼出来的，还是用其他什么化学手段提炼出来的；生产新型白酒的企业也有意

食用酒精液态发酵车间
摄影：华诺

隐藏，从不主动公开可供公众监督的数据；监管部门也没有强制性的管理措施，来要求白酒生产厂提供相关数据。这些因素导致了一个庞大的产业长期隐藏地下，缺乏信息公开披露的管理办法，公众只能靠猜测来想象新型白酒原料的来源。

酒精和白酒不一样，其原料除了粮食之外，还可使用废糖蜜、农作物秸秆、木材工业下脚料、城市纤维垃圾、亚硫酸纸浆废液等。国家规定，只有符合食用级以上标准的酒精才能用于配制各种酒精饮料，食用酒精有专门的国家标准（GB 31640—2016）。GB 31640—2016的最低要求甲醇含量不超过150mg/L。工业酒精的甲醇含量极高，在800～2000mg/L之间，饮后可能致人死亡。

其四，网络上经常有揭露勾兑酒的视频，从这些视频中可以看出，酒厂根据不同香型酒的特征，把各种各样的酯、酸、醇、醛添加到食用酒精当中。这些酒没有严格的管理措施，很有可能会伤害人体的健康。

其五，实际勾兑技术突破了卫生底线。最初发展液态法白酒的方向之一是"卫生"，按照伏特加的标准，尽量低酸低酯，使杂醇接近于零，但是现在生产出来的很多食用酒精达不到这个标准，从下表中可以看出，我国最好的酒精理化指标与苏联最好的酒精相比，在杂质含量方面仍有很大差距。

我国食用优级酒精与苏联超级酒精主要理化指标的比较

标准 主要指标	我国食用优级酒精 GB 394-81	苏联超级酒精 5662-67
酒精含量 /%	≥ 95.0	≥ 96.5
醛	以乙醛计，每 1L 乙醇不超过 3mg	每 1L 无水乙醇不超过 2mg
杂醇油	每 1L 乙醇不超过 2mg	每 1L 无水乙醇不超过 3mg
甲醇	每 1L 乙醇不超过 100mg	无
酯	无	每 1L 无水乙醇不超过 25mg
氧化时间（20℃）	≥ 30min	> 20min

注：数据来自沈怡方《白酒生产技术全书》P$_{487}$。

原本国内的食用酒精就不如伏特加好，结果还要往里面加入模仿传统白酒风味特征的添加剂，主要是酸、酯和杂醇油，其中杂醇油对人体有害，但是有时为了达到一定的风味特征会过量添加，突破卫生标准，尤其是小作坊，更加没有底线。有些小作坊为了让酒看起来像高端白酒或者老酒，还会

新型白酒勾兑用的香精
摄影：华诺

往其中添加很多不明来路的添加剂，让酒挂杯或者微黄。本来的初衷是让中国传统白酒更加卫生健康，杂醇油降低到近乎无的程度，可是新型白酒把原来提取出去的有害成分又添加回来了，这种卫生化的努力不是白搞了吗？

这些勾兑突破底线的新型白酒大量存在，并且信息完全不公开，已经形成了一条黑色产业链，非法运作着。

三

既有科学依据做基础，又有政策撑腰，为何新型白酒变成了见不得光的地下势力呢？主要原因如下：

第一，科学依据不足。新型白酒是基于当时的科学认识生产出来的，如果完全按照苏联伏特加的标准生产低酸低酯、非常纯净的食用酒精，不但口感风味不如传统白酒，而且饮后的舒适感也不如传统白酒。有研究发现：低酸低酯的伏特加有时更易上头，而相比之下高酸高酯、杂质多的中国白酒饮后反而没有上头的现象，例如茅台就是高酸、高酯、高微量成分的代表，它的羰基化合物是白酒中最高的，达到431.1mg/100mL，其次为浓香型，为200mg/100mL，清香型的汾酒为161.2mg/100mL，米香型的三花酒只有3.8mg/100mL。羰基化合物中的糠醛在茅台酒中含量特别高，达29.4mg/100mL，大约为其他名酒的十倍，但按苏联的食用酒精标准，就不允许有糠醛。然而，有些人发现，饮用茅台几乎不上头，但三花酒和汾酒"上头"的比例要远高于茅台，最清纯的伏特加有时更易上头。有研究者由此推断，体感好的白酒，无须低酸低酯或者无酸无酯，而是要达到酸酯平衡，并且那些单独来看有害的成分，组合成分子团、功能团后饮后的舒适感反而更好，似乎对人体没有毒性。

白酒健不健康，人体是最好的传感器。中国有悠久的饮用白酒的传统，在某种程度上类似一种药理、毒理及生理试验，而且是数百年上亿人的人体实验，比用小白鼠做动物实验的效果可靠多了。清纯的伏特加比不那么清纯的白酒更易上头，说明目前的科学对白酒健康问题的认识还不够深入，用伏特加的标准作为我国白酒的卫生标准有待商榷，在实践中，我国对蒸馏酒的卫生标准，已比伏特加要低得多了，如甲醇，1981年的国标为0.4g/L，2016年修订为0.6g/L。

新型白酒如果只是单纯的食用酒精，情况可能会稍微简单一点儿，然而新型白酒还需要勾兑，把按照苏联标准应该去掉的酸、酯、醇等杂质再添加进去，来模仿传统白酒的口感。这些东西组合在一起会有什么后果，科学更缺乏认识，因为它们不是自然发酵形成的分子团，而是独立的分子，而且有些添加物明明是有害物质，在添加过程中比例把握不好，会导致很多的后果。张安宁、张建华主编的《白酒生产与勾兑教程》中提到，液态法白酒中含有较多的高级醇，主要是异丁醇和异戊醇，一般液态法白酒含异戊醇为130mg/100mL，异丁醇为60mg/100mL，两者的含量高于名优白酒三倍。[①]优级食用酒精未必会带来这么多的杂醇油，极有可能是为了达到一定的风味口感，后来添加的。然而杂醇油是有毒物质，在白酒中如果含量过高，对人体有毒害和麻醉作用，会使神经系统充血，令人头痛，而且在人体内氧化速度慢，停留时间长，其毒性随分子量增大而加剧，其中以异丁醇和异戊醇的毒性较大。卫生标准规定，一般白酒中杂醇油含量（以异丁醇和异戊醇计）不能超过0.2g/100mL，而液态法白酒在实际生产中有可能突破杂醇油的卫生标准，其后果较为严重。另外，书中还讲到，新型白酒的酸酯平衡是勾调成功的关键，酸酯比例不好把握，在勾调中酯过高、酸偏低时，酒体会香气过浓，口味爆辣，后味粗糙，饮后容易上头；酸过高、酯偏低时，酒体表现为香气沉闷，口味淡薄，杂感丛生。

第二，新型白酒的风味口感不如固态发酵酒的好。自然发酵的酒中有几百种微量成分，而人工勾兑的液态法白酒至多添加几十种微量成分，只能模仿出固态法白酒的主要香气和口感，表现不出它的丰富性和层次性。国家标准要求固液法白酒中固态法白酒的比例应超过30%，如果达不到，其风味就明显不如固态法白酒，如果超过30%，口感风味会比较接近固态法白酒，但是资深的酒客还是能品尝出差异，因为人工勾调出来的香气口感比较直接、强烈，但停留时间短。用固液法白酒或者液态法白酒冒充固态法白酒，会降低消费者的忠诚度。常喝酒的人会发现这样一个现象：某些酒厂推出的新品牌酒两三年或者四五年之后就消失了，俗称"几年喝倒一个牌子"。实际上，并不是消费者的原因，而是厂家以次充好，用固液法白酒或者液态法白酒冒充固态法白酒，消费者可能起初喝不出来区别，但是时间一长，就会发现品质不好，于是不再购买这个品牌的酒，厂家难以为继，只能"改头换面"，换一个品牌，接着推出这种酒。这就解释了为什么很多白酒厂频繁更换品牌，不停地推出五花八门的系列，目的就是混淆消费者的视听，令他们难以选择。目前白酒市场中比较稳定的品牌只有飞天茅台、五星茅台、52度的五粮液、国窖1573这些高端白酒，其他酒的品牌则经常变换，有规模的酒厂甚至有好几百个牌子，究其原因，很可能就是为了继续用固液法白酒、液态法白酒冒充固态法白酒，但长此以往，肯定会耗尽消费者的信任。

第三，新型白酒不耐陈放。酒是陈的香，虽说不绝对，但根据经验来看，三十年之内，酒存放的时间越长，口感越好，但这指的只是纯粮固态发酵的传统白酒，固态发酵的白酒高酸高酯，含有较多的高级醇，在发酵的过程中微量成分就比较协调，经过陈化，一些刺激性的酒精分子发生缔合和缩合作用，使酒的口感变得更加醇厚，酒中部分酸自然转化为酯，使酒的香气协调且幽雅细腻、层次丰富，这些是液态法白酒和固液法白酒所不具备的。尽管液态法白酒添加了呈香呈味的香精，但一般挥发性都很强，一段时间后就消失了，而且液态法白酒总酸总酯的含量比固态法白酒低：一般优质白酒酸的含量高于普通液态法白酒两倍，酯类含量在200～600mg/100mL，而液态法白酒只有30～40mg/100mL。酸、酯含量过低使液态法白酒在陈放过程中没有老熟效应，消费者一喝就会发现酒的口感并没有因陈放变得更好，长期如此，消费者就不会再购买固液法白酒和液态法白酒了。

以上讲到的第二、第三个原因，使消费者认为新型白酒是劣质酒，固态法白酒才是优质酒。不仅消费者如此认为，国家标准和白酒行业也如是认为，只不过他们把新型白酒称为普通白酒或者中低档白酒，不叫劣质酒而已。

第四，小作坊的毒酒事件让消费者对新型白酒产生心理阴影。消费者并不了解新型白酒，假酒事件让他们对新型白酒的成见更深，厂家也害怕和酒精勾兑白酒沾上边，仿佛一旦承认某款产品是液态法白酒，那么所有的产品都成了液态法白酒，解释反而越描越黑，所以厂家干脆隐瞒这方面的信息。当然，和"新工艺乳制品"比较起来，新工艺白酒还算是有良心的了，起码其中还有酒精，有些"新工艺酸奶"里可能一滴牛奶都没有。

第五，最为重要的原因是生产新型白酒利润空间大。新型白酒成本低，出酒率高，用它冒充优质白酒，利润空间非常大，酒厂高兴，监管部门也睁一只眼闭一只眼。前文提过，新型白酒的产生有深刻的产业观念和科学理念背景：首先，国家认为液态白酒健康卫生，人工添加的添加剂只要在国家卫生标准之内，就是合法的；第二，出于节约粮食的考虑，国家支持能节约粮食的液态法白酒；第三，白酒价格贵、利润高，酒税就征得多，可以提高国家的财政收入。或许出于以上的原因，监管部门并不强制要求生产厂家必须标明其产品是新型白酒，更没有切实可行、随时可以检查的监督机制。普通消费者无从了解内情，只听说新型白酒和固态法白酒有区别，至于是什么区别，厂家不公开信息，个别消费者也没法强迫厂方提供，或者说也不想了解。很多消费者有自欺欺人的心理，他们相信真有物美价廉的东西存在，既然这些白酒口感喝起来差不多，那么就买便宜的喝吧。厂家是揣着明白装糊涂，监管部门半推半就，消费者有的真不明白，有的自欺欺人，大家都不说破，新型白酒乘势肆意扩张，大行其道。

四

新型白酒不可能一直潜伏在地下，预计它未来的发展趋势主要有以下几个方向：

发展趋势之一，在科学研究没有搞清楚纯粮固态酒中复杂的呈香呈味物质到底有害无害之前，白酒的标准应该按照工艺来划分。纯粮固态发酵酒中的微量成分非常复杂，从单个分子来看，其中的有害物质比较多，然而组合起来似乎对人体无害，那么这些成分到底对健康有没有危害，目前的科学研究还不能确定。将来的研究结果无非两种情况：一是这些复杂的成分组合在一起，对健康是有利的，因为饮后身体舒适感比较好，这个结果会巩固纯粮固态发酵酒就是优质酒这一标准；二是科学证明，虽然人体感受好，但实际上传统白酒对人体器官、生理机制还是造成了破坏，这种结论就说明纯粮固态酒未必是好酒，目前白酒以风味为主的评价标准就面临着更改。当然，这一切还要等待科学理论突破之后来验证，在此之前，划分酒质的标准应该统一起来。前面说过，目前执行的标准认为优质白酒就是纯粮固态发酵酒，然而酒质的科学标准和风味标准相互矛盾，在当前的科学水平下，可以暂时按照工艺来统一划分：纯粮固态发酵酒是优质酒，固液法白酒是中端酒，液态法白酒是劣质酒，或者叫低端酒。其实，这是目前已经公开化的标准，只是还缺乏强有力的推广普及措施。

发展趋势之二，监管部门出台更多的强制性管理措施。现代社会资讯越来越发达，获取信息的渠道越来越多，消费者的知识水平也在不断提高，随着他们关于酒的知识的增多，不会容忍生产商继续玩弄不明不白的手段，他们会要求监管部门出台更多强制性的管理措施，要求酿酒企业充分披露与人们健康有关的信息。实际上现在已经有了这方面的趋势，比如对年份酒的管理就日趋严格。过去酒的年份由厂家任意标注，六年、十年、十五年、二十年，虽然有很多技术手段可以验证是否真的陈放了这么长时间，但是因为没有强制性的法规，没有人真的会去考证，年份酒乱象丛生。不过2018年4月18日召开的"中国酒业协会白酒分会、市场专业委员会、科教设计装备委员会、名酒收藏委员会、固态白酒原酒委员会、白酒创新联盟、白酒酒庄联盟、定制酒联盟2018年理事（扩大）会议"上透露，中国白酒年份酒标准体系有望发布，体系分三个部分：第一部分是年份酒准入；第二部分是企业年份酒表述体系；第三部分是第三方监督备案制。这次即将发布的白酒年份酒标准体系的准入、监督备案非常重要，其中，准入制度将消灭90%以上的年份酒乱象问题（时至2019年7月，这套标准仍没有发布，其中有很多技术性问题正在解决，但这个趋势是明显的）。

发展趋势之三，随着工业化的发展，把白酒当作单纯轻工业品的观念可能会改变。按照我国对现代产业的分类，种植业属于农业，白酒生产则属于轻工业。酿酒业作为一种食品工业，利润丰厚，但是它赖以立足的种植业没有得到合理的回报。白酒市场上，真正的纯粮固态酒单瓶的市场零售价基本上在300元以上，优质的固态法白酒价格更高，茅台酒、五粮液等已在千元以上，其他优质固态法白酒也在八九百元左右。这样高的利润却没有对当地农业形成有效的反哺。尽管酒厂都说优质高粱涨价了，特别是南方的糯高粱，但是依然没有达到有效促进的作用，否则四川、安徽的高粱种植面积也不会连年大幅下降，这只能说明现有的高粱价格依然不能阻止当地的土地转种其他作物。种植业给白酒生产提供原材料，西方人在谈葡萄酒时，说"好酒是种出来的"，其实中国的传统白酒，也是"种"出来的，粮食对酒的风味的影响非常巨大。从这个角度来看，种植业和白酒产业，应该是一体化的"酒产业"，是一个整体，应该让高粱种植业以更大的比例分享白酒业发展带来的利润，这样既有利于保护耕地、保障粮食安全，又有利于建立一个完整合理的产业链。

过去那种白酒发展应该以节约粮食为至高无上的原则的片面认识需要改变。我国的耕地减少问题非常严重，一直存在粮食安全问题，本着节约粮食的目的发展新型白酒本来无可厚非，但是这是计划经济时期"短缺经济"造成的思维定式，并不适合市场经济和城市化发展的新形势。当前，工业用地侵占农业用地的问题非常严重，农业附加值一直偏低，工业用地的价格远远高于农业用地。鼓励发展消耗粮食的纯粮固态发酵酒，能够将种植业纳入轻工业范围，提高农业用地的经济附加值，有利于保护耕地，在粮食危机的时候，还可以将这些酿酒粮食用地改种大米、小麦等谷物，缓解粮食短缺问题。

随着信息的进一步透明化，那些不具备科学性、合理性的事物就应该被逐步淘汰。我们相信，如果完全曝光，新型白酒的市场占有率会缩小，优质白酒的市场占有率会扩大。

注释：

①张安宁，张建华. 白酒生产与勾兑教程. 北京：科学出版社，2010.

战争没有边界

变动中的酒商势力范围

2018 年 10 月 6 日长沙 yolo 江小白音乐节现场
江小白有别于传统酒界的营销方式，更注重文化个性，重视酒的广告文案、情绪的表达以及场景的营造，
更受当代年轻人的青睐。
摄影：守成

一

从历史文化的角度来看，历史文化名人是酒文化的主角，他们的活动轨迹勾勒出了酒文化的空间分布范围；但从现实文化的角度来看，酒的生产商才是主角，生产商的营销能力划定了不同的势力范围。在某地喝什么样的酒，其实已经不由消费者做主，而是取决于哪个厂家的经销商控制了那里的市场，实例比比皆是，比如在很多地方喝不到本地酿的酒，四川的酒倒是随处可见；在安徽宿州很难喝到安徽的酒，洋河酒反而畅销。

酒商的营销能力包括广告、渠道、铺货量、营销政策等，人们耳熟能详的是各色白酒的广告："衡水老白干，喝出男人味！""喝杯青酒，交个朋友""红星二锅头：敬不甘平凡的我们！每个人心中都有一颗红星！"这些广告词在全国性的媒体平台上频繁出现，轰炸消费者的视听感官。有些酒企退居其次，猛攻国内部分省份，甘肃到处可见金徽酒的广告"只有窖香，没有泥味"，江苏省遍地是今世缘和洋河酒的广告，河南省则遍布仰韶酒的广告，有些广告出了这些省份就不容易见到了。

广告经常更替，20世纪90年代的央视广告标王秦池酒，如今已很少有人记得。酒商不会持续投放广告，猛打一阵广告占据了市场之后，广告攻势就会停止，很快被新的广告覆盖。原来无数铺天盖地的酒广告就这样代谢掉，如古井贡酒年份酒、国窖1573等。

广告的变化反映了白酒的势力范围的变化。有时候一阵风就吹来一个新品牌，然后又倏忽不见。除了茅台、五粮液、剑南春等少数的大品牌外，大多数白酒品牌的寿命越来越短，对应的势力范围变化越来越快，和广告的变化节奏差不多，导致我们无法用一般的历史地图或自然地理地图来呈现现在的白酒版图，只能用军事上的作战态势图来反应各方势力的消长，以代表各方的旗帜的进退模拟商场上的进退。通过模拟战场态势图，我们会发现每场战争的各个战区都是没有边界的，完全取决于酒厂的"作战方法"。想当年两度成为央视广告标王的秦池酒，在其全盛时期，"永远的绿色，永远的秦池"的广告妇孺皆知，势力范围遍布全国，但是一两年后，被曝出生产能力不足，到四川收购原酒，信誉一落千丈，现在可能只有山东一两个县还能见到秦池酒。安徽的双轮池，在辉煌的时候，全国大概半数的地方全是他的黄色小旗，而现在却难觅双轮池酒的踪影。商场如战场，白酒营销商之间的势力范围争夺如战场形势一样瞬息万变，进退的幅度异常大，一步可以登天，一步也可以粉身碎骨。

　　酒界营销人士爱讲营销技巧，特别爱反复宣扬营销成功的案例，仿佛营销技巧是他们成功的唯一要素，其实任何营销技巧都受时代背景的限制，任何酒商的智慧都只能在既定的时代大背景下发挥，正如孟子所说的"虽有智慧，不如乘势"，又如唐人罗隐所说"时来天地皆同力，运去英雄不自由"，如果没有时代背景给予的机遇，再高明的营销手段也是徒劳无功；如果天赐良机，纵然能力平平，只要抓住几个要点也可能成功。所以在谈营销技巧、商业版图时，一定要看时代大格局的约束条件。大格局包括制度框架、资源条件；资源条件包括居民收入、消费偏好、资金支持、政策帮助、历史文化资源；狭义的制度框架指的是基本的市场、法律制度和国家宏观调控政策，广义的制度框架是指基本经济制度。生产商的销售策略要适合大格局给定的前提条件，抓住有利条件，选择或者创造出能够增加收益的营销手段，才能取胜。如果还沉浸在旧的框架制度中，依然延用旧式思维整合资源，就会走向覆灭。从1949年至今，近70年的酒市场变化反映出来的规律即是如此。

二

　　按照时间划分，白酒的发展历史可以分为五个营销时代：

　　第一个时代是地域销售的时代，从古代到1949年以前；

　　第二个时代是行政标签时代，囊括整个计划经济时期，从20世纪50年代到80年代末；

　　第三个时代是资本的时代，从20世纪90年代到2010年左右；

　　第四个时代是文化的时代，从2012年江小白的诞生直至当下；

　　第五个时代是未来的时代，从现在到未来，可称之为自由选择的时代。

　　白酒营销战场态势瞬息万变，慢则两三年态势不变，快则几个月就江山改易，无法在有限的篇幅之内尽现每个营销战例和每个时间点上的战场态势，只能化繁为简，粗略划分出几个大的时代框架，探寻在商战的过程中取得最大势力范围的几个根本要素。

三

第一个时代是地域销售的时代，可从1949年追溯至古代。这一时期，交通条件相对落后，酒多用陶坛储存，沉重易碎，运输起来很不方便，这决定了酒的辐射范围不会太大，地域屏障保障了白酒生产商的唯一性，自然地理条件决定了这个时期的酒的品质，区域交通条件、消费能力、吸引资本能力影响了酒的地域分布。

古运河和古盐道区为什么能成为白酒的主要分布区？首先是因为这两个区域具有便利的交通运输条件；其次是大量商贩和旅客汇聚于此，拉动了消费需求；其三是富商大贾云集，带来了大量的投资；其四是地理环境各有特点，易于产生不同风格的酒；其五是有酿酒的粮食条件。这些因素共同影响了酒的分布。在古代的商业史上，酒是地域性很强的产品，并不是大宗商品。明清所有商帮中，没有一个商帮是靠做酒发家的，晋商中没有经营酒发家的大商人，徽商中几乎没有酒商，在徽商区，倒是晋商在做酒，说明酒业利润不如盐业利润高，经营酒甚至不如贩茶叶、做典当、卖宣纸湖笔赚钱。酒业不易形成规模，通常是本地商人在当地开上一两家小酒坊。这个时代，也没有太强的商场意识，地域就是品牌，尽管也存在一些商号，但是大家不太区分商号，通常只认地域，比如从前北京的黄酒，有南酒和北酒之分，南酒是绍兴的黄酒，至于出自绍兴哪家酒坊，就没有人计较这么多了，北酒差一点儿，是山东产的黄酒。汾酒也是这样，有文献说，清代中期，杏花村有二百多家酒坊，关于哪家正宗、哪家不正宗的记录几近没有，因为各个酒坊的工艺和材料差别不是很大，生产出来的酒的品质风格差别也不是太大，所以只要是杏花村产的汾酒，大家就认为其品质是一样的。这个时代的地域酒很有名，如绍酒、汾酒、潞酒。要说这个时代也有竞争的话，也是非常初级的竞争方式，能做到童叟无欺，已经是极致了。当然，也有作假，往酒里兑水。那时的酒没有酒精度的概念。水兑多点儿，酒味就淡点儿，水兑少点儿，酒劲儿就大点儿。酒劲儿大小是衡量传统烧刀子酒品质的主要标准。至于酒的风味，人们没有只喝哪种酒的偏好，一般各地人喝各地的酒，虽然当时的人们普遍认为汾酒好，但也不是只喝汾酒不喝当地酒，那时候人们的风味偏好，跟经济地位的关联不像现在这么透明，主要由乡土情结和情感偏好决定。

百年老字号实际上可能不存在，根据史料显示，茅台、汾阳、泸州、剑南、柳林这些地方的酒厂，在晚清时几年或者十几年就被收购一次，然后出现新的酒坊，所以真正的百年商号几乎不存在，但是百年老地号是有的。如汾酒，自明清以来，特别是清初以后，一直远近闻名，延续至今。川酒、黔酒也是这类长期存在的地域酒概念，所以可以肯定地说：没有百年老字号，但有百年老地号。

四

时间跨过1949年，中国酒业进入行政标签时代，从20世纪50年代到80年代，我国的酒政发生了重大变化。中国历史上酒政曾经发生过十多次的变更，除了国家税收紧张或者为了节约粮食这类情况出现时，国家会暂时管控一下酒，绝大多数时间，酒都是允许私营的。汉代和北宋某个时期国家实行过酒类官营，但是持续时间很短，最终也没有把酒完全收归官办。这是由当时酒的生产性质决定的，那时酒的生产门槛很低，家家户户都可以酿酒，国家无法实现完全的管控，所以酒一直保持着个体生产的状态，这种情况一直延续到民国。民国时没有国营酒厂，反而有国营燃料酒精厂。

中华人民共和国成立后，政府颁布了酒类专营法令，规定私人不能造酒，也不能卖酒，私自卖酒、造酒属于违法行为，开始了酒类完全国营的进程。酒类的国营化比其他行业都要早，具体做法是通过赎买等方式收购原有的小酒坊，由政府集中起来经营管理或者改建成新的酒厂，酒厂完全变为国营、政府独资的企业。行政标签时代一直延续到20世纪80年代后期，有些企业甚至可以推后至20世纪90年代中期。直到目前，白酒行业规模最大、利润最高的酒厂仍是国有企业。行政标签时代实行计划经济，生产经费由国家拨付，生产计划主要由国家计划委员会制定，国家计委决定酒的生产量、酒的定价、酒的销售，企业没有权利参与，只负责生产，保证产品产量和基本品质。此时期的酒厂产量普遍不高，酒厂没有能力也没有动力更新技术、提高劳动效率。酒厂仅有的发展动力，一是争取投资计划，让政府多拨些生产经费，然后按部就班地搞生产；二是争取在全国评酒会上获奖。新中国成立后一共举行过五届评酒会，评上奖后是否有助于提高产品的销量，并不在酒厂的考虑范围之内，因为销量靠计划调拨，评奖的效果不大，酒厂更注重的是荣誉，这在计划经济时期非常重要。五届评酒会上诞生的四大名酒、八大名酒、十三大名酒、十七大名酒，还有53种优质酒，是这个时期判断好酒劣酒的重要标准。一款酒只要贴上了某次评酒会的获奖标签，就是名酒、好酒，要是一项奖也没评上，那就是普通酒。行政标签时代的企业竞争，就是能否贴上评酒会获奖的标签，这也是将这个时代称为行政标签时代的原因。

这个时代的酒业分布格局基本上承袭了地域销售时代的格局，这也是计划导致的，实际上有悖于经济发展规律。计划经济时期，产品的产地和调拨销售地都由上级计划部门决定，而调拨计划又参照传统需求，二锅头仍是全国可见，茅台酒就比较稀少，茅台酒的产量本来就很低，调拨的范围也有限，能买到的机会更有限，因为全由行政控制。

计划经济时期凭酒票买酒，一张酒票不是什么酒都能买到的，在不同地域的酒票只能买到特定的酒，比如西凤酒在西北地区可以买到，在华东、西南地区可能就买不到；五粮液，我印象中青海很难买到，四川就容易些。居民能买到什么样的酒取决于国家计委的规划，通常情况，会优先供应产地的市场，因为运输距离短，成本会低一些。在行政标签时代，几乎所有国营酒厂都亏损，而且所有的酒厂产量都较低，那是物资短缺的经济时代，各行各业都没有有效供给，经济体制决定了这种状况。

五.

20世纪90年代以后，资本的时代到来，市场经济经过一段缓冲期后，正式成为中国社会经济的基本体制。1978年以前，计划经济统治市场，市场经济被完全排斥在经济体制之外；1978—1984年，形成了"计划经济为主、市场调节为辅"的改革思路；1984—1988年，确定了"公有制基础上的有计划的商品经济"的改革目标；1989—1992年，社会主义市场经济体制目标最终确立；2002年，我国社会主义市场经济体制初步建立。经过30多年的努力，市场经济逐渐建立起来，市场在国家经济生活中越来越占主导地位，资本随之登上历史的舞台，真正意义上的现代酿酒企业才正式出现。尽管酒企主体还是国有资本，但不再听令于行政计划，开始按市场需求生产，按市场规则采购原材料，自负盈亏，成本核算、产品销售的经营环节真正回到了酒厂手中，不甘倒闭的酒企踏进了市场经济的商海拼杀中。正是这个时期出现了真正的产品品质控制的概念，企业开始关注产品的风格设计和品牌。产品设计要突出酒体的风味特点，适应不同消费者的口感偏好，品质不再沿袭过去的传统。此外，还要综合原材料、规模等因素考虑成本，这个时期最重要的成本控制成果是新工艺酒，用食用酒精兑水生产白酒，混在固态法白酒里销售，这种生产方式很快传播开来。品牌的核心就是营销，企业为了适应市场经济的种种规律和特征，施展了五花八门的营销手段，这个时代的营销手段骤增，各个酒厂都要靠营销制胜。

营销手段有很多。首先，是大众最熟悉的广告，广告在某些时候是制胜的法宝；第二是人脉，过去的计划经济使得某些酒和部分区域或某个阶层产生了深厚的联系，这种联系是维持传统销售市场的重要资源；第三是建立销售渠道，经济体制改革之后，酒厂要靠自己销售产品，因此建立起代理商系统，发展分级代理商，或者跟当地的商超、酒店、宾馆合作，等等，出现了不同的营销渠道，建立起复杂的商业网络；第四是营销策略，如在什么地方铺多少货，占用多少成本，制定什么样的价格政策，等等。这一系列市场营销手段迅速增长，成为销售行业津津乐道的话题。

这个时期出现的另一个特征是酒的销量（也就是前文提到的势力范围）和产地、品质开始脱钩。名优酒或者名优产地出产的酒风光不再，广告的魔力凸显。当时广告进入百姓的生活不久，人们普遍相信广告宣传，认为能打广告的都是好酒，而且当时酒的价格差别不大，知名度越高销量就越好。只要广告打得好，就可以卖得好，最为著名的例子就是山东的孔府家酒和秦池酒的崛起。1992年，孔府家酒在央视推出了"孔府家酒，叫人想家"的电视广告，一夜成名，拉开了酒企争夺央视黄金时间段广告"标王"的大战，秦池酒连续两届夺得"标王"，在1996年甚至开出了3.2亿的天价，但是秦池酒产量不多，据1997年《经济报》报道：秦池酒每年只能生产3000吨原酒，根本无法满足市场需要，因此在四川大量收购原酒，运回山东进行"勾

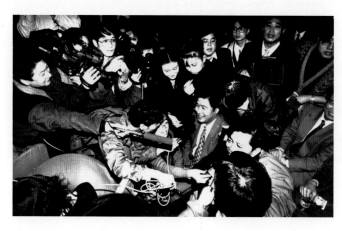

秦池酒夺得央视标王
1996 年 11 月 8 日，秦池以
3.2 亿元人民币夺得了央视
黄金时间段的广告标王，众
记者团团围住秦池酒厂厂长
王卓胜、副厂长姬长孔采访。

兑"，但从外购酒回来勾兑难以保证产品达到完全统一的品质标准。消息一出，消费者对秦池酒的信赖瞬间瓦解，快速崛起的秦池酒迅速没落。"勾兑门"也牵连了其他鲁酒，孔府家酒也渐渐式微，几度转手。孔府家酒和秦池酒在最兴盛的时候几乎占据了全国的市场，把那些老牌名酒，包括泸州老窖、茅台、西凤，全部压制了下去。在这场混战中最终的大赢家是五粮液。五粮液铺货范围广，品质有保证，而且口感也好，在20世纪90年代中后期迅速崛起，远远超过茅台，1998—2004年，五粮液的年销量均超过11万吨，而2004年以前，茅台酒的产量从来没有超过1万吨，有些地方的销售数据显示，五粮液的销售量是茅台酒的50倍左右。

在资本时代里，地域销售时代和行政标签时代积累的资源以及国有资产的背景依然是酒企发展的最重要因素。地域销售时代产生的地理环境条件决定某地方产好酒的惯性思维，成为资本时代的酒厂销售策略利用的重点，他们特意强化"一方水土一方酒"的概念，强调只有原产地才能生产出某种好酒。茅台酒厂宣称，离开了赤水河流域的茅台镇核心产区就生产不出茅台酒；泸州老窖称国窖1573使用的老窖有几百年的历史，只有老窖才能产好酒，百年老窖是不可复制的酿酒资源。行政标签时代的获奖经历也依然管用，销量最好、规模最大的酒还是行政标签时代的八大名酒，八大名酒依然是这个时代酒业的龙头骨干。当然也有不争气而沦落的，第五届评酒会评出来的十七大名酒中的董酒几乎停产；黄鹤楼酒停产过一段时间，最近才开始复产；双沟大曲被洋河兼并；宝丰酒数次易主，至今没有崛起；宋河粮液靠广告火了一阵后，如今处于低迷状态。

资本时代里，国有企业仍然是酒业的主干。目前看到的白酒第一军团——五粮液酒厂、贵州茅台酒厂、洋河酒厂、古井贡酒厂、汾酒厂、西凤酒厂、泸州老窖酒厂、剑南春酒厂都是国有企业。有少量名优酒企业被外资或者民资企业收购了，宝丰酒现在就是纯粹的民营企业，而全兴酒厂旗下的水井坊被英国帝亚吉欧控股。

在资本时代里，新型白酒这种新势力开始强力崛起，占据了白酒市场90%以上的份额，但是始终不敢亮明正身，总是打着传统白酒的名号在暗中活动。估计，除了少数厂家之外，很多大厂家的主要利润空间来自以新型白酒冒充传统固态发酵酒。

资本时代里，民营企业大量涌现，但目前还没有一家民营企业能够进入白酒的第一军团，民营酒企还处在幼年期，需要时间和空间继续发展。

资本时代里，企业的资本结构日益复杂化。现在有些国有控股的企业在做混改，比如五粮液、剑南春，2017年汾酒、沱牌、衡水老白干等多家上市白酒企业均传出探索混改的消息，资本结构的复杂程度越来越深。

总结起来，决定资本时代酒势力版图的最重要因素只有三个，一是广告，二是渠道，三是铺货量。能否玩转这三个因素取决于酒企是否有钱。只要有钱，无论是贷款还是争取来的投资，就可以狂轰广告，猛扩渠道，疯狂铺货，那么很快就可以建立一个辽阔的势力范围。

资本时代，不乏速生速灭的案例，甘肃的皇台酒业，大量烧钱，猛打广告，短暂地红火之后，哑然失声；安徽的双轮集团也凭借这些手段辉煌了一瞬，之后很快就垮掉。资本时代，成功很快，失败也快，酒业版图瞬息万变。

六

2012年以后，酒业迎来了第四个时代——文化时代。尽管业界还没有给予充分的关注，但是江小白的问世无疑标志着这个新时代的诞生。江小白属于低端白酒，是川法小曲清香酒，口感不太好，香气淡薄，喝后的体感也不好，如果按照酒的传统风味标准分类，江小白属于低档酒。但是它崛起得非常快，从2012年创立至今，销售额累计超过20亿元，这让白酒界的一些人感到震惊。当然，江小白还无法撼动白酒巨头茅台、五粮液、洋河和剑南春的地位，不过它发展速度之快，付出的成本之低，在传统酒界非常罕见。江小白之后，又出现了微醺、凉露等。这些品牌的共同特点是，不太注重基于风味的传统品质概念，更注重文化个性，重视酒的广告文案、情绪的表达、场景的营造。江小白的文案中有很多能引起青年人共鸣的东西，比如"话说四海之内皆兄弟，然而四公里之内却不联系""你只来了一下子，却改变了我一辈子""最怕不甘平庸，却又不愿行动""青春不是一段时光，而是一群人"，谈情感、谈青春、谈理想，符合80后、90后当下的现实生活。凉露是露酒，一句"吃辣的，喝凉露"，精准定位了客户人群，恰到好处地楔入现代人的常见消费情景中。

80后和90后，尤其是后者没有太多的白酒饮用体验，人生阅历不够丰富，无法尝出白酒背后的人生百味。马云在第12届夏季达沃斯论坛曾经公开讲过，人到了45岁以后，经历过生死苦难才会懂得酒。45岁以下的年轻人还

忽如一夜春风来，青春小酒满柜台
某超市内的各种青春小酒，这些小酒或模仿江小白的外形，或深挖江小白所走的文化营销路径，共筑了白酒界青春小酒的热潮。
摄影：李寻

没有经历过人生的种种磨难，他们品味不出酒本身具有的细腻丰富的内涵，更多的是关心酒的外包装是否跟他们的气质契合，酒的文案是不是符合他们当下的心境。酒在大多数情况下，只是一个应景的道具。最重要的是酒的价格他们要能承受得起。传统白酒讲究固态发酵，成本高，附加值也高，要买一瓶茅台酒，就要花掉一个刚就业的年轻人半个月的工资，大多数人消费不起，也尝不出品质的区别。

这个时代的年轻人不再相信传统的广告，在他们的认知中，这类广告都是商家自说自话，往往是骗人的。20世纪80年代初人们盲从广告的时期已经远去，人们对传统广告的成见，给新式广告文化的脱颖而出创造了机会。

在江小白之前也有鼓吹文化理念的酒企，比如茅台一直经营的"国酒文化、健康文化"，国窖1573的"老窖文化"，但是这些其实是酒企发达后编出来的营销文化，普通消费者无从判断真假，只能被动接受，这类文化打动不了人心。对茅台、泸州老窖来说，真正顶用的营销手段还是广告和过去积累的人脉、渠道资源。

江小白不靠酒的品质，也不靠编造神话，主要靠的是文化手段，虽然价格也是一个因素，但是和江小白定价差不多的酒也有很多，比如小瓶的红星二锅头，价格比江小白还低一点儿。可见价格不是江小白制胜的关键因素。江小白凭借广告的灵活性，深入现实生活，满足人们的精神需求，抓住了消费者的心。

有些占有优势的传统酒已经开始向江小白风格妥协，比如红星二锅头也开始学习这些新出的小酒，在小瓶装的酒瓶上贴上亲民的广告词："用子弹放倒敌人，用二锅头放倒兄弟""把激情燃烧的岁月灌进喉咙""将所有的一言难尽一饮而尽""生活有多难，酒就有多呛，不如意事十有八酒""为了实现梦想，有时候，你得先放弃梦想""越是一无所有，越是义无反顾"……

文化营销的新时代来得很快，看看这些年轻的小酒就知道，江小白、凉露、微醺这类新型酒占领市场的速度非常快，上市后不到半年就遍布全国，销售额增长速度也极快。这些小酒背后是强大的资本推动力，他们的资本靠市场筹集，借助各种融资渠道，包括传统的资本市场、民间融资市场，还有互联网金融市场。

从总的趋势来看，随着知识的进步、人民素质的提高，以液态法白酒或者固液法白酒冒充固态法白酒来获取市场份额的酒企会面临巨大的压力，将来监管部门一定会出台强制性法规，要求所有的白酒必须标明是哪种工艺，冒充固态法白酒的液态法白酒和固液法白酒将无所遁形，大酒厂以此维系的高利润空间将逐步丧失，寄生于高利润的多层经销体系将土崩瓦解。大品牌的固液法白酒和液态法白酒将被打回原来的市场中，和其他同类型的白酒在同一价格体系中竞争，在品质相差无几的情况下，文化营销就变得至关重要，谁的广告文案出色，谁就能抢占先机，快速集结资本，迅速占据市场。

未来的世界是年轻人的，按照马云的说法，45岁以上的人才能懂中国白酒，这部分人是白酒消费的主力，但是人在45岁以后喝酒能力逐渐下降，假设一个人45岁之前能喝一斤白酒，55岁后只能喝半斤，65岁以后基本就不能喝了。伴随着60后的逐渐退场，70后、80后、90后开始进入主场，他们所处的文化环境基本一致，更能接受江小白这类文化酒，并且更能接受这类酒的价位，因为他们还没有太强的消费能力。过去那套营销理念灌输的地域酒、品牌酒、获奖酒这类带有行政标签色彩的概念将会逐渐消退，年轻人有了新的选择。在未来，年轻的文化酒可能会占领主要市场，会夺取现有的规模白酒的市场份额。那时，酒市场的版图将发生根本性变化。

七

白酒的营销模式不会止步于现在，我们可以预见，未来将是一个自由选择的时代，它的几个先导条件已经出现，我们能从中看到未来的图景。

（1）自动化技术、人工智能技术的进步。这些技术的进步会大幅降低白酒的生产成本。现在白酒生产的主要成本是劳动力成本，自动化技术和人工智能技术的引入会极大地减少人工的使用，从而降低劳动成本。同时，自动化技术会使酒的勾调变得更加简单，现在的勾兑技术主要靠人工控制，未来的人工智能技术只要设置好参数，人就不用直接参与，机器就能根据比例设置完成自动化勾调，不但能减少人工成本，还能提高效率。

（2）互联网、物联网技术的提高。互联网和物联网使信息的沟通越来越没有障碍，甚至基本能做到物流和信息流同步运行。物流和信息流的进步，也就是知识的进步，信息越来越透明化，知识普及水平大幅提升，过去那些云遮雾绕的"神话"将失去掩护，大多数"神话"将迅速破灭，失去曾经拥有的"法力"。

互联网和物联网技术的进步，使中间的销售环节越来越显得多余。目前酒厂主要依靠经销商网络分销产品，酒的价格构成基本上是三三制，一瓶一千元的酒，生产商的出厂价大概是三四百元，总经销商批发出去的价格可能是六七百块钱，到了零售商手中，零售价就是1000元，层层递增，销售成本都算在了消费者的头上。互联网和物联网技术的发展可以使销售省略中间商环节，消费者通过互联网平台，直接找厂商订货，厂商不经过经销商，直接通过物流公司把货发给消费者。去掉中间销售的环节，以前一瓶1000元的酒，现在六七百元就能拿到，一下子节约了二三百元，而生产商的利润并没有减少。现在很多酒厂已经开发出这种功能，无论是一箱酒还是一瓶酒都可以通过网上销售平台寄给消费者。

（3）随着知识的普及，新一代消费者的消费心理和消费偏好发生变化。目前接受过大学教育的人口比例越来越高，尤其是90后、00后这些年轻人，基本上都是大学文化水平，能识文断字，有理性分析的能力，他们不再相信猿猴造酒、仙女造酒这类没有根据的神话故事，而且他们具有科学常识，假如你说得不对，他们不会接受。他们成长在开放的饮食环境中，被麦当劳、肯德基洗礼过，被培根、奶酪、可乐、啤酒改造过的口味发生了变化，他们不再能接受传统白酒浓郁、复杂甚至有些苦涩的味道，他们更喜欢轻松、明快、清新的风格，知识的普及让他们更加自信、自主，我的口味我做主，个性主义的价值观强力地注入了他们的头脑中。他们不再盲目相信权威。厂家说好，不算；代言人说好，也不算；白酒权威专家说好，也不一定算数；历史文化说好，就更不算；他们只相信自己当下的感觉和直观口感体验，这些使他们有了自主选择的能力，从众心理开始弱化。

（4）大型酒企为了适应互联网和物联网的发展，适应消费者知识结构的变化，会创造出新的生产和消费模式。预计大型酒企将来会创造出透明化、自动化、产销一体化的新酒业模式。透明化指的是酒厂所有的过程对外公开，主要是生产过程。现在有一些酒厂开设了酒史博物馆，但实际上只是公开了一些无关痛痒的东西。在将来，决定酒品质和价格的重要关节必须讲清，而且要能经得起公众的科学质疑，比如酒厂生产新型白酒，必须要把成分、比例、勾兑方式、添加成分有害无害这些内容公之于众，做到完全透明化。自动化主要指生产自动化，未来的销售也一定会实现自动化。产销一体化指的是酒厂不再需要中间的销售环节，过去的销售环节导致资产壁垒，酒价居高不下，长期下去，会失去消费者。在保证生产利润的前提下，酒厂通过互联网做直销，能降低销售成本，获得价格优势，博取消费者青睐，所以未来的大型酒企都会走上产销一体化的新型酒业模式。

（5）反映传统地域特征的小型酒坊可能获得新的增长机会。目前，所有的大型酒企经过科学技术的改造，主要靠半机械化手段生产，已经没有太多的地域性风格。然而随着资讯的发达，居民收入的提高，一些真正恢复旧有地域特征的传统小酒作坊可能会重获关注，年龄大点儿的人会偏好喝这种酒，年轻人出于对传统文化神秘性的好奇也会尝试这种酒，就像现在年轻人学茶道、学国学一样。重新获得重视的小型酒企会逐渐发展起来，改变大型酒厂垄断、小型酒企弱势的不合理结构，实现酒业发展的多样化。

（6）资本日益多元化。国有酒企目前还处在垄断地位，但随着文化酒的崛起，国企垄断的局势已经开始动摇，外资、私资在酒企的资本构成中起到的作用会越来越大，多种资本的力量将推动现有酒业版图发生重大的变化。

（7）酒的品质、风格、类型也更加多元化。大众的饮酒嗜好发生了变化，为了适应人们的新口味，酒生产商势必会创造出新的风味口感，创造出新的风格。大批量销售的白酒会越来越不像传统白酒，调配酒的市场比例会不断扩大。传统白酒的市场份额可能会逐步萎缩，或者新生一批小型传统手工作坊，专注于传承传统白酒的风味和酿造技艺，实行旅游和消费一体化的经营，日本的清酒酒庄和欧洲的烈性酒酒庄基本上就是这种模式。

（8）在未来的酒文化地理总体格局中，具有传统地域特色的小酒坊和凭借现代化科技之力的大酒企将形成镶嵌式分布。在这个过程中，古老的故事会在更务实、更理性的知识基础上继续讲下去，而新的故事还会不断地被创造出来，伴随着新的现代化营销手段，会诞生更多的类似江小白这样的故事。

石湾酒厂门前的河流

河上有船，岸边有人在钓鱼。石湾酒厂靠近水边，传统酿酒用水量大，靠近水边方便取水。尽管现在江河水污染严重，需要过滤等技术手段处理后才能使用，但酒厂在用水来源上还是有保障的。

摄影：李寻

传统的真实年龄

豉香型白酒可以做证

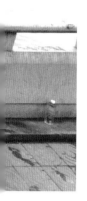

一

　　有道是，女人装嫩，酒龄装老，酒龄和女人的年龄一样是不能问、也不好猜的问题。

　　化妆、整形等美容技术的发展让人越来越猜不出女人的真实年龄，酒厂的营销宣传也让人越来越不相信那些印在酒瓶上的"15""30"的年份。从2006年开始，国家质检总局组织有关协会、学术检验机构就对在酒瓶上标注"×年陈酿"之类的标识有所规定，不可随意标注。

　　最难核实的是传统的年龄，中国酒界装老的习惯早就从每瓶酒的酒龄延展到某种品牌的起始时间：古井贡酒远绍三国时曹操的九酝春；汾酒拿出文献证明北齐武成帝高湛（534—565）曾向别人推荐汾酒；还有更老的，如杜康酒声称起自商代的酒祖杜康；宝丰酒更早，说是起源于大禹时的另一位酒祖仪狄……这些装老的传统也都说得有鼻子有眼，让人难以考证。

　　不过也有例外，有些酒没有刻意装老，显示出了它们的真实年龄，由此，我们有了石破天惊的发现：传统，并不像人们想象得那么古老、那么长寿。

二

　　中国豉香型酒的代表是广东的石湾玉冰烧和九江双蒸。有一次，我请一位没喝过豉香型白酒的朋友喝玉冰烧，那位兄台尝了第一口便说："怎么有股腊肉味儿？"我说："对了，豉香型白酒就是用肥肉泡出来，应该就是这个味儿！"

美味的广东烧腊

　　这也是识别豉香型白酒风味特征的一个小秘诀：记住，它的香味和广东各地都有的特产——烧腊或鸡仔饼十分相似，一闻便可判断出这种白酒的香型。

　　互联网上有文章说，传统广东人喜欢喝这种度数低（酒精度只有20°多，不超过30°）且有一种独特的腊肉香味的豉香型白酒，早上去茶楼，就着油鸡卤味喝玉冰烧是很多老人家的日常生活。也许是强大的心理暗示作用，我总觉得在广东吃烧腊时再来两口玉冰烧很搭，香味类似，有相得益彰之效，而且可以解腻。酒精度低，喝上一二两，恰有微醺之感。

广东烧腊包括烧鹅、乳鸽、乳猪、叉烧以及一些卤水菜式，"烧"和"腊"本身为两种工艺，广东人将它们组合成一个体系了，其中"烧"的成分多于"腊"的成分。豉香型白酒中的腊肉味儿还真跟腊肉有些渊源，它其实就是经小曲半液态发酵后的蒸馏米酒，再浸泡肥猪肉而成的一种酒。肥肉当然不能生着放入酒中，而是要经过蒸煮处理后才能放入酒坛。这个工艺和腌制腊肉有些相像，只不过一般腊肉是晾干，而浸入酒坛中的肥肉是在酒中常年浸泡的"腊肉"，这种经过日积月累浸泡过的肥肉会变得晶莹透明，宛如玉石，这是"玉冰烧"这一名称的由来。也有一说是广东人"肉""玉"发音接近，本来叫"肉冰烧"，后来觉得"肉"字不雅，书面文字写为"玉冰烧"。"烧"者，烧酒也，即今之蒸馏酒。

广东人为什么会发明出这样一种酒？生产玉冰烧的太吉酒厂营销副总监蔡壮筠的说法是，豉香型创立于1895年，当时物质生活较为贫乏，猪肉属于奢侈物品，陈太吉酒庄的第三代传人陈如岳先生为显示"陈太吉酒庄"的米酒是真材实料，比别人更好，尝试了"猪肉浸泡"的陈酿工艺，如此说来，用肥肉浸泡烧酒，其实是增加烧酒附加值的一种营销手段。

豉香型白酒浸泡肥猪肉的真实起源可能与中国各地普遍存在的以动植物浸泡烧酒的习惯有关，广东盛产浸泡酒（即露酒），如浸泡陈皮的五加皮酒、浸泡青梅的青梅酒、浸泡蛇的三蛇酒等，而当地有吃烧腊的传统，浸泡肥肉可获得与烧腊香气匹配的特殊香味，由此才产生了这种工艺。现代的科学解释是浸泡肥肉可以使酒中的一些有机物缩合，促进酸类向酯类转化，有陈化烧酒、使之口感更加柔顺的效果，但当时没有现代科学的这些概念，纯粹是当地饮食风格的一种反映。

如此说来，豉香型白酒倒称得上是"腊酒"——腊肉香味的酒，这不禁让我们想起南宋诗人陆游的一首名诗《游山西村》：

> 莫笑农家腊酒浑，丰年留客足鸡豚。
> 山重水复疑无路，柳暗花明又一村。
> 箫鼓追随春社近，衣冠简朴古风存。
> 从今若许闲乘月，拄杖无时夜叩门。

以往，人们均将腊酒释为"腊月里酿的酒"，那是他们没喝过豉香型的酒，如果喝过这种酒，又了解其制作工艺的话，把陆游诗中的"腊酒"释为"用腊肉泡出来的酒"也未尝不可。按中国酒界好装老的习惯，这个解释可以把豉香型白酒的起源时间提前八百年！

<h1 style="text-align:center">三</h1>

2018年6月，我们专程前往广东佛山，参观佛山石湾镇石湾玉冰烧酒厂的岭南酒文化博物馆和九江镇的九江双蒸博物馆。到广州后先买了各种豉香型的白酒比较着喝了几顿（除了在广东，外地基本买不到这些酒中的任何一种）。在品酒的过程中才发现，石湾玉冰烧竟然有两种类型，一种酒标上印着豉香型，另一种印着清雅型。喝起来两者的差别较大，在6月底广州湿热的天气里，清雅型玉冰烧入口的感觉是凉的，如同深井的凉水，而豉香型玉冰烧入口的感觉是温的，像是还没有放凉的白开水，我们的感觉是一种酒适合夏天喝，一种酒适合冬天喝。到了玉冰烧酒厂的岭南酒文化博物馆后，看到陈列着的也是这两种酒，便问工作人员是怎么回事儿，工作人员回答说："清雅型的白酒就是米香型的白酒，我们企业本来就是生产米香型白酒的。

九江双蒸博物馆内介绍的分辨真假酒的方法
有兴趣的读者可以做个实验验证之。
摄影：李寻

企业的前身陈太吉酒庄创立于1830年，但直到1895年，才由酒庄的第三代传人陈如岳先生创立了豉香型白酒。"同时，工作人员指着墙上挂的工艺流程图说明两种酒的区别，简单地说就是豉香型白酒有浸泡肥肉这道工艺，而米香型白酒（即他们说的清雅型）则没有这道工艺。我们虽然搞明白了两种酒的区别，但这位工作人员的话引起了另一个疑问，一般酒厂在追溯自己的起源时，都会"装老"，能追溯得越老越好，而这家酒厂为什么不说自己一开始就生产豉香型酒，而说豉香型酒只是在建厂几十年后新创的工艺，距今历史也不过百年有余呢？酒厂不"装老"，其中必有隐情。既是隐情，企业不会明讲，只能靠自己琢磨了。

从市场上来看，豉香型白酒有以下几个突出的特点：

第一，豉香型白酒在20世纪80年代之前，曾是中国出口量最大的白酒，在东南亚各国和美国等地都有一定的爱好者，玉冰烧酒每年出口一万多吨。[①]有20年时间，太吉酒厂的产品都只能出口，1978年之后才获准内销。九江双蒸酒厂当时的出口量为4000吨左右，现在声称是出口量最大的白酒。出口量大主要有两个原因：一是酒精度低，一般是29.5°，最高不超过35°，当时国内的主要白酒酒精度都在60°左右，而国外的烈性酒多在40°左右；二是广东在海外的华侨多，他们怀念故乡的口味，把这种酒带到了海外。

第二，豉香型白酒是现在市场上最便宜的白酒，一瓶500mL的玉冰烧或九江双蒸，只卖10元左右，比不上一瓶进口的依云矿泉水的价格。九江双蒸酒厂2013年的销量是5万吨，而销售额只有5亿元。

第三，豉香型白酒是香味口感最怪的酒。酒厂方面把这种风味特征称为独特，但对喝惯了浓香、清香、酱香、米香型酒的人来讲，这种味儿就是怪。出了广东，几乎没有地方喝这种酒。笔者是北方人，虽然很喜欢豉香型这种风味，但也只有面对广东烧腊时才想喝这种酒，大多数时候还是喝其他香型的白酒。

上述三个市场特征说明以下问题：

（1）豉香型白酒的利润率太低，平均下来不到1万元/吨，而其他香型的白酒基本上在10万～20万元/吨（按50～100元/斤算）。

（2）豉香型白酒在国内的市场狭窄，只局限于广东一隅，无法扩大市场。

（3）随着中国白酒酒精度普遍降到50°以下，出口海外市场的其他香型白酒越来越多，豉香型白酒在海外市场上也不是一家独大了。

上述三个问题说明，仅靠豉香型白酒这一个类型的产品，企业无法生存和发展下去，只能另谋他路，开发新的产品，这才有了清雅型的玉冰烧，实际上是米香型白酒，只不过比米香型酒的代表桂林三花酒的度数要低得多，只有33°。在这种背景下，企业才不会刻意强调豉香型白酒的悠久历史，反而有意淡化这种香型的传统，因为他们想用清雅型（即米香型）的白酒来拓展新的市场。不只生产玉冰烧的太吉酒厂生产豉香型以外的清雅型白酒，九江双蒸酒厂也在生产其他香型的酒，在九江双蒸酒厂的博物馆里，我就买到了他们酒厂生产的40°的浓香型白酒"翰墨飘香"（以高粱、大米、小麦为原材料酿造），这个酒厂还专门设有一所中

豉香型酒的制曲原料
摄影：李寻

国米酒研究院。看来，这些以生产豉香型白酒著称的酒厂都在生产新香型的酒以实现转型升级的目标，主要发展方向是生产其他香型的高度白酒，目标是拓展国内市场。

四

我们相信，石湾玉冰烧酒厂的说法是真实的，该厂的前身陈太吉酒庄于1830年成立，1895年才推出用猪肉浸泡蒸馏米酒的这套工艺。号称建厂于1820年的九江双蒸酒厂，其最初可能生产的也是蒸馏米酒，采用肥猪肉浸泡的工艺也应在1895年之后。也就是说，广东人民喝用肥肉浸泡过的低度蒸馏酒的历史也不过一百多年的时间，这个传统的年龄并不像想象的那么古老。至于豉香型这个名称，出现得更晚，是在1984年把米香型酒中采用这种工艺的酒分离出来之后，才确认豉香型属其他香型，该酒于第四届全国评酒会被

评为国家优质酒。1996年，豉香型白酒国家标准GB/T 16289—1996发布实施，2006年对一些指标进行了相应调整，修改为GB/T 16289—2007（豉香型白酒在2018年又颁布了新标准）。2006年12月，中国酿酒工业协会宣布，广东石湾玉冰烧酒被评为国家级豉香型代表产品。另有资料记载，1996年，生产玉冰烧的太吉酒厂因为投入大量资金生产"百威利牌"洋酒和"丰泰牌"蒸馏水失败，导致严重的经营危机，工厂连工资都发不出来。

豉香的"豉"，本意是发酵过的豆子，广东菜有各种"豉汁蒸"的做法，就是用发酵后的豆子为调料蒸肉或鱼、贝。当时将这种酒命名为豉香型白酒，可能是因为这种香味接近豆豉的香味，但我以为不够准确，因为这酒的香味与豆豉的香味较远，反而更接近腊肉的香味，豆豉和腊肉的香味还是相差比较远的，相信读者都可以分辨得出来，我想命名为"腊肉香型"可能更为贴切。

五

有篇网络上的文章这样写道："直到现在，好多老广东人的一日，都是从一杯玉冰烧开始。早上去茶楼，好多老人家都会在台面上放支玉冰烧，叫碟油鸡卤味，一盅两件送烧酒。"

这段文字很有画面感，好像玉冰烧是广东早茶的"标配"，是由来已久的传统。

然而实际上，在广州各地的茶楼里，早茶已经很少有人喝玉冰烧了。通过前面几节的考证，我们知道，玉冰烧作为豉香型白酒的历史传统只有区区百年，并不悠久，这种并不悠久的传统，也正面临着消亡断代的危险，所以生产豉香型白酒的酒厂正以回归米香型白酒和发展浓香型白酒等方式，寻找新的转型方向。

豉香型白酒厂为什么要实现转型？

是市场需求发生了变化导致的！

市场是什么？

市场实际上就是人，就是消费者，在1895年到1978年之间，广东的人口构成相对是稳定的，本地人多于外地人，而自1978年改革开放以来，广东的人口构成发生了重大的变化，以广州为例，全市2100万多人口中，本地人只有700万，约1400万是外来人口。人口结构的变化带来了消费口味的变化，

广东省佛山市九江镇九江酒厂
摄影：李寻

九江双蒸博物馆外景
摄影：李寻

陈太吉酒庄

现在的陈太吉酒庄是卖酒之处，和岭南酒文化博物馆在同一幢楼内。

摄影：李寻

岭南酒文化博物馆一层

摄影：李寻

外地人更喜欢喝他们原来习惯的浓香型或清香型白酒，喝不惯豉香型白酒，所以，豉香型白酒的市场份额越来越小。从世界范围来看，也是一样，原来到东南亚、美国的华侨中广东人居多，但近四十年出国的人口中，各省的人都有，导致海外华人人口的籍贯结构也发生了巨大的变化，他们对白酒的需求也是多元的，加之其他香型的白酒酒厂也纷纷采取各种有效的出口手段（如降低酒的度数等），导致豉香型白酒在中国出口白酒总量中比例下降。

市场上的信号传递到酒厂，酒厂必然要采取应对措施，于是，便有了转型的举措。

广东是中国改革开放最前沿的地区，这一点，在酒上也有淋漓尽致的表现。广东是中国酒类品种最丰富的市场：首先，洋酒的数量和品种居全国之冠，几乎在任何一个街边的烟酒小店，均能买到"人头马"之类的洋酒，这在全国是绝无仅有的；其次是啤酒的消费量巨大，这里夏季湿热、冬季温暖，一年四季都适合饮用啤酒；再就是中国白酒品种繁多，各种香型的白酒均能在市场上买到，就像大街小巷那些从全国各地涌来寻找机会的人一样。

实际上广东的开放不是自1978年开始的，而是早在19世纪设立十三行时就开始了。1895年正是其激烈变化的一个重要节点，那一年，来自广东的革命家孙中山、改革家康有为和梁启超开始登上历史舞台，来自西洋的货物，如洋酒、洋烟、洋布、照相术等也已深入广东人的日常生活，商业日益繁荣，滋生出早茶、夜茶等生活方式。也正是在那种时代背景下，才出现了豉香型白酒这种新型的产品，形成了一种独特的风格，这种风格历经百年，被后人视为传统。

可世界经济飞速发展和剧烈变化的特征在广东表现得最为强烈，转眼之间，旧的传统在新的市场冲击下变得摇摇欲坠，人们不得不寻找新的突破方向。广东是求新尚奇之地，没有内地固守某种古老传统的积习，所以，他们能实事求是地说明自己的历史，不像内地的白酒企业那样刻意装老。

自近代以来，广东对中国的贡献不是维持传统，而是引入西方产品，输出革命和改良！

感谢广东，感谢豉香型白酒，他们告诉了我们许多关于白酒、关于中国各种传统的真相：

一切传统都是为适应当时人们实际需要而创造出来的；

一切传统的真实年龄其实都不像人们想象得那么漫长；

一切我们现在所见到的关于中国酒的实际生产工艺，与古代都有这样那样的不同，严格说来都不是酒厂自己宣称的那样的传统酒；

简言之，传统的白酒已经不存在了，存在的都是适应当下市场条件改造出来的酒。

六

一个附带的问题：豉香型白酒为什么那么便宜？

真是太便宜了，一瓶1斤装的玉冰烧、九江双蒸、红米酒，均只要10元左右，几乎和纯净水一个价了。可它毕竟是酒啊，是用大米等粮食酿造出来的，还经过肥肉坛浸这么复杂考究的工艺，不应该卖这么便宜呀。

不仅我们有此困惑，这些酒厂本身也很困惑，比如九江酒厂的总经理关正生就问："其实九江双蒸酒质量、文化底蕴相比茅台并不差，但为什么他们能卖到几百上千元，而我们只能卖十几块呢？"

广东省佛山市石湾镇石湾酒厂集团主楼
石湾酒厂主要生产玉冰烧酒，主楼旁边的圆形建筑为直径约十米的米仓，酒厂每天蒸煮一百多吨大米用于酿酒。
摄影：李寻

关总没有回答为什么，但我猜测，是对传统的"眷恋"导致他们酒品价格的畸低。

如今，豉香型白酒（无论是九江双蒸还是玉冰烧），所依托的都只是传统老广东人的市场，这已成为他们日常生活的一部分，如果贸然提价，可能会失去这个市场。而从风味品质上来看，各酒厂都没有信心让新的外来人口或年轻人接受这种风格，故而，他们一直维持着豉香型白酒的低价，另外通过开发新型产品来提高产品附加值，比如玉冰烧的清雅型就要比豉香型贵，九江酒厂出品的"九江十二坊"米香型酒一瓶要80多元，是其豉香型酒价格的八倍。从白酒的市场价格来看，这个价格在米香型白酒中还算公道，符合现在的市场价格体系，但若从酒的生产工艺来讲，这种价格是没有道理的：豉香型白酒的基酒就是米香型的酒，工艺上还增加了坛浸的流程，原料相同、工艺上更为复杂的酒没有理由卖那么便宜啊！随着信息透明度越来越高，越来越多的消费者在了解了这两种酒的工艺后，是会提出质疑的。

我们不是酒厂的决策者，体会不到他们决策时面临的压力，所以，可以斗胆地问一句：豉香型白酒涨一下价又有何妨？

传统，越来越成为稀缺之物，而物以稀为贵，是市场通则。有朝一日，豉香型白酒会涨到一个合理的价位的，只有那样，传统才能以新的方式，比如作为一种"文化遗产"延续下去。

其实，真的不用太担忧，在大多数人拥抱最新潮的生活方式的同时，总有一小部分人喜欢回头看，喜欢在历史的岸边打捞一些古老的回忆，作为他们在现实生活中有个性的装点。

比如我，一个地道的北方人，就经常怀念在广州就着烧腊喝玉冰烧的感觉，为此专门托人从广州发来几箱玉冰烧，时不时喝上几口。传统是可以征服新人的，当啤酒、洋酒、浓香、酱香这一波又一波的潮头涌过之后，豉香、米香这些销量少的酒，总会顽强地存在下去，而且有机会讲述以他们自己为主角的故事。

真实的生活是激进与保守均衡的生活，酒亦如此。

注释：

① 朱梅，齐志道. 从玉冰烧大量出口谈我国白酒降低浓度的问题. 黑龙江发酵，1982（2）.

为何"惟有饮者留其名"？

四川绵竹剑南古镇"天益老号"
里的酿酒场景
摄影：李寻

一

诗人李白在其名作《将进酒》中写道："古来圣贤皆寂寞，惟有饮者留其名。"说实话，《将进酒》这两句诗连在一块儿我从来没读懂，倒是这句诗的后半句放在酒界比较贴切：惟有饮者留其名。

确实，在中国酒文化史上，声名最显赫的人都是喝酒的人，酿酒的人从来没有留下姓名。喝酒留名的人，古代有刘邦、曹操、陶渊明、李白、杜甫、白居易、陆游、辛弃疾等，近代以来有孙中山、周恩来、朱德等。

但为什么"惟有饮者留其名"呢？为什么在酒文化史上留下名的都是喝酒的，酿酒的几乎没有什么人留下名字呢？

远古有仪狄造酒之说，仪狄是传说中大禹时候的人物；还有杜康造酒之说，杜康相传是商朝时的人物。作为酒祖，史书上有那么一笔记载，可是关于这些人到底是干什么的，则语焉不详，尽管后世把这两个人都当作酒祖来供奉，但是他们的经历后人并不清楚。

在中国几千年的酿酒史上，关于酿酒的文献记载，有影响的，如西晋贾思勰《齐民要术》中关于酒曲的记载，但贾思勰是一个农学家，不是专门酿酒的；宋代朱肱写过《北山酒经》，专门讲酒，朱肱是进士，他本人也酿酒，算是有影响的人了，但他有名首先在于他是官员、学者，而不是酿酒师；明代的李时珍在《本草纲目》里提到过酿酒，但他是一名医生，也不是酿酒师。

现在追溯白酒历史，讲现代白酒企业的传承，往往都是追溯至清代中后期，这个时期白酒界开始有一些有名有姓的人出现，比如汾酒的创始人义泉涌的杨得龄、五粮液的邓子均等，剑南春、全兴大曲等四川名酒都可以追溯到清代中后期的酒商，但他们是否亲自酿酒，我们现在并不清楚，只能说这些酒商在专业文献上有名有姓，在专业之外，同样少有人能了解他们。

二

现实和历史不太一样，比如汉代刘邦喝酒的地方，《史记》记载了"王家""武家"酒馆，老板的名字不知道，只记下了姓氏。各个时代的酒馆，在当时各地总有那么几个有名的，如张家老号、王家老店什么的，清代的记载尤其多，如山西汾酒的义泉涌，茅台的成义烧坊、荣和烧坊、恒兴烧坊，剑南春的天益老号，泸州的温永盛，洋河镇的泉泰槽坊，等等，这些店号在各个时代都有。店有名，但人未必有名，尤其是这里的酿酒师未必有名，人们到义泉涌去喝酒，谁也不知道义泉涌的酿酒师是谁、曲师是谁，都不太关心，即使关心，大多数酒客也无法打听到。

在我们当下也一样，现在人们知道最多的也是酒的品牌，知道茅台，知道五粮液，知道剑南春，知道洋河大曲，等等。某些酒厂的董事长有的人或许还知道一点儿，尤其是茅台，现在价格高，时人谓之"天下第一酒"，其历任董事长有一定的出镜率，公众大致有些了解。其他酒如五粮液、泸州老窖的董事长是谁，人们就不知道了，至于他们的酿酒总工程师、调酒师是谁，人们更不知道了，酒企一般也很少宣传他们。

白酒界也有一些有名的专家，比如周恒刚、秦含章、方心芳、庄名扬等，但是这些专家也就是在酒界有名，白酒行业内知道他们，在社会层面上则很少有人知道。酒界评出的国家级白酒大师和国家级白酒评委，也是在酒界内部有名，消费者很少知道。

请大家注意一个现象，各个酒厂几乎都没有用自己的酿酒师做形象代言人的，一般都是用演员做酒的形象代言人。比如，贵州青酒请刘青云做代言人——"喝杯青酒，交个朋友"；红星二锅头请在春晚上爆红的旭日阳刚做过代言人——"每个人心中都有一颗红星"；濮存昕给高炉家酒做代言，陈凯歌给仰韶酒做代言，张丰毅给宋河粮液、红星二锅头都做过代言，唐国强给板城烧锅做代言，姜文给文君酒做代言，孙红雷给枝江大曲做代言，范伟给老村长酒做代言，陈建斌给口子窖做代言，等等。其实这些形象代言人未必喝这个酒，他们也未必是饮者，但是用他们做形象代言打广告，效果会比较好。可以这样设想一下，比如茅台酒厂让季克良出来做形象代言人，或者让总工程师、酿酒大师来做代言，那会是一个什么效果呢？会不会比请演员做形象代言人的效果更好呢？肯定不好，如果好的话，酒厂就犯不上花钱请演员代言了。企业家出来给自己企业做代言的也有，比如董明珠，但她已经成为一位明星企业家，在公众中有较大的影响，酒界目前还没有这种情况，酿酒师都是默默地在幕后工作。前台的宣传和后台的工作分离得比较远。

三

为什么会出现这种情况？

其背后有深刻的消费心理方面的原因。自古以来，买家卖家就是分离的，各有各的立场，买家在心底里对卖家总有些不太信任，会认为卖酒的为了卖东西夸大其词，无商不奸嘛。对卖家来说，其实他们确实有自己的商业立场，"王婆卖瓜，自卖自夸"，卖产品的都会片面地说自己产品的好处，这反而加重了顾客对他的疑虑和不信任，顾客更愿意相信顾客的评价，比如身边的熟人喝了这个酒，问他好不好，有了这个验证后他心里就踏实一些。俗语道：好不好得群众说了算。但实际上，群众说了也不算。首先，人们都有崇拜权威的心理。人们为什么都说茅台是好酒？因为他们打心眼儿里觉得官员都喝茅台，茅台自然就是好酒。其次，现在娱乐资讯发达，人们普遍崇拜明星，明星代言了一款酒，大众也知道明星可能平时并不喝这个酒，但这个代言的明星他喜欢，就从心理上接受了这款酒。也就是说，大众宁肯相信不喝酒、不懂酒的明星，也不相信酿酒师。当然，不能怪消费者糊涂，A厂的酿酒师一定会说自家酿的酒好，B厂的酿酒师出于自家的商业利益会说A厂的酒不好，看着酿酒师们PK，消费者更加不知如何取舍，还不如相信自己喜欢的明星。

历史上留下名字的都是饮者，而非酿者，也和酿酒师的工作性质密切相关。酿酒师的工作是按部就班、日复一日、年复一年、朴素无华的劳动。外人初次接触他们，会觉得他们的工作很神奇，很有意思，但如果让你天天看他们重复这个工作，日复一日地制曲、踩曲、蒸粮、下窖、起粮、上甑、接酒，不用多长时间你就会忍受不了这种单调，他们除了这些就没有什么故事好讲了。而且酒的工艺大同小异，每个酒厂的工人所讲的工艺流程都差不多，并没多少新鲜的内容可以说道。所以让酿酒师给你讲酿酒的过程，第一次听会有新鲜感，会记住他，但是如果同样的故事反复听得多了，翻来覆去都是同样的内容，就不会有多少兴趣了。而在历史上留下名字的那些人，都是创造了一些传奇的人，要么他有超出常人的业绩，要么他有超出常人的性格，要么他有浪漫动人的故事，唯有这样才能留下自己的痕迹。饮者恰恰具有这样的特点，他们往往游走四方，有凡人未有之经历。汉高祖喝酒打天下，故事讲出来豪迈辉煌，听者神往不已；诗人写下传诵千古的诗词，每一处留下的痕迹，都能激发起人们的感慨和共鸣。向往自由的梦想，往往让饮者更容易在历史上留下痕迹，酿者从事的是平凡质朴的劳动，所以常被忽视。

四

　　古代如此，现代也一样，我们现在知道的一些企业家，比如马云，他在2018年夏季达沃斯论坛上说，他退休之后，要去酿酿酒，又说45岁以下的人不懂酒，45岁以上的人经历了人生的生死苦难之后才会懂酒，这是他的肺腑之言，那么马云这个人物，不管他有没有代言一款酒，他留下的痕迹就比很多酿酒师要深刻一些。

　　还有京东商城的掌门人刘强东。在京东，喝酒是一种文化，刘强东酒量好，老跟下级喝酒，据说他曾说："酒都不能干，你还能干什么？"有粗豪创业者的气质。京东经常加班，员工晚饭通常拿煎饼、炒面糊弄过去。到了

仰韶酒厂里"看花摘酒"的工人
摄影：李寻

晚上九十点钟，刘强东就招呼大家一块儿吃饭喝酒，改善伙食，也听听员工的想法，这样的情况一周大概两三次。这是京东酒文化的起源，这种吃饭谓之"京东家宴"。

刘强东是江苏宿迁人，宿迁洋河镇生产名酒洋河酒，他经营的企业和洋河酒业有商务合作，2017年还签署了战略合作协议。因此，他请下级喝酒，喝的自然就是洋河酒，"京东家宴"的传统之一就是"吃果冻，喝洋河"。在京东，从刘强东到高管，从销售人员到配送人员，赴酒宴时都喜欢自带一包果冻，果冻吃完，剩下的空杯子倒上白酒喝起来。为什么要这么做呢？据刘强东自己说，在他的老家宿迁，每个餐厅都有果冻杯这样大小的小杯子，一百杯大概只有一斤酒。创业时，他到北京喝白酒，喝酒的杯子很多都是一个可装四两的大杯子，碰杯就得全干，所以他就想出了这么个法子，一个果冻杯，可以满场敬酒。

刘强东拿下的第一笔重大投资，据他自己说也是通过喝酒实现的。那是在新疆，俄罗斯的投资人、DST创始人Yuri Milner说要和他一起看看京东的聚会。那天他和新疆的兄弟喝开了，也聊开了，喝到后来都断片儿了，连和投资人如何告别的都记不起来。最后，他拿到了对方七亿美金的投资，因为投资人认为他是一个善待员工的企业家。

"桔子酒店"的创始人吴海，是做连锁酒店的企业家，企业年会上自己都常喝得断片儿，向员工们发自肺腑地发各种各样的感慨。2015年和2018年，吴海先后两次给总理写信，反映民营企业经营艰难的情况。2018年，他卖了自己经营多年的"桔子水晶酒店"之后，参加了庆祝自己公司被卖的party，喝得大醉，不仅大醉，还露宿街头。一个开酒店、在全国拥有成千上万间房间的人，居然露宿街头，一度成为热点新闻。吴海醉酒，是因为他装了一肚子苦水，无处倾吐，只能借助于酒来释放自己。他的醉酒，让无数中国民营企业家为之动容。

日本企业家稻盛和夫，喜欢喝酒，酒在他的事业中起了很关键的作用，他喝酒的故事，堪称企业家喝酒的最高境界。

在日本企业界，有四位企业家被称为"经营四圣"，分别是：京瓷创始人稻盛和夫、索尼创始人盛田昭夫、松下创始人松下幸之助、本田创始人本田宗一郎，他们为"经济奋迹"时代的日本做出了卓越的贡献。稻盛和夫是目前还在世的"经营四圣"中最年轻的。

稻盛和夫27岁创办京都陶瓷株式会社（现名京瓷Kyocera），52岁创办第二电信（原名DDI，现名KDDI，目前在日本为仅次于NTT的第二大通信公司），这两家公司都在他的有生之年进入世界500强，两大事业皆以惊人的力道成长。

稻盛和夫创办了两个知名企业，在60岁之前就已经登上了人生巅峰，但令人没想到的是，1997年退休后，他在京都临济宗妙心寺派圆福寺出家修行了一段时间，他在和尚庙里做化缘生苦修。经历了创业过程中的艰苦，65岁的稻盛和夫已经是功成名就的人了，可他在做和尚的过程中，仍保持着艰苦的生活作风，非常能够约束自己，他跟普通和尚一样，赤着脚穿着草鞋，到街上去四处化缘，别人给他一百日元他都会感恩戴德。

酒跟稻盛和夫有不解之缘，他年轻时，创办企业之初非常艰难，就和一帮年轻人一起喝着烧酒立誓，要做有利于人类事业的企业。这和京东刘强东、"桔子酒店"吴海等这些企业家当年喝酒立誓是一样的，酒在他们的生活和工作中有很大的作用。

创办公司后，稻盛和夫和员工们交流沟通的主要方式就是喝酒，他在书中写道："酒一落肚，心就开放，口舌灵巧，彼此就能倾心交谈。"所以他把公司的交流会称作"酒话会"，一有机会就会与员工们促膝而坐，在推杯换盏之间，向他们传递自己的"思想"，也认真聆听员工们的心声。后来他还办了很多培养企业家的培训学院，扶持了很多企业上市，他任众多年轻经营者聚集的经营塾"盛和塾"的塾长，在这里，他也将喝酒作为一种重要的交流方式，因为只有喝酒才能交心嘛！

他对酒的爱好是终生的，不仅年轻时办企业喝酒结盟，平时通过喝酒和员工进行交流沟通，甚至在他65岁被诊断得了胃癌时，也没放弃喝酒。知道患病这个消息后，在做胃切除手术之前，稻盛和夫还是喝了杯酒，然后才做的手术。他的胃被切除了三分之二，之后休息恢复了几个月，便出家修行了，过着很艰苦的生活。这个人的一生是传奇的，他是靠自己修行而成为圣人的那种人，他也是随性的人，虽然身患绝症，做了手术，但并没有按照医生的要求不再喝酒，尽人事而知天命。

关于稻盛和夫喝酒最传奇的一件事，就是他挽救日本航空公司免于破产的事件了。2010年，日本航空公司（国有企业）向东京地方法院申请破产保护，在民主党鸠山政府的邀请下，稻盛和夫以78岁的高龄出任日航的会长（董事长），重整问题重重的日航。他临危受命，用一年左右的时间就使日航转亏为盈。2011年日航经营利润达到2049亿日元，创历史新高，并在2012

年9月19日重新上市。

后来，有人询问他是怎么把日航拯救回来的，他说也没什么别的办法，就是喝酒。当时在日航，稻盛和夫每天晚上都会找各级负责的干部喝酒，和每一级每一个人单独喝，喝酒的过程就是交心的过程，你有什么想法、心里有什么小九九都说出来。经过他这一番喝，每一个部门主管的观念都改变了，大家心里再也不留一些个人的小想法，大家齐心协力，不管有什么困难，都要拿出头拱地的精神，把这个事给办好了。就这样，所有的政策也好推广了，具体的事务也好办了，所以一年的时间，日航就实现了扭亏为盈。

稻盛和夫觉得人与人之间是有那种不惜生命而结盟的友谊和交情的，所以他当年喝烧酒的时候，与同伴们之间就达成了这种共鸣，这种肝胆相照的共识，要不他也不会有这么好的一个团队。他说："人心变幻莫测，最不可靠，忽而遭背叛，忽而被欺骗。然而，另一方面，像坚韧的纽带一样把人和人联结在一起的、最可靠的也是人心。一旦结盟，不惜舍命。我认为，世上存在这种心心相印的强有力的人际关系。"

上述几则关于企业家和酒的故事是很感人的，未来可能留下的多是这些饮者的故事，因为这些故事比酿酒人讲的工艺更能打动人。

五.

中国酒文化地图是由多种要素构成的，自然地理要素是它的底图，而酿酒者就像一个个固定的点，酒馆、客栈在这里，它们提供了一个又一个可供饮酒者驻足或留下传奇的地点，而饮者，就是一条游走的文化边界线，这些喝酒的和跟酒有关的历史文化名人，将他们走过的足迹圈出一条线，就是一条文化旅游线路。

其实对我们来讲，最早对酒感兴趣，去追寻酒、了解酒，也不是受酿酒师的影响，或者对酒本身感觉有多么神奇，而是受这些饮者的故事吸引才去追寻酒的。在行走的过程中，在追寻每个历史文化名人的足迹时，我们发现，在他们曾驻足的那些地点，还真有当地的酒喝，虽然现在这些酒和当时那位历史人物喝的酒已经相差很远了，古代是黄酒、米酒，现在则多为白酒，但是，由于到了那个地方，又想到了那个人和他的那些故事，酒就有了奇妙的作用，能让我们与情景交融，神交古人。

六

饮者留其名，可能还有一个重要的原因是中国的文化传统。酒的几个关键发展时期，都没有技术人员留下名字，比如，谁最先发明了白酒，谁最早发明了蒸馏技术？谁发明的大曲技术，谁发明的小曲技术？白酒到底是怎样的一个传播过程？这些都是技术人员和工匠在起作用，但这些方面几乎都没有相关文献记载。这是我国文化传统中一个不好的地方：真正的科学家、优秀的工匠在历史文献中记载得太少，未来随着科学技术的进步，相信这种风气会逐渐改善。

在酒文化方面，我们希望未来有更多关于酿酒专家、酿酒师，哪怕是酿酒商人的传记记载，给我们留下更多关于他们的故事，在酒的科学演进或者工艺传承方面，也能有更多的文献记载，这样才能让我们整个酒文化地理的要素更加饱满、更加鲜活。

附录一：历届全国评酒会获奖白酒名录

第一届全国评酒会

时间：1952年秋末。

地点：北京市。

评酒结果：共评出白酒类国家名酒4种，为贵州茅台酒、山西汾酒、泸州大曲酒、陕西西凤酒。

第二届全国评酒会

时间：1963年10月。

地点：北京市。

评酒结果：共评出白酒类国家名酒8种，白酒类国家优质酒9种。

8种白酒类国家名酒为：五粮液（四川宜宾）、古井贡酒（安徽亳州）、泸州老窖特曲酒（四川泸州）、全兴大曲酒（四川成都）、茅台酒（贵州仁怀）、西凤酒（陕西宝鸡）、汾酒（山西杏花村）、董酒（贵州遵义）。

9种白酒类国家优质酒为：双沟大曲酒、龙滨酒、德山大曲酒、全州湘山酒、桂林三花酒、凌川白酒、哈尔滨高粱糠白酒、合肥薯干白酒、沧州薯干白酒。

第三届全国评酒会

时间：1979年8月1日至8月16日。

地点：辽宁省大连市。

评酒结果：共评出白酒类国家名酒8种，白酒类国家优质酒18种。

8种白酒类国家名酒为：茅台酒、汾酒、五粮液、剑南春酒、古井贡酒、洋河大曲酒、董酒、泸州老窖特曲酒。

18种白酒类国家优质酒为：西凤酒、宝丰酒、郎酒、武陵酒、双沟大曲酒、淮北口子酒、丛台酒、白云边酒、湘山酒、三花酒、长乐烧酒、迎春

酒、六曲香酒、哈尔滨高粱糠白酒、燕潮酩酒、金州曲酒、双沟低度大曲酒
（酒精度39%vol）、坊子白酒。

第四届全国评酒会

时间：1984年5月7日至5月16日。

地点：山西省太原市。

评酒结果：共评出白酒类国家名酒（金质奖）13种，白酒类国家优质酒
（银质奖）27种。

13种白酒类国家名酒为：贵州茅台酒、山西汾酒、四川五粮液、江苏
洋河大曲酒、四川剑南春酒、安徽古井贡酒、贵州董酒、陕西西凤酒、四
川泸州老窖特曲酒、四川全兴大曲酒、江苏双沟大曲酒、武汉黄鹤楼酒、
四川郎酒。

27种白酒类国家优质酒为：湖南武陵酒、哈尔滨特酿龙滨酒、河南宝丰
酒、四川叙府大曲酒、湖南德山大曲酒、湖南浏阳河小曲酒、广西湘山酒、
广西三花酒、江苏双沟特液（低度）、江苏洋河大曲酒（低度）、天津津酒
（低度）、河南张弓大曲酒（低度）、河北迎春酒、辽宁凌川白酒、辽宁大
连老窖酒、山西六曲香酒、辽宁凌塔白酒、哈尔滨老白干酒、吉林龙泉春
酒、内蒙古赤峰陈曲酒、河北燕潮酩酒、辽宁金州曲酒、湖北白云边酒、湖
北西陵特曲酒、黑龙江中国玉泉酒、广东玉冰烧酒、山东坊子白酒。

第五届全国评酒会

时间：1989年1月10日至1月19日。

地点：安徽省合肥市。

评酒结果：共评出白酒类国家名酒（金质奖）17种，其中13种为上届国
家名酒经本届复查确认，新增加4种，即武陵酒、宝丰酒、宋河粮液、沱牌
曲酒；白酒类国家优质酒（银质奖）53种，其中25种为上届国家优质酒经本
届复查确认，新增加28种。（见下表）

第五届全国评酒会评出的 17 种国家名酒

酒 名	生产单位	牌号、香型、酒精含量（vol）
茅台酒	贵州茅台酒厂	飞天、贵州牌，大曲酱香，53%
汾酒	山西杏花村汾酒厂	古井亭、汾字、长城牌，大曲清香，65%、53% 汾字牌汾特佳酒，大曲清香，38%
五粮液	四川宜宾五粮液酒厂	五粮液牌，大曲浓香，60%、52%、39%
洋河大曲酒	江苏洋河酒厂	洋河牌，大曲浓香，55%、48%、38%
剑南春酒	四川绵竹剑南春酒厂	剑南春牌，大曲浓香，60%、52%、38%
古井贡酒	安徽亳县古井酒厂	古井牌，大曲浓香，60%、55%、38%
董酒	贵州遵义董酒厂	董牌，小曲其他香，58% 飞天牌董醇，小曲其他香，38%
西凤酒	陕西西凤酒厂	西凤牌，大曲其他香，65%、55%、39%
泸州老窖特曲	四川泸州曲酒厂	泸州牌，大曲浓香，60%、52%、38%
全兴大曲酒	四川成都酒厂	全兴牌，大曲浓香，60%、52%、38%
双沟大曲酒	江苏双沟酒厂	双沟牌，大曲浓香，53%、46% 双沟特液，大曲浓香，39%
特制黄鹤楼酒	武汉市武汉酒厂	黄鹤楼牌，大曲清香，62%、54%、39%
郎酒	四川古蔺县郎酒厂	郎泉牌，大曲酱香，53%、39%
武陵酒	湖南常德市武陵酒厂	武陵牌，大曲酱香，53%、48%
宝丰酒	河南宝丰酒厂	宝丰牌，大曲清香，63%、54%
宋河粮液	河南省宋河酒厂	宋河牌，大曲浓香，54%、38%
沱牌曲酒	四川省射洪沱牌酒厂	沱牌，大曲浓香，54%、38%

第五届全国评酒会评出的 53 种国家优质酒

酒　名	生产单位	牌号、香型、酒精含量（vol）
特酿龙滨酒	哈尔滨市龙滨酒厂	龙滨牌，大曲酱香，55%、50%、39%
叙府大曲酒	四川宜宾市曲酒厂	叙府牌，大曲浓香，60%、52%、38%
德山大曲酒	湖南常德德山大曲酒厂	德山牌，大曲浓香，58%、55%、38%
浏阳河小曲酒	湖南浏阳县酒厂	浏阳河牌，小曲米香，57%、50%、38%
湘山酒	广西全州湘山酒厂	湘山牌，小曲米香，55%
三花酒	广西桂林酿酒总厂	象山牌，小曲米香，56%
双沟特液	江苏双沟酒厂	双沟牌，大曲浓香，33%
洋河大曲酒	江苏洋河酒厂	洋河牌，大曲浓香，28%
津酒	天津市天津酿酒厂	津牌，大曲浓香，38%
张弓大曲酒	河南宁陵张弓酒厂	张弓牌，大曲浓香，54%、38%、28%
迎春酒	河北廊坊市酿酒厂	迎春牌，麸曲酱香，55%
凌川白酒	辽宁锦州市凌川酒厂	凌川牌，麸曲酱香，55%
老窖酒	大连市白酒厂	辽海牌，麸曲酱香，55%
六曲香酒	山西祁县六曲香酒厂	麓台牌，麸曲清香，62%、53%
凌塔白酒	辽宁朝阳市朝阳酒厂	凌塔牌，麸曲清香，60%、53%
老白干酒	哈尔滨市白酒厂	胜洪牌，麸曲清香，62%、55%
龙泉春酒	吉林辽源市龙泉酒厂	龙泉春牌，麸曲浓香，59%、54%、39%
陈曲酒	内蒙古赤峰市第一制酒厂	向阳牌，麸曲浓香，58%、55%
燕潮酩酒	河北三河燕郊酒厂	燕潮酩牌，麸曲浓香，58%
金州曲酒	大连市金州酒厂	金州牌，麸曲浓香，54%、38%
白云边酒	湖北松滋白云边酒厂	白云边牌，大曲兼香，53%、38%
豉味玉冰烧酒	广东佛山石湾酒厂	珠江桥牌，小曲其他香，30%
坊子白酒	山东坊子酒厂	坊子牌，麸曲其他香，59%、54%
西陵特曲酒	湖北宜昌市酒厂	西陵峡牌，大曲兼香，55%、38%
中国玉泉酒	黑龙江阿城市玉泉酒厂	红梅牌，大曲兼香，55%、45%、39%
二峨大曲酒	四川省二峨曲酒厂	二峨牌，大曲浓香，38%
口子酒	安徽省濉溪县口子酒厂	口子牌，大曲浓香，54%
三苏特曲酒	四川省眉山县三苏酒厂	三苏牌，大曲浓香，53%

酒　名	生产单位	牌号、香型、酒精含量（vol）
习酒	贵州省习水酒厂	习水牌，大曲酱香，52%
三溪大曲酒	四川省泸州三溪酒厂	三溪牌，大曲浓香，38%
太白酒	陕西省眉县太白酒厂	太白牌，大曲其他香，55%
孔府家酒	山东省曲阜酒厂	孔府牌，大曲浓香，39%
双洋特曲酒	江苏省双洋酒厂	重岗山牌，大曲浓香，53%
北凤酒	黑龙江省宁安县酒厂	芳醇凤牌，麸曲其他香，39%
丛台酒	河北省邯郸市酒厂	丛台牌，大曲浓香，53%
白沙液酒	湖南省长沙酒厂	白沙牌，大曲其他香，54%
宁城老窖酒	内蒙古宁城八里罕酒厂	大明塔牌，麸曲浓香，55%
四特酒（优级）	江西省四特酒厂	四特牌，大曲其他香，54%
仙潭大曲酒	四川省古蔺县曲酒厂	仙潭牌，大曲浓香，39%
汤沟特曲酒 汤沟特液酒	江苏省汤沟酒厂	香泉牌，大曲浓香，53% 香泉牌，大曲浓香，38%
安酒	贵州省安顺市酒厂	安字牌，大曲浓香，55%
杜康酒	伊川杜康酒厂 汝阳杜康酒厂	杜康牌，大曲浓香，55% 杜康牌，大曲浓香，52%
诗仙太白陈曲酒	四川省万县太白酒厂	诗仙牌，大曲浓香，38%
林河特曲酒	河南省商丘林河酒厂	林河牌，大曲浓香，54%
宝莲大曲酒	四川省资阳酒厂	宝莲牌，大曲浓香，54%、38%
珍酒	贵州省珍酒厂	珍牌，大曲酱香，54%
晋阳酒	山西省太原徐沟酒厂	晋阳牌，大曲清香，53%
高沟特曲酒	江苏省高沟酒厂	高沟牌，大曲浓香，39%
筑春酒	贵州省军区酒厂	筑春牌，麸曲酱香，54%
湄窖酒	贵州省湄潭酒厂	湄字牌，大曲浓香，55%
德惠大曲酒	吉林省德惠酒厂	德惠牌，麸曲浓香，38%
黔春酒	贵州省贵阳酒厂	黔春牌，麸曲酱香，54%
濉溪特液酒	安徽省淮北市口子酒厂	濉溪牌，大曲浓香，38%

附录二：酒类国家标准目录

浓香型白酒　GB/T 10781.1—2006

清香型白酒　GB/T 10781.2—2006

米香型白酒　GB/T 10781.3—2006

凤香型白酒　GB/T 14867—2007

豉香型白酒　GB/T 16289—2018

特香型白酒　GB/T 20823—2017

芝麻香型白酒　GB/T 20824—2007

老白干香型白酒　GB/T 20825—2007

浓酱兼香型白酒　GB/T 23547—2009

酱香型白酒　GB/T 26760—2011

药香型白酒　DB52/T 550—2013

液态法白酒　GB/T 20821—2007

固液法白酒　GB/T 20822—2007

食用酒精　GB 31640—2016

地理标志产品　贵州茅台酒 GB/T 18356—2007

地理标志产品　古井贡酒 GB/T 19327—2007

地理标志产品　口子窖酒 GB/T 19328—2007

地理标志产品　西凤酒 GB/T 19508—2007

地理标志产品　水井坊酒 GB/T 18624—2007

地理标志产品　五粮液酒 GB/T 22211—2008

地理标志产品　沱牌白酒 GB/T 21822—2008

地理标志产品　洋河大曲酒 GB/T 22046—2008

地理标志产品　国窖1573白酒 GB/T 22041—2008

地理标志产品　剑南春酒 GB/T 19961—2005

地理标志产品　互助青稞酒 GB/T 19331—2007

地理标志产品　牛栏山二锅头酒 GB/T 21263—2007

地理标志产品　泸洲老窖特曲酒 GB/T 22045—2008

地理标志产品　舍得白酒 GB/T 21820—2008

地理标志产品　酒鬼酒 GB/T 22736—2008

黄酒国家标准　GB/T 13662—2018

地理标志产品　绍兴酒（绍兴黄酒）GB/T 17946—2008

白酒工业术语　GB/T 15109—2008

附录三：白酒科普

扫码拓展阅读，
同本书作者交流。

轻松看懂中国白酒的主要生产工艺

固态发酵就一定比液态发酵好吗？

白酒到底老熟多久才好？

白酒存放时间越长越好吗？

白酒里有微生物吗？

何谓"双蒸""三蒸"及"玉冰烧"？

好酒？差酒？让你的身体告诉你

为什么白酒价格有三六九等之分？

中国酒为什么讲究温着喝？

快喝啤酒，慢喝白酒

饮酒三忌

饮酒一忌：不可天天连续饮酒

没有所谓的酿酒产业地理黄金带

揭密！白酒挂杯添加了什么？

白酒里加敌敌畏、头疼粉、伟哥、甜味剂，白酒违法添加的乱象

参考文献

[1] 〔英〕G. A. Tucker，L. F. J. Woods. 酶在食品加工中的应用（第二版）. 北京：中国轻工业出版社，2002.

[2] 张文学. 白酒酿造微生态学. 成都：四川大学出版社，2015.

[3] 李大和. 白酒酿造培训教程. 北京：中国轻工业出版社，2013.

[4] 傅金泉. 中国酿酒微生物研究与应用. 北京：中国轻工业出版社，2008.

[5] 赵军. 白酒生物化学. 北京：中国轻工业出版社，2015.

[6] 章克昌. 酒精与蒸馏酒工艺学. 北京：中国轻工业出版社，1995.

[7] 贾智勇. 中国白酒品评宝典. 北京：化学工业出版社，2016.

[8] 李大和. 白酒酿造与技术创新. 北京：中国轻工业出版社，2017.

[9] 沈怡方. 白酒生产技术全书. 北京：中国轻工业出版社，2007.

[10] 李家民. 固态发酵. 成都：四川大学出版社，2017.

[11] 余乾伟. 传统白酒酿造技术（第二版）. 北京：中国轻工业出版社，2014.

[12] 张安宁，张建华. 白酒生产与勾兑教程. 北京：科学出版社，2010.

[13] 〔宋〕朱肱. 酒经译注. 上海：上海古籍出版社，2010.

[14] 吴天祥，田志强. 品鉴贵州白酒. 北京：北京理工大学出版社，2012.

[15] 杜连起，钱国友. 食品厂开办指南——白酒厂建厂指南. 北京：化学工业出版社，2008.

[16] 傅祖康，杨国军. 黄酒生产200问. 北京：化学工业出版社，2010.

[17] 章克昌，吴佩琮. 酒精工业手册. 北京：中国轻工业出版社，1989.

[18] 赖高淮. 新型白酒勾调技术与生产工艺. 北京：中国轻工业出版社，2011.

[19] 王明跃. 安徽白酒酿造科学与技艺研究. 北京：科学出版社，2015.

［20］ 赵甘霖，丁国祥. 四川高粱研究与利用. 北京：中国农业科学技术出版社，2016.

［21］ 吴广黔. 白酒的品评. 北京：中国轻工业出版社，2008.

［22］ 谢林，吕西军. 玉米酒精生产新技术. 北京：中国轻工业出版社，2000.

［23］ 张星元. 发酵原理（第二版）. 北京：科学出版社，2011.

［24］ 王福荣. 酿酒分析与检测（第二版）. 北京：化学工业出版社，2012.

［25］ 辜义洪. 白酒勾兑与品评技术. 北京：中国轻工业出版社，2015.

［26］ 先元华，李雪梅. 白酒分析与检测技术. 北京：中国轻工业出版社，2018.

［27］ 王瑞明. 白酒勾兑技术. 北京：化学工业出版社，2006.

［28］ 傅金泉. 黄酒生产技术. 北京：化学工业出版社，2005.

［29］ 高年发. 葡萄酒生产技术. 北京：化学工业出版社，2007.

［30］ 张嘉涛，崔春玲，童忠东. 白酒生产工艺与技术. 北京：化学工业出版社，2014.

［31］ 贾智勇. 中国白酒勾兑宝典. 北京：化学工业出版社，2017.

［32］ 唐江华. 白酒经销商的第一本书. 北京：企业管理出版社，2013.

［33］ 刘世松. 中国酒业经济观察. 北京：新华出版社，2015.

［34］ 安徽古井集团有限责任公司. 古井企业文化传播手册. 合肥：安徽文艺出版社，2013.

［35］ 王延才. 中国酒业20年（1992—2012）. 北京：中国轻工业出版社，2013.

［36］ 董积玉. 百年香山酒史. 银川：宁夏人民出版社，2009.

［37］ 微酒. 酒业转型大时代. 北京：中华工商联合出版社，2015.

［38］ 刘集贤，文景明. 杏花村里酒如泉. 太原：山西人民出版社，1978.

［39］ 王文清. 汾酒源流·麴水清香. 太原：山西经济出版社，2017.

［40］ 杨贵云，王珂君. 中国名酒·汾酒（上卷）. 北京：中央文献出版社，2013.

［41］ 汪中求. 茅台是怎样酿成的. 北京：机械工业出版社，2018.

[42] 黄桂花. 为什么是茅台. 贵阳：贵州人民出版社，2017.

[43] 章夫，郑光路. 千年一坊. 成都：四川文艺出版社，2011.

[44] 赵晨. 赵晨说藏酒·茅台. 北京：中国文史出版社，2011.

[45] 洪光住. 中国酿酒科技发展史. 北京：中国轻工业出版社，2001.

[46] 万伟成. 李渡烧酒作坊遗址与中国白酒起源. 北京：世界图书出版公司，2014.

[47] 蒋雁峰. 湖南酒文化. 长沙：中南大学出版社，2009.

[48] 木空. 酒道. 北京：群言出版社，2016.

[49] 王俊. 中国古代酒具. 北京：中国商业出版社，2015.

[50] 郝桂尧. 山东人的酒文化. 北京：新华出版社，2014.

[51] 孟宝. 中国白酒文化旅游开发研究. 北京：中国轻工业出版社，2016.

[52] 何满子. 中国酒文化. 上海：上海古籍出版社，2001.

[53] 李争平. 中国酒文化. 北京：时事出版社，2016.

[54] 胡北明，曾绍伦，雷蓉. 川酒文化旅游资源开发研究——基于文化遗产保护视角. 成都：西南财经大学出版社，2015.

[55] 白洁洁，孙亚楠. 世界酒文化. 北京：时事出版社，2014.

[56] 陆仲阳. 倾斜的声誉——中国名酒公关启示录. 北京：中国轻工业出版社，2014.

[57] 要云. 酒行天下. 北京：电子工业出版社，2017.

[58] 夏晓虹，杨早. 酒人酒事. 北京：生活·读书·新知三联书店，2007.

[59] 刘景源. 酒典集萃. 北京：中国商业出版社，1996.

[60] 李华瑞. 中华酒文化. 太原：山西人民出版社，1995.

[61] 邓玉梅. 千年酒文化. 北京：清华大学出版社，2014.

[62] 吕少仿，张艳波. 中国酒文化. 武汉：华中科技大学出版社，2015.

[63] 李勇. 醉了. 成都：成都时代出版社，2016.

[64] 三圣小庙. 酒畔文谭——你熟悉却又陌生的酒. 合肥：安徽师范大学出版社，2015.

[65] 曾庆双. 中国白酒文化. 重庆：重庆大学出版社，2013.

［66］　王金秋．中国名酒典故大成．北京：学苑出版社，1990.

［67］　〔日〕宫崎正胜．酒杯里的世界史．北京：中信出版集团，2018.

［68］　王赛时．中国酒史．济南：山东画报出版社，2018.

［69］　韩可风．沧桑遵义．北京：作家出版社，2006.

［70］　赵斌，田永国．贵州明清盐运史考．成都：西南财经大学出版社，2014.

［71］　陈涛．淮安漕运文化．南京：南京大学出版社，2015.

［72］　宜宾多粮浓香白酒研究院．中国古今咏酒诗词选．成都：四川大学出版社，2017.

［73］　〔英〕凯·安德森．文化地理学手册．北京：商务印书馆，2009.

［74］　张青，林中园．寻根在洪洞——洪洞古大槐树处移民志．太原：山西人民出版社，1999.

［75］　林建宇．中国盐业经济．成都：四川人民出版社，2002.

［76］　梁小民．游山西 话晋商．北京：北京大学出版社，2015.

［77］　张琰光，柳静安．晋商与汾酒．太原：山西经济出版社，2015.

［78］　政协淮安市淮安区委员会．明清漕运总督传略．北京：中国文史出版社，2013.

［79］　吴顺鸣．大运河——南北动脉，皇朝粮道．合肥：黄山书社，2016.

［80］　姜师立，陈跃，文啸．京杭大运河——历史文化及发展．北京：电子工业出版社，2014.

［81］　郑度．中国自然地理总论．北京：科学出版社，2015.

［82］　张兰生．中国古地理：中国自然环境的形成．北京：科学出版社，2012.

［83］　刘君德，靳润成，周克瑜．中国政区地理．北京：科学出版社，1999.

［84］　陆孝平，富曾慈．中国主要江河水系要览．北京：中国水利水电出版社，2010.

［85］　钟长永．中国盐业历史．成都：四川人民出版社，2001.

［86］　自贡市盐业历史博物馆．川盐文化圈研究——川盐古道与区域发展学术研讨会论文集．北京：文物出版社，2016.

［87］ 陈阿兴，徐德云. 中国商帮. 上海：上海财经大学出版社，2015.

［88］ 李刚，李丹. 天下第一商帮：陕商. 北京：中国社会科学出版社，2014.

［89］ 马正林. 中国历史地理简论. 西安：陕西人民出版社，1987.

［90］ 马正林，党瑜，肖爱玲. 中国运河历史地理. 西安：陕西师范大学出版总社有限公司，2018.

［91］ 王敦琴. 张謇研究精讲. 苏州：苏州大学出版社，2015.

［92］ 张道明，王泰龄，汪正辉. 酒精性疾病的防治. 北京：科学普及出版社，2009.

后 记

一

说实话，三年前接受这本书的稿约时，写作思路与现在截然不同，当时受自然地理条件决定论影响，想当然地认为"一方水土一方酒"，拟出的写作提纲基本上是按照十二种白酒香型来规划的，认为自然地理条件（包括酿酒的粮食原料、气候和环境等条件）决定着酒体风格；各地不同的人文历史文化也渗透到当地的酒中，影响着酒的风味、口感。

三年多来，我们对酒文化进行了系统、深入的研究：首先，是系统阅读关于酿酒科技与酒文化历史方面的专业书籍；其次，走访了全国各地数十家白酒酿造厂；此外，还请教过多位酿酒业的学者、专家和企业家，并且接受了品酒师培训班的专业技术培训。在这个过程中，我们逐渐发现，中国白酒产业分布的规律和企业规模，各地酒的风味、口感、香型等因素，并非主要由气候、物产这些自然地理条件决定，甚至也不是所谓的当地地方文化、民风民俗所决定的，而是由更深远的经济和政治因素决定的。

二

随着研究的深入，我们发现事实与我们原来臆想的观念（这些观念也是酒商们多年来强加给我们的）并不相同。当我们再去阅读某些经典著作时，看法就发生了很重要的变化。20世纪90年代初读文化地理学经典著作——英国学者凯·安德森、美国学者莫娜·多莫什等人主编的《文化地理学手册》时，看到书中对文化地理学的定义是："文化地理学是一种思想风格，既不固定在时间中，也不固定在空间中。"当时我们不理解，不固定在时间中，也不固定在空间中，那还有地理吗？认为这是典型的主观唯心主义论调。

在对中国白酒做了系统的研究后，再回头重新看《文化地理学手册》中的论述，感受到了这种定义的深刻性，该定义不是说文化地理没有时间和空间的存在形式，而只是强调这些时空存在形式的变化速率实在太快了，你还没看明白这个时代的一种时空存在形式，它已经转换为另一种时空存在形式了。

　　以酒为例，某个地方本来生产的是浓香型白酒，但由于酱香型白酒的风头太劲，当地的生产商就转而生产酱香型白酒，十几、二十年之后，后来的人就会以为这个地方一直就是生产酱香型白酒的，他们已经不知道之前生产浓香型白酒的历史了。这个转变过程中最重要的驱动力就是人的思想，在文化地理学的研究中，你捕捉每一幅相对固定的时空画面时，依靠的也只能是思想，因为文化地理是不断演变的事实，这个事实从古代到现今，就像电影中的蒙太奇画面，已经换过无数幅。对于研究者来说，如果仅仅截取其中的一幅画面，看到的便是片面的事实；而要想截取全部的画面，把它像一部电影一样完整、连续地重现出来，是不可能的。中国酒有几千年的历史，中国近千万平方公里的土地上有各种各样复杂的地理条件，要想把各个时期各种酒的风格衍化、文化内涵变化的过程全景式地展示出来，那也是不可能的。我们能做到的，只能是截取若干幅相对固定的时光画面，用某一种线索将它们连续地放映出来，而这种线索，依靠的只能是思想。

　　事实上，任何一部文化地理学文本，都是经过思想加工的产物，是某种思想风格的具象呈现，从这个方面讲，文化地理学只是一种思想风格的定义非常切合事实。

三

　　既然看到了这种与我们以往所接受的观念截然不同的事实，在这个阶段，我们认为它就是真相或者真理，这个真相与现在的主流观念及许多人的常识性认识是不一样的，与一些资深酿酒专家的习惯性认识也不一样。很多酿酒专家是从酒厂出身的，现在也还一直在为酒厂服务，这个酒厂是属于某个地区的，他们无论是出于对这个地方的热爱，还是出于对酒厂职务的坚守，所站的立场都会让他们更愿意强化"一方水土一方酒"这种观念。而每家酒商在做营销的时候，为了强调自家产品的唯一性，更要突出其地域自然地理条件所起的作用。

　　所以，当我们揭示出导致酒文化地理演变的政治和经济因素时，更多的人可能也还是愿意接受具体时空决定中国酒文化分布的传统观念。但是，我们认为既然自己已经知道了真相，就应该把这个与主流观念不同的真相说出来。承认这个真相，或许会破坏一些现在白酒行业中精心构建的知识体系和神话传说，比如关于酒起源的一元论等。我们在本书中对这类问题做了一些解剖学式的分析，这些分析结论可能会让某些商家感到不愉快，但从长远的角度看，一个产业的健康发展，一种产品文化内涵的积淀，是不能靠编造谎言和神话来实现的。无论是对酿酒的人、喝酒的人还是后来研究酒的人，说出真相都是有益的。

三年来，我们多次改写提纲，有些已经写好的篇章废弃重写，目前呈现在读者面前的书稿，确是经过三易其稿，但由于思想认识仍处于不断的变化中，所以仍有许多不尽如人意之处。

四

这本书的出发点是想写一本通俗读物，所以，在叙述风格上我们尽可能地通俗，尽量运用口语化的表达方式。但长期从事学术研究的职业痕迹顽固地残留在书中，马克思对资本的敏感、福柯对权力的警觉，还有斯宾格勒基于高等数学基础上多维时空的叙述方式，若隐若现地流露于字里行间。往好里说，这本书还是有点儿理论基础与学术素养的；往不好里说，这本书在通俗方面，还是欠些火候。

五

下面是必不可少的致谢：

首先要感谢西北大学出版社的马来社长，要不是他的竭诚约稿和耐心坚持，这本书是不会问世的；同时也要感谢本书的责任编辑陈新刚老师，从这本书的约稿到现在，三年多以来，他的追问关心和细致工作，是本书得以完成的重要条件。

感谢著名历史地理学家马正林教授，我们有幸与马教授共事二十余年，耳濡目染，不知不觉中获得了历史地理学的基本素养，并且学会了从历史地理学的角度思考白酒文化。马教授已经85岁，但还是认真阅读了全部书稿，并欣然作序，前辈学者对学问的热爱与执着，对后学的关爱，深沉地积淀在这份厚重的序言中。

感谢中国酿酒大师、原沱牌舍得副董事长、总工程师李家民先生拨冗作序，近一年来受到李先生专业上的多处点拨，获得了中国酿酒业最前沿的科研信息，他的序言，是对我们工作的巨大鼓励。

感谢接受过我们采访的白酒专家和企业老总杜连启、余乾伟、陈万能、韩素娜、周杰明、韩春阳、韩可风、黄琨、林晓芳、陈学增、三圣小庙等，他们为我们答疑解惑，讲解了很多关于白酒的基础知识，有些专家还在酿酒现场仔细为我们讲解工艺流程。如果说本书在科学上没有太多硬伤的话，那是这些专家的指导之功；如果说本书出现一些错误的话，那是本人学养浅薄，理解有误，承担全部文责。同时感谢那些在网络上经常与我们交流的酒友，虽然未曾谋面，但给我们的教益很多，如要云、大虾米杨等。

感谢陕西休闲读品杂志社年轻的同事们高远、李海阳和卜柳明，他（她）们在长达五六年的时间里，与笔者一同去采访酿酒专家，一同去参观酿酒工厂，整理访谈录音，查阅参考资料，从事校对和润色等具体工作。感谢美术编辑卉子和小金，感谢设计部主管崔蓉老师，她除了负责设计部的工作外，还同我们一起走访酒厂，做了很多实际工作。本书实际上是整个陕西休闲读品杂志社同事们集体劳动的结晶。

特别的谢意献给我们的老朋友王永辉，他是一位成功的企业家、投资家，同时还是一位功力深厚、思想深刻的书法家和书法评论家，以"简直"为笔名，出版了专著《书从天来——重读历代书法家》，他以纯正的理想主义信念和无私奉献的精神，组建了一个庞大的书法群体"中书汇"，对普及书法教育和提高群众书法水平作了重大的贡献。他的理想主义一直激励着我们并肩战斗，一往无前。

感谢和我们一起创业的程骏、薛华实、秦如国、申志喜、施常明诸公，多年以来我们在追求理想的道路上共同努力，付出很多，收获很少，唯一值得庆幸的是，我们还能够常在一起喝酒，酒能抚平我们的创伤，让我们坚强地面对明天。

最强烈的谢意，要送给那些我现在还无法一一罗列姓名的朋友和亲人、那些和我一起喝过酒的人。每个人的一生当中，酒都起了你或许意识不到的作用。每个人的一生中都有一同喝过酒、一同流过泪、一同打拼过的朋友兄弟，你总会在某一个时刻，不自觉地涌起对他们的感激之情。在写这本书的时候，本想拿出一部分篇幅来描写那些我们亲身经历过的私人间的喝酒故事，但考虑到本书是作为公共作品呈现给全社会的读者的，过于私人化的感受可能会影响读者的阅读心境，读者更愿意看到的是具有普遍意义的客观知识，以及更易于被传播的酿酒者、饮酒者和销售者的故事，而不是和他们一样的充满生活气息的寻常私人记忆。所以，我们忍痛割爱，放弃了很多对我们一生有重要意义的喝酒桥段，但是，我们知道，每一个收到这本书的亲人和朋友，都会想起和我们一起喝酒时的那些往事与情景，能够感受到我们对他们的深沉感情，一切都在酒里！

图书在版编目 (CIP) 数据

酒的中国地理:寻访佳酿生成的时空奥秘 / 李寻,
楚乔编著.—西安:西北大学出版社,2019.6 (2022.8重印)

ISBN 978-7-5604-4385-0

Ⅰ.①排… Ⅱ.①李… ②楚… Ⅲ.①酒文化—中国

Ⅳ.①TS971.22

中国版本图书馆CIP数据核字(2019)第3196号

酒的中国地理:寻访佳酿生成的时空奥秘

作　　者	李　寻　楚　乔　著
审　　定	李国庆
出版发行	西北大学出版社
地　　址	西安市太白北路229号
邮　　编	710069
电　　话	029-88302590　88303593
经　　销	全国新华书店
印　　装	陕西龙山海天艺术印务有限公司
开　　本	787毫米×1092毫米　1/16
印　　张	23
字　　数	379千字
版　　次	2019年6月第1版
	2020年7月修订版　2022年8月第4次印刷
书　　号	ISBN 978-7-5604-4385-0
审 图 号	GS(2019)3196号
定　　价	120.00元

本版图书如有印装质量问题,请拨打029-88302966予以调换。